Wolfgang Frede (Hrsg.)

Taschenbuch für Lebensmittelchemiker und -technologen

Band 3

Mit 27 Abbildungen

Springer-Verlag Berlin Heidelberg GmbH

Dr. rer. nat. Wolfgang Frede
Ministerium für Umwelt, Raumordnung
und Landwirtschaft des Landes Nordrhein-Westfalen
40190 Düsseldorf

Privat:

Sickerkoppel 8
22395 Hamburg-Sasel

ISBN 978-3-642-63454-3   ISBN 978-3-642-58053-6 (eBook)
DOI 10.1007/978-3-642-58053-6

CIP-Kurztitelaufnahme der Deutschen Bibliothek

Taschenbuch für Lebensmittelchemiker und -technologen. –
Berlin ; Heidelberg ; New York ; London ; Paris ; Tokyo ;
Hong Kong ; Barcelona ; Budapest : Springer.
NE: Lebensmittelchemiker und -technologen
Bd. 3. Wolfgang Frede (Hrsg.). – 1993
   ISBN 978-3-642-63454-3
NE: Frede, Wolfgang [Hrsg.]

Satz: Fotosatz-Service Köhler OHG, Würzburg
Herstellung und Innengestaltung: Hans Schönefeldt, Berlin

2152/3020-543210 – Gedruckt auf säurefreiem Papier

Vorwort

Der Binnenmarkt umfaßt gemäß den Bestimmungen des EG-Vertrags einen Raum ohne Binnengrenzen, in dem der freie Verkehr von Waren, Personen, Dienstleistungen und Kapital gewährleistet ist.

- Mit der Errichtung des europäischen Binnenmarktes erlebt der Verbraucher eine Vielfalt neuer Waren auch auf dem Sektor der Lebensmittel und Bedarfsgegenstände.
- Erzeugnisse, die in einem Mitgliedstaat rechtmäßig hergestellt und vertrieben werden, sind auch in allen anderen Mitgliedstaaten verkehrsfähig, wenn sie gesundheitlich unbedenklich sind.
- Lebensmittelherstellung und Lebensmittelüberwachung stellen sich auf die Erfordernisse des EG-Binnenmarktes ein.

Lebensmittelchemiker werden nach wie vor die Aufgabe haben, den Verbraucher vor Irreführungen, gesundheitlichen Risiken und Schäden durch Lebensmittel, Bedarfsgegenstände, kosmetische Mittel und Tabakerzeugnisse zu schützen. Um dieser Aufgabe gerecht werden zu können, müssen sie als praktische Naturwissenschaftler Kenntnisse entsprechender nationaler und mehr denn je supranationaler Gesetze, Verordnungen und Richtlinien besitzen, Zusammenhänge erfassen.
Ziele des Bandes 3 sind:
- Kenntnisse und Zusammenhänge durch Beiträge über die amtliche und industrielle Lebensmittelüberwachung sowie über neue Aspekte des EG-Lebensmittelrechts zu vermitteln;
- Möglichkeiten zur Beurteilung von Bedarfsgegenständen, kosmetischen Mitteln und Tabakerzeugnissen aufzuzeigen;
- dem Benutzer Hilfestellung bei der Suche nach Analysenverfahren und weiterführender Literatur zu geben.

Auch der Band 3 kann und soll kein Lehrbuch und keine lebensmittelrechtliche Textsammlung ersetzen. Er soll den Studenten, aber auch den Lebensmittelchemikern, den Lebensmitteltechnologen und anderen in der Herstellung und Überwachung von Lebensmitteln und Bedarfsgegenständen sowie in der Verbraucheraufklärung Tätigen (Veterinärmediziner, Apotheker, Mediziner, Ernährungswissenschaftler, Lebensmittelüberwachungsbeamte), die sich umorientieren oder in die EG-lebensmittelrechtliche Betrachtungsweise eindenken wollen, die Möglichkeit verschaffen, sich schnell die nötigen

Basisinformationen zu holen. Lehrern und interessierten Laien wird dieses Buch ebenfalls wertvolle Hinweise liefern können.

Zur Erstellung dieses Bandes haben sich wieder namhafte und bekannte Sachverständige aus der Überwachung und der Industrie zusammengefunden.

Der Band 3 setzt sich aus drei allgemeinen die Überwachung und das Lebensmittelrecht betreffenden und vier speziellen warenkundlichen Kapiteln zusammen, deren Aufbau sich an die Aufbaustruktur der Warenkundekapitel des Bandes 1 anlehnt.

Jedes Kapitel ist in sich abgeschlossen, Querverweise verknüpfen die Kapitel aber untereinander und mit dem Band 1. Jeder Benutzer des Taschenbuches wird über das zu jedem Kapitel gehörende Literatur-Verzeichnis und über das Verzeichnis der Standardliteratur im Anhang – gegenüber dem Band 1 auf den neuesten Stand gebracht und erweitert – Möglichkeiten für die Beantwortung weiterführender allgemeiner und spezieller Fragen aufgezeigt bekommen. Ein umfangreiches Stichwortverzeichnis wird die Suche nach speziellen Hinweisen erleichtern.

Den Autoren danke ich für ihre Bereitschaft zur Mitarbeit, zahlreichen anderen Kollegen für ihre wertvollen Hinweise. Dem Verlag danke ich für die gute Zusammenarbeit, meiner Familie erneut für die große Unterstützung.

Hamburg, im Mai 1993   Wolfgang Frede

Inhaltsverzeichnis

Autoren

G. Bialonski
Am Herzleiterbach 24, 53639 Königswinter

Dr. P. Binnemann
Ministerium für Umwelt Baden-Württemberg
Kernerplatz 9, 70182 Stuttgart

Dr. H. Block
Lebensmittel- und Veterinäruntersuchungsamt
Eckernförder Str. 421, 24107 Kiel

Dr. G. Blosczyk
Landesuntersuchungsamt für das Gesundheitswesen Nordbayern
Henkestr. 9–11, 91058 Erlangen

Dr. H.-J. Dömling
Landesuntersuchungsamt für das Gesundheitswesen Nordbayern
Henkestr. 9–11, 91058 Erlangen

Dr. J. Ertelt
Chemische und Lebensmitteluntersuchungsanstalt
Marckmannstr. 129a, 20539 Hamburg

Dr. P. Fecher
Landesuntersuchungsamt für das Gesundheitswesen Nordbayern
Henkestr. 9–11, 91058 Erlangen

Frau Dr. G. Hermannsdörfer-Tröltzsch
Landesuntersuchungsamt für das Gesundheitswesen Nordbayern
Henkestr. 9–11, 91058 Erlangen

Dr. J. Hild
Chemisches Untersuchungsamt
Pappelstr. 1, 58042 Hagen

Frau Dr. B. Nackunstz
Chemische und Lebensmitteluntersuchungsanstalt
Marckmannstr. 129a, 20539 Hamburg

Frau Dr. P. Noble
Bundesministerium für Gesundheit, 53108 Bonn

Dr. U. Nöhle
Nestle Deutschland AG
Lyoner Straße 23, 60523 Frankfurt a.M.

Dr. B. Reindl
Landesuntersuchungsamt für das Gesundheitswesen Nordbayern
Henkestr. 9–11, 91058 Erlangen

Frau R. Schröder
Deickeck 10, 25491 Hetlingen

1 Lebensmittelüberwachung

P. Binnemann, Stuttgart

1.1 Geschichtliches

Seit Menschen Lebensmittel nicht mehr nur für sich selbst, sondern auch für andere herstellen, kommt es, vor allem aus Gewinnsucht, zu Verfälschungen. Hinweise auf Manipulationen gibt es schon im alten Testament [1]. Die lebensmittelrechtlichen Grundsätze – Schutz der Gesundheit und Schutz vor Täuschung – finden sich deshalb bereits vor 3500 Jahren bei den Hethitern. Auf Tontafeln, die 1908 in Bogaskoy, der ehemaligen Hauptstadt der Hethiter, ausgegraben worden sind, ist in Keilschrift geschrieben: „Du sollst nicht vergiften Deines Nachbarn Fett, Du sollst nicht verzaubern Deines Nachbarn Fett" [2]. Es ist auch überliefert, daß es in Athen und Byzanz bereits 565 bis 525 v. Chr. Marktkontrollen gab [1].

Im deutschen Raum sind erste Ansätze einer Lebensmittelüberwachung aus dem frühen Mittelalter bekannt. So erließ im 9. Jahrhundert Karl der Große die Landgüterordnung „Capitulare de villis". § 34 dieses Gesetzeswerks enthielt eine Regelung, wonach alle mit den Händen in Berührung kommenden Lebensmittel „mit der größten Reinlichkeit behandelt werden sollen" und nach § 48 durften Weintrauben nicht mit den Füßen ausgetreten werden [3]. Später wurde die Lebensmittelüberwachung vor allem in den Stadtrechten geregelt.

Daß Lebensmittelüberwachung dringend notwendig war, zeigt die 1492 erschienene Satire „Das Narrenschiff" des Straßburgers Sebastian Brand: „Man läßt den Wein nicht rein mehr bleiben, viel Fälschung tut man mit ihm treiben" oder „Mausdreck man untern Pfeffer rollt" oder „die faulen Heringe man mischt und sie als frische dann auftischt" [4].

Es wurden deshalb im Mittelalter Lebensmittelkontrollen in den deutschen Städten durch Brotprüfer, Fleischbeschauer und Bierkieser ausgeübt [5]. Im Jahr 1498 wurde in Freiburg i. Br. vom Deutschen Reichstag der „Römischen Königlichen Majestät Ordnung und Satzung über Wein aufgericht" [1], also die Weinkontrolle eingeführt.

Drastisch waren im Altertum und Mittelalter die Strafen. So wurde Bierpanschen und Preiswucher in Babylon 3000 v. Chr. mit dem Tode bestraft [3]. Nach dem Soester Stadtrecht (1120) hatte jener „der faulen Wein mit gutem Wein mischt, sein Leben verwirkt" [1]. 1440 wurden in Nürnberg einem Fritz Helbig beide Ohren abgeschnitten, weil er ein Getreidemaß gefälscht hatte [6]. Verbreitet war auch die sogenannte Bäckertaufe, das Eintauchen von Bäckern, die zu kleine Brötchen gebacken hatten, in den Stadtgraben [1]. Die Strafen

hatten abschreckenden Charakter, weil der Nachweis einer Manipulation mit
den damals zur Verfügung stehenden Mitteln äußerst schwierig war. Die Täter
mußten praktisch auf frischer Tat ertappt werden.
Die beginnende Industrialisierung im 19. Jahrhundert hatte sich offensichtlich
auf die Qualität der Lebensmittel sehr negativ ausgewirkt, denn die Klagen
über gesundheitsschädliche und verfälschte Lebensmittel häuften sich. Auf
Betreiben Bismarcks wurde deshalb 1876 das Kaiserliche Gesundheitsamt in
Berlin gegründet und 1879 das „Gesetz, betreffend den Verkehr mit Nahrungs-
mitteln, Genußmitteln und Gebrauchsgegenständen" verabschiedet [7]. Dieses
Gesetz enthielt bereits Regelungen über den Verkehr mit Lebensmitteln,
Spielwaren, Bedarfsgegenständen wie Eß-, Trink- und Kochgeschirr, bis hin zu
Tapeten und Textilien. Die wesentlichsten Kontrollinstrumente, die Betriebskontrolle und Untersuchung von Proben, waren ebenfalls bereits Bestandteil
dieses Gesetzes. Im Jahr 1927 folgte das Lebensmittelgesetz, das zusätzlich
auch ein Verbot irreführender Bezeichnungen enthielt [8]. 1974 wurde es
abgelöst vom Lebensmittel- und Bedarfsgegenständegesetz, kurz LMBG
genannt, das vor allem der Forderung nach mehr Transparenz und Übersicht-
lichkeit im Lebensmittelrecht Rechnung tragen sollte [9].

1.2 Grundlagen des heutigen Lebensmittelrechts

Aufgabe der Lebensmittelüberwachung ist es, die Einhaltung der lebensmittelrechtlichen Vorschriften zu kontrollieren. Dach- bzw. Rahmengesetz dieser
lebensmittelrechtlichen Vorschriften ist in der Bundesrepublik das Lebensmit-
tel- und Bedarfsgegenständegesetz, abgekürzt LMBG. Es enthält allgemeine
Regelungen zum Schutze der Gesundheit und zum Schutze des Verbrauchers
vor Täuschung. Detailtatbestände sind in zahlreichen weiteren Rechtsverordnungen geregelt, die aufgrund der Ermächtigungen des LMBG erlassen
wurden. Daneben sind im Bereich der Lebensmittelhygiene z. T. auch landes-
rechtliche Bestimmungen zu beachten.
Für einige Lebensmittelgruppen wurden in anderen Gesetzen, bzw. aus diesen
Gesetzen hergeleiteten Verordnungen, Regelungen getroffen. So sind z. B.
Wein, Likörwein, Schaumwein, weinhaltige Getränke und Branntwein aus
Wein im Weingesetz und EG-weit gültigen Verordnungen geregelt (siehe auch
Taschenbuch Bd. 1 Kap. 24.2). Das LMBG findet hier allenfalls nachrangige
Anwendung. Das Fleischhygienegesetz und die darauf gestützte Fleischhygie-
neverordnung regeln die Schlachttier- und Fleischuntersuchung sowie die
Hygieneanforderungen bei der Gewinnung und Behandlung von Fleisch (siehe
auch Taschenbuch Bd. 1, Kap. 17.2). An weiteren lebensmittelrechtlichen
Nebengesetzen wären das Milch- und Margarinegesetz, das Zuckergesetz und
das Getreidegesetz zu nennen. Regelungen, die Lebensmittel und Bedarfsgegenstände tangieren, sind auch im Eichgesetz, im Branntweinmonopolgesetz,
Biersteuergesetz, Eichgesetz, Handelsklassengesetz, Strahlenschutzvorsorgegesetz, Pflanzenschutzgesetz oder Bundesseuchengesetz enthalten (siehe auch
Taschenbuch Bd. 1 Kap. 11 und bei den entsprechenden Warenkunde-Kap.).

Von den Harmonisierungsbestrebungen innerhalb der EG ist das Lebensmittelrecht in besonderem Maße betroffen. Es gibt zahlreiche Regelungen in EG-Verordnungen und EG-Richtlinien. Während die Verordnung mit ihrem Wortlaut unmittelbar geltendes Recht in allen Mitgliedsstaaten darstellt, sind Richtlinien nur mittelbar geltende Rechtsbestimmungen, d.h. sie sind nur inhaltlich und hinsichtlich des zu erreichenden Zieles verbindlich. Die Mitgliedsstaaten können also die Art der Umsetzung in nationale Regelungen selbst bestimmen. Mittels Verordnungen sind z.B. zahlreiche Qualitätsnormen für Obst und Gemüse erlassen worden mit dem Ziel, eine gemeinsame Marktorganisation zu schaffen. Das Weinrecht ist, allerdings in sehr unübersichtlicher Art und Weise, in derzeit 68 EG-Verordnungen geregelt. Richtlinien wurden z.B. für Trinkwasser oder Lebensmittel, die einer besonderen Ernährung dienen, erlassen. EG-Recht hat Vorrang gegenüber dem Bundesrecht (s.a. Kap. 3.3).

Fehlen Rechtsvorschriften, so ist die allgemeine Verkehrsauffassung über die Zusammensetzung oder Beschaffenheit eines Lebensmittels maßgebend. Diese allgemeine Verkehrsauffassung umfaßt sowohl die Verbrauchererwartung als auch den redlichen Hersteller- und Handelsbrauch. Sie ist z.B. niedergelegt in den Leitsätzen des Deutschen Lebensmittelbuches, die von der Deutschen Lebensmittelbuch-Kommission beschlossen werden. Die rechtlichen Voraussetzungen hierfür sind in den §§ 33 und 34 des LMBG geschaffen. Derzeit gibt es 20 derartige Leitsätze, z.B. für Fleisch, Fische, Obst, Gemüse, Pilze und Erzeugnisse daraus, für Speisefette und -öle, Dauerbackwaren und tiefgefrorene Lebensmittel (siehe auch Taschenbuch Bd. 1 Kap. 11.1.2).

Zur Ermittlung der Verkehrsauffassung werden auch Beschlüsse von Sachverständigengremien herangezogen, z.B. des Arbeitskreises lebensmittelchemischer Sachverständiger der Länder und des Bundesgesundheitsamtes (ALS) und des Arbeitskreises lebensmittelhygienischer tierärztlicher Sachverständiger (ALTS). Auch demoskopische Umfragen können ein geeignetes Mittel zur Feststellung der Verkehrsauffassung sein. Richtlinien der Lebensmittelwirtschaft können ebenfalls zur Beurteilung verwendet werden und schließlich stellen auch Gerichtsentscheidungen wichtige Beurteilungshilfen dar.

1.3 Grundsätze der Überwachung

Die Hauptziele des Lebensmittelrechts sind *Schutz der Gesundheit*, *Schutz vor wirtschaftlicher Schädigung* durch Irreführung und Täuschung, und Sicherstellung der sachgerechten Verbraucherinformation. Diese Ziele sollen mit folgenden Kontrollinstrumenten erreicht werden:
- Eigenkontrolle bzw. Qualitätssicherung durch den Hersteller, Importeur bzw. Händler im Rahmen ihrer Sorgfaltspflicht
- amtliche Kontrolle der Betriebe (alle Stufen) in gewissen Zeitabständen und im Verdachtsfall
- amtliche Kontrolle der Produkte vom Rohstoff bis zum Endprodukt, stichprobenartig sowie gezielt im Verdachtsfall und bei Verbraucherbeschwerden.

Das LMBG enthält in den §§ 41 bis 43 Rahmenvorschriften für die Durchführung der Überwachung, also für die Kontrolle der Betriebe und Produkte. Zuständig für die Durchführung und Organisation der Überwachung sind allerdings die Länder.
Die oben genannten Grundsätze der Überwachung wurden auch von der EG in die Richtlinie über die amtliche Lebensmittelüberwachung vom 14. 06. 1989 (89/397/EWG) übernommen [10].

1.4 Zuständigkeiten und Organisation der Lebensmittelüberwachung in den einzelnen Bundesländern

Die Bundesrepublik Deutschland ist ein föderativer Bundesstaat mit 16 Bundesländern. Sowohl Bund als auch die Länder können Recht setzen. Auf dem Gebiet des Lebensmittelrechts ist eine Mischkompetenz vorhanden, eine sog. konkurrierende Gesetzgebung. Nach Art. 72 des Grundgesetzes (GG) haben im Bereich der konkurrierenden Gesetzgebung die Länder die Befugnis zur Gesetzgebung, solange und soweit der Bund von seinem Gesetzgebungsrecht keinen Gebrauch macht. Die wesentlichen Rechtsvorschriften einschließlich der Grundregeln für die Überwachung hat der Bund erlassen, wobei diese Kompetenz zunehmend durch Rechtssetzung der EG eingeschränkt wird. Die Länder sind an der Gesetzgebung des Bundes über den Bundesrat beteiligt. Sie müssen im Lebensmittelbereich grundsätzlich den Bundesgesetzen und Rechtsverordnungen im Bundesrat zustimmen. Andernfalls kann eine Rechtsvorschrift des Bundes nicht in Kraft treten.
§ 44 des LMBG enthält Ermächtigungen über weitere Vorschriften zur Durchführung der Überwachung, um deren Einheitlichkeit zu fördern. Z. B.

Tabelle 1. Struktur der Lebensmittelüberwachung in der Bundesrepublik Deutschland [11]

Verwaltungsebene	Aufgaben
Oberste Landesbehörde: zust. Landesministerium bzw. Senator	Politische Führung, Planung und Organisation auf Landesebene, landesweite Koordinierung bzw. Fachaufsicht; Erlaß von Durchführungsvorschriften und Zuständigkeitsregelungen
Mittlere Landesbehörde: Regierungspräsidium, Regierungspräsident, Bezirksregierung	Fachaufsicht und Koordination auf Bezirksebene, z. T. Verwaltungsvollzug
(stattdessen z. T. auch *Obere Landesbehörde:* Landesamt)	(Koordination, Auswertung auf Landesebene, z. T. Verwaltungsvollzug)
Untere Verwaltungsbehörde: Kreis, kreisfreie Stadt, Ortspolizeibehörde, Bezirksamt	Verwaltungsvollzug – Beratung – Genehmigungen – Überwachung und Anordnung – Bußgeldstelle (Ahndung)

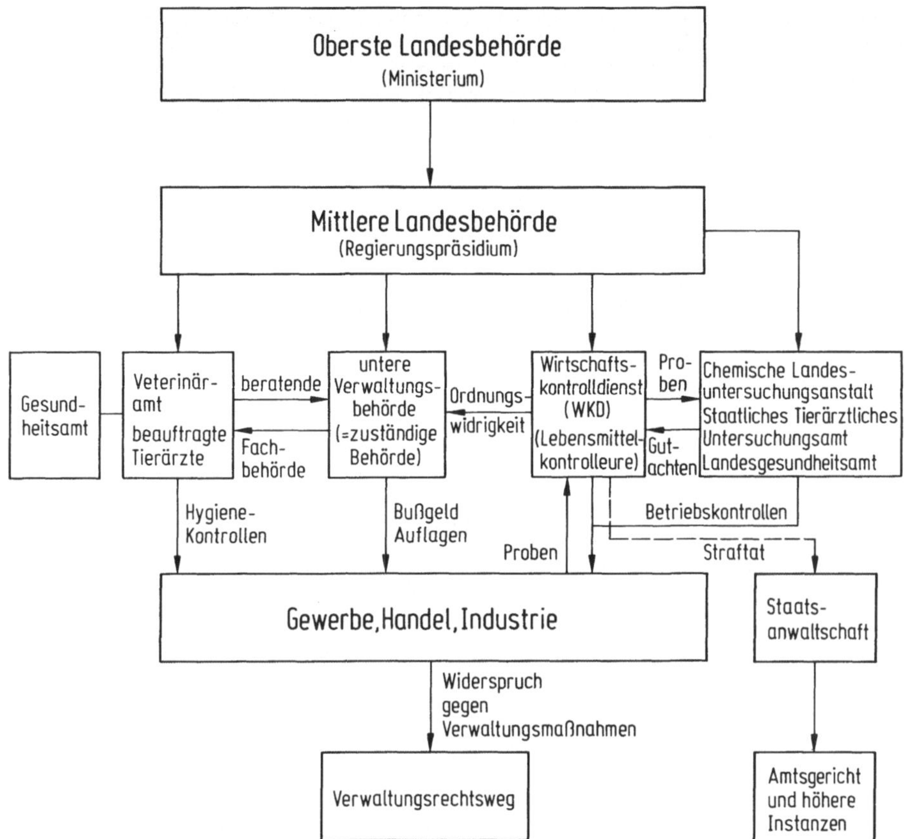

Abb. 1. Aufbau der Lebensmittelüberwachung in Baden-Württemberg

kann der Bund Vorschriften über die personelle, apparative und sonstige technische Mindestausstattung, über die Voraussetzung für die Zulassung privater Gegenproben-Sachverständiger oder über Verfahren zur Probenahme erlassen. Von diesem Recht hat der Bund bisher nicht Gebrauch gemacht.
In einigen Bundesländern ist noch der Reichsrunderlaß von 1934 in Kraft, der Vorschriften über die einheitliche Durchführung enthält, z. B. über Zuständigkeiten der einzelnen wissenschaftlichen Disziplinen und Durchführung der Betriebskontrolle und Probeentnahme [11].
Der zuständige Bundesminister kann nach Art. 84 Abs. 2 des GG auch allgemeine Verwaltungsvorschriften zur Durchführung des LMBG erlassen. Diese Möglichkeit hat er z. B. bei Erlaß der „Allgemeinen Verwaltungsvorschrift zur Verordnung über natürliches Mineralwasser, Quellwasser und Tafelwasser" genutzt. Gemäß Art. 83 GG „führen die Länder Bundesgesetze als eigene Angelegenheit aus". Nach Art. 84 Abs. 1 GG regeln daher die Länder die Einrichtungen der Behörden und das Verwaltungsverfahren. Dem

Tabelle 2. Organisation der Lebensmittelüberwachung in den Bundesländern (Stand 01.01.1993 [12])

Bundesland	Oberste Landesbehörde	Mittlere Landesbehörde
Baden-Württemberg	Ministerium für Umwelt	4 Regierungspräsidien
Bayern	Bayerisches Staatsministerium des Innern	7 Bezirksregierungen
Berlin	Senator für Gesundheit	–
Brandenburg	Ministerium für Ernährung, Landwirtschaft u. Forsten	–
Bremen	Senator für Gesundheit	–
Hamburg	Behörde für Arbeit, Gesundheit u. Soziales	–
Hessen	Ministerium für Jugend, Familie u. Gesundheit	3 Regierungspräsidien
Mecklenburg-Vorpommern	Landwirtschaftsminister	–
Niedersachsen	Niedersächsisches Ministerium für Ernährung, Landwirtschaft u. Forsten	4 Bezirksregierungen
Nordrhein-Westfalen	Ministerium für Umwelt Raumordnung u. Landwirtschaft	5 Regierungspräsidenten

Tabelle 2 (Fortsetzung)

Zuständige untere Verwaltungsbehörde	Organisation der Untersuchungseinrichtungen
Untere Verwaltungsbehörde	4 Chem. Landesuntersuchungsanstalten 2 Chem. Untersuchungsämter der Städte Pforzheim u. Stuttgart 4 Veterinärmedizinische Untersuchungsämter 1 Tierärztliches Laboratorium beim Schlachthof Stuttgart 1 Landesgesundheitsamt
Kreisverwaltungsbehörde	2 integrierte Landesuntersuchungsämter 1 Chem. Untersuchungsanstalt der Stadt Nürnberg 1 Veterinäramt der Landeshauptstadt München
Bezirksämter (Veterinär- u. Lebensmittelaufsichtsamt)	1 integriertes Landesuntersuchungsinstitut für Lebensmittel, Arzneimittel u. Tierseuchen
Kreisordnungsbehörden der Landkreise und kreisfreien Städte (Veterinär- u. Lebensmittelüberwachungsamt)	Landesamt für Ernährung, Landwirtschaft u. Flurneuordnung Brandenburg (LELF) mit 3 angegliederten Staatlichen Veterinär- und Lebensmitteluntersuchungsämtern.
Stadt- und Polizeiamt Bremen: Verwaltungspolizei Bremerhaven: Ortspolizeibehörde, Verwaltungspolizei	1 Staatl. Chem. Untersuchungsanstalt 2 Staatl. Veterinäruntersuchungsämter (Bremen u. Bremerhaven) 1 Hygieneinstitut
Bezirksämter	1 Chem. u. Lebensmitteluntersuchungsanstalt 1 Veterinäruntersuchungsanstalt 1 Medizinaluntersuchungsanstalt
in Landkreisen beim Landrat in kreisfreien Städten beim Oberbürgermeister	3 integrierte Staatliche Medizinal-, Lebensmittel- u. Veterinäruntersuchungsämter
Landrat in Landkreisen, Oberbürgermeister in kreisfreien Städten	1 integriertes Landesveterinär- u. Lebensmitteluntersuchungsamt
Landkreise, kreisfreie Städte, große selbständige Städte, selbständige Gemeinden (Ordnungsamt, Veterinäramt)	2 Staatl. Lebensmitteluntersuchungsämter 1 Staatl. Bedarfsgegenständeuntersuchungsamt 1 Staatl. Veterinäruntersuchungsamt für Fische u. Fischwaren 1 Tierärztliches Institut der Universität Göttingen
Kreisordnungsbehörde (Lebensmittelüberwachungsamt)	1 Chem. Landesuntersuchungsamt 24 Kommunale Chem. u. Lebensmitteluntersuchungsämter 4 Staatl. Veterinäruntersuchungsämter 18 Medizinaluntersuchungsämter

Tabelle 2 (Fortsetzung)

Bundesland	Oberste Landesbehörde	Mittlere Landesbehörde
Rheinland-Pfalz	Ministerium für Umwelt u. Gesundheit	3 Bezirksregierungen
Saarland	Ministerium für Frauen, Arbeit, Soziales u. Gesundheit	–
Sachsen	Sächsisches Staatsministerium für Soziales, Gesundheit u. Familie	3 Regierungspräsidien
Sachsen-Anhalt	Ministerium für Ernährung, Landwirtschaft u. Forsten (MELF)	3 Bezirksregierungen
Schleswig-Holstein	Minister für Natur, Umwelt u. Landesplanung	–
Thüringen	Ministerium für Soziales u. Gesundheit	Landesverwaltungsamt

entsprechen auch die §§ 40 und 46 des LMBG, wonach die Überwachungsmaßnahmen sich nach Landesrecht richten bzw. die Länder zur Durchführung der Überwachung weitere Vorschriften erlassen können. Von diesem Recht haben die meisten Bundesländer Gebrauch gemacht. Die Lebensmittelüberwachung ist dabei in die Verwaltungsstruktur der Länder entsprechend Tabelle 1 eingebunden.

In den Tabellen 2 und 3 sind die Organisation und die Rechtsgrundlagen der Lebensmittelüberwachung in den Bundesländern dargestellt.

In den neuen Bundesländern Brandenburg, Mecklenburg-Vorpommern, Sachsen, Sachsen-Anhalt und Thüringen ist die Entwicklung noch im Fluß und die Strukturen sind noch nicht vollständig herausgebildet. Ausführungsbestimmungen zum LMBG sind nur z. T. und in Ansätzen vorhanden.

Abbildung 1 (s. S. 5) zeigt den Aufbau der Lebensmittelüberwachung am Beispiel von Baden-Württemberg.

Tabelle 2 (Fortsetzung)

Zuständige untere Verwaltungsbehörde	Organisation der Untersuchungseinrichtungen
Kreisverwaltung (Veterinärämter) Stadtverwaltung in kreisfreien Städten (Ordnungsämter)	4 Chem. Lebensmitteluntersuchungsämter 1 Landesveterinäruntersuchungsamt 3 Medizinaluntersuchungsämter
Gewerbe- u. Lebens-mittelkontrolldienst beim Schutzpolizeiamt	1 integriertes Staatl. Institut für Gesundheit u. Umwelt
Lebensmittel-überwachungs- u. Veterinärämter	1 integrierte Landesuntersuchungsanstalt für das Gesundheits- u. Veterinärwesen
Veterinär- u. Lebensmittelüber-wachungsämter	2 Landesveterinär- u. Lebensmittel-untersuchungsämter
Kreisordnungsbe-hörden sowie örtliche Ordnungsbehörden bei kreisfreien Städten	1 integriertes Lebensmittel- u. Veterinäruntersuchungsamt
Veterinär- u. Lebensmittelüber-wachungsämter	1 integriertes Medizinal-, Lebensmittel- u. Veterinäruntersuchungsamt

1.5 Durchführung der Überwachung

1.5.1 Sorgfaltspflicht der Hersteller

Grundsätzlich sind, entsprechend ihrem Verantwortungsbereich, der Herstel-ler, Importeur bzw. Händler im Rahmen ihrer Sorgfaltspflicht für die einwandfreie Beschaffenheit der Ware und Einhaltung der Vorschriften verantwortlich. Aus dieser Sorgfaltspflicht ergibt sich die Verpflichtung zur Eigenkontrolle und zu Qualitätssicherungsmaßnahmen (siehe auch Kap. 2.3). Selbst wenn der Staat die Lebensmittelüberwachung weiter intensivieren würde, bliebe sie ihrem Wesen nach nur eine stichprobenartige Kontrolle. Der Staat kann demzufolge keine Garantie für die einwandfreie Beschaffenheit der Produkte übernehmen.

Von der amtlichen Überwachung wird regelmäßig durch Betriebskontrolle und Probenahme überprüft, ob diese Sorgfaltspflicht erfüllt wird.

Tabelle 3. Rechtsgrundlagen der Lebensmittelüberwachung in den Bundesländern (Stand: 01.01.1993 [12])

	Regelungen über die Zuständigkeit für die Lebensmittelüberwachung
Baden-Württemberg	1. Gesetz zur Ausführung des Lebensmittel- u. Bedarfsgegenständegesetzes (AGLMBG) v. 09.07.1991 (GBl. S. 473) 2. Durchführung des Lebensmittelgesetzes (Bekanntm. des Bad. Min. d. Innern v. 08.11.1934, (GVBl. S. 293 u. Art. 1, Abs. 1 der VO des Württ. Innenministeriums v. 21.08.1934, Reg. Bl. S. 237) 3. Bekanntmachung der Landesregierung über die Abgrenzung der Geschäftsbereiche der Ministerien v. 30.05.1988 (GBl. S. 173)
Bayern	Gesetz über den öffentlichen Gesundheitsdienst vom 12.07.1986 (GDG) (Bayer. GVBl. S. 120)
Berlin	Richtlinien für die Durchführung der Aufsicht über den Verkehr mit Lebensmitteln, Tabakerzeugnissen, kosmetischen Mitteln u. sonstigen Bedarfsgegenständen in Berlin vom 08.11.1977 (Dienstblatt des Senats von Berlin, Teil IV, Seite 167)[1]
Brandenburg	Gesetz zur Ausführung des Lebensmittel- u. Bedarfsgegenständegesetzes des Landes Brandenburg (AG LMBG) v. 16.12.1991 (GVBl. f. d. Land Brandenburg, S. 656
Bremen	Erlaß des Senators für Gesundheit u. Umweltschutz über die einheitliche Durchführung des LMBG vom 06.01.1978 i.d.F. v. 08.03.1982 (Amtsbl. d. freien Hansestadt Bremen 1982, S. 80)
Hamburg	Anordnung des Senats der freien Hansestadt Hamburg über Zuständigkeiten für die Lebensmittelüberwachung vom 17.02.1987 (Amtl. Anzeiger Teil II des Hamburgischen Gesetz- u. Verordnungsblattes Nr. 43, Seite 517)

[1] Formal seit 30.11.1987 außer Kraft, wird jedoch weiterhin angewandt als „Orientierungsgrundlage"

Tabelle 3 (Fortsetzung)

Ausführungsbestimmungen zum LMBG	Regelungen der Zuständigkeit der Untersuchungsämter
1. Gesetz zur Ausführung des Lebensmittel- u. Bedarfsgegenständegesetzes (AGLMBG) v. 09.07.1991 (GBl. S. 473) 2. Gemeinsamer Erlaß des Ministeriums für Arbeit, Gesundheit u. Sozialordnung (SM), des Ministeriums für Ernährung, Landwirtschaft u. Umwelt u. des Innenministeriums über die Lebensmittelüberwachung vom 07.02.1980 (GABl. 1980, S. 57)	1. wie Spalte 2 2. Verwaltungsvorschrift des SM über die Dienstaufgaben u. Zuständigkeitsbereiche der Chemischen Landesuntersuchungsanstalten sowie die Bestellung der Chemischen Sachverständigen u. der Chemischen Untersuchungsanstalten für die Überwachung des Verkehrs mit Lebensmitteln u. Bedarfsgegenständen i.d.F. v. 21.12.1982
1. Gesetz über den Vollzug des Lebensmittelrechts (VollzGLmR) v. 29.10.1976 (Bayer. GVBl. S. 433) 2. DurchführungsVO VollzGLmR	1. wie Spalte 1 2. VO zur Ausführung des Gesetzes über den öffentlichen Gesundheitsdienst (AVGDG) (Bayer. GVBl. S. 316) i.d.F. v. 06.10.1989 (Bay. GVBl. S. 574)
wie Spalte 1	wie Spalte 1
wie Spalte 1	1. wie Spalte 1 2. Bestimmung u. Bekanntmachung des Sitzes des Landesamtes für Ernährung, Landwirtschaft u. Flurneuordnung Brandenburg (LELF); Errichtung von drei Staatlichen Veterinär- u. Lebensmitteluntersuchungsämtern einer Landwirtschaftlichen Untersuchungs- u. Forschungsanstalt u. einer Tierseuchenkasse beim LELF. Erlaß des Ministers für Ernährung, Landwirtschaft u. Forsten v. 17.09.1991 (ABl. 1991, S. 725)
wie Spalte 1	wie Spalte 1
Rundschreiben des Reichsministers des Inneren an die Landesregierungen betr. Durchführung des Lebensmittelgesetzes vom 21.06.1934	

Tabelle 3 (Fortsetzung)

	Regelungen über die Zuständigkeit für die Lebensmittelüberwachung
Hessen	Hess. Ausführungsgesetz zum LMBG vom 16.06.1961 (Hess. GVBl. 1961, S. 81)
Mecklenburg-Vorpommern	LandesVO über Zuständigkeiten auf dem Gebiet des Lebensmittelrechts v. 05.02.1992 (GVOBl. M–V 1992, S. 54)
Niedersachsen	Nieders. Gesetz über die öffentl. Sicherheit und Ordnung (Nds. SOG) v. 17.11.1981 (Nds. GVBL, S. 347) VO über Zuständigkeiten auf dem Gebiet der Gefahrenabwehr vom 08.10.1985 (Nieders. GVBl, S. 339)
Nordrhein-Westfalen	Gesetz über den Vollzug des Lebensmittel- u. Bedarfsgegenständerechts (LMBVG-NW) vom 19.03.1985 (GV NW 1985 S. 259) Verordnung über die Zuständigkeit auf dem Gebiete des Lebensmittelrechts v. 16.07.1986 (GV NW 1986 S. 582) Ordnungsbehördengesetz vom 13.05.1980 (GV NW 1980 S. 528)
Rheinland-Pfalz	1. Landesgesetz zur Ausführung des LMBG i.d.F. vom 31.01.1986 (GVBl. S. 37) 2. LandesVO zur Durchführung des LMG i.d.F. vom 08.10.1973 (GVBl. S. 46)[3]

[2] Inzwischen außer Kraft, jedoch wird derzeit noch danach verfahren.
[3] Nur noch § 11 Abs. 2 Sätze 2 u. 3 in Kraft.

Tabelle 3 (Fortsetzung)

Ausführungsbestimmungen zum LMBG	Regelungen der Zuständigkeit der Untersuchungsämter

1. wie Spalte 1
2. Vollzug der amtlichen Lebens-
  mittelüberwachung: hier: Dienst-
  anweisung für Lebensmittel-
  kontrolleure v. 19.12.1983
  (Hess. Staatsanz. 1984, S. 18)
	Chemische Untersuchungsämter
	Erlaß v. 23.02.1976 (Staatsanz. 1976 S. 944)[2]
	Veterinäruntersuchungsämter
	Erlaß v. 08.04.1975 (Staatsanz. 1975 S. 797)[2]
	Medizinaluntersuchungsämter
	Erlaß v. 22.11.1982 (Staatsanz. 1983 S. 301)

–	1. wie Spalte 1
	2. Amtl. Verzeichnis der Landesbehörden,
	  Bekanntmachung des Innenministers
	  v. 17.02.1992 – II 221 – 131.20 –,
	  Nr. 6.2.5 Landesveterinär- u. Lebens-
	  mitteluntersuchungsamt
	  (ABl. M–V 1992, S. 217)

1. Rundschreiben des Reichsministers
  des Inneren an die Landes-
  regierungen betr. Durchführung
  des Lebensmittelgesetzes
  vom 21.06.1934
2. Rd. Erl. des MS vom 31.07.1975
  (Nieders. MBl. 1976, S. 1297)
  über Befugnisse der wissenschaftl.
  Mitarbeiter der Staatl. Chem.
  Untersuchungsämter
3. Rd. Erl. d. ML vom 30.09.1975
  (Nieders. MBl. 1975, S. 1599)
  über Durchführung der veterinär-
  hygienischen Überprüfungen durch
  die tierärztlichen Sachverständigen
  im Rahmen der amtl. Lebensmittel-
  überwachung; regelmäßige
  Betriebsüberprüfungen
	Staatl. Lebensmitteluntersuchungsämter
	Braunschweig u. Oldenburg
	Bedarfsgegenständeuntersuchungsamt Lüne-
	burg
	Staatl. Veterinäruntersuchungsamt f. Fische u.
	Fischwaren Cuxhaven
	Staatl. Veterinäruntersuchungsamt Hannover
	Rd. Erl. v. ML v. 29.10.1992
	(Nds. MBl. 1992, S. 1596)
	
	Medizinaluntersuchungsämter:
	Rd. Erl. d. MS vom 30.01.1980
	(Nieders. MBl. 1980, S. 362)
	vom 12.01.1987
	(Nieders. MBl. 1987, S. 85)

Rundschreiben des Reichsministers des Inneren an die Landesregierungen betr. Durchführung des Lebensmittel- gesetzes vom 21.06.1934	Staatl. Veterinäruntersuchungsämter des Landes NW Rd. Erl. d. MURL v. 15.10.1987 (MBl. NW 1987 S. 1718) Chem. Landesuntersuchungsamt NW Rd. Erl. d. MURL v. 14.03.1990 (MBl. NW 1990 S. 478)

1. Vollzug des Lebensmittelrechts.
  Rdschr. des Min. f. Soziales
  Gesundheit u. Umwelt
  vom 16.01.1984
2. wie Spalte 1, Nr. 2
	1. wie Spalte 1 Nr. 1
	2. wie Spalte 2, Nr. 1. Enthält Regelungen
	  über Chem.-, Vet.- u. Medizinal-
	  untersuchungsämter

Tabelle 3 (Fortsetzung)

	Regelungen über die Zuständigkeit für die Lebensmittelüberwachung
Saarland	VO über die Zuständigkeiten nach dem LMBG vom 08.03.1983 (Amtsbl. S.165)
Sachsen	Gesetz über den öffentlichen Gesundheitsdienst im Freistaat Sachsen (Sächs GDG) v. 11.12.1991 (Sächs. GVBl.1991, S. 413)
Sachsen-Anhalt	–
Schleswig-Holstein	Landesverwaltungsgesetz i.d. F. vom 09.12.1974
Thüringen	Anordnung der Landesregierung und Verordnung des Innenministers über die Errichtung von Behörden u. Einrichtungen des Landes Thüringen vom 18.06.1991 (GVBl. Thür. 1991, S.188)

1.5.2 Amtliche Überwachung

Betriebe, in denen Lebensmittel, Tabakerzeugnisse, kosmetische Mittel oder sonstige Bedarfsgegenstände hergestellt, behandelt oder in Verkehr gebracht werden, werden planmäßig überwacht (siehe auch Taschenbuch Bd. 1 Kap. 11.2.5). Das Schwergewicht bei der Überwachung wird im allgemeinen auf Betriebe von Herstellern und Einführern von Lebensmitteln sowie auf Einrichtungen zur Gemeinschaftsverpflegung gelegt. Die Überwachung der Betriebe folgt mit den zwei Kontrollinstrumenten: der *Betriebskontrolle* und der Entnahme und *Untersuchung der Produkte*. Beide Maßnahmen sind unabdingbar und miteinander verknüpft. So gibt die Betriebskontrolle oft Hinweise auf notwendige Untersuchungen, weil z.B. verbotene Zusatzstoffe wie Eiweißhydrolysate für Fleischwaren entdeckt worden sind. Umgekehrt

Tabelle 3 (Fortsetzung)

Ausführungsbestimmungen zum LMBG	Regelungen der Zuständigkeit der Untersuchungsämter
Runderlaß über die Durchführung der Lebensmittelüberwachung vom 08.10.1951 (Amtsbl. S. 1476)	Organisationserlaß vom 26.11.1987 (Amtsbl. S. 1257). Enthält Neuregelungen über die Zuständigkeiten im chem., vet. mediz. u. mediz. Bereich
wie Spalte 1	1. wie Spalte 1 2. Organisationserlaß des Sächs. Staatsministeriums für Soziales, Gesundheit u. Familie über die Errichtung einer Landesuntersuchungsanstalt für das Gesundheits- u. Veterinärwesen im Freistaat Sachsen vom 20.12.1991 (Sächs. Abl. 1992, S. 6)
–	–
1. Rundschreiben des Reichsministers des Inneren an die Landesregierungen betr. Durchführung des LMG v. 21.06.1934 2. Durchführung des Lebensmittelüberwachung. Erl. des Innen. Min. v. 14.05.1962 (Amtsbl. S. 248) 3. Untersuchung von Lebensmitteln tierischer Herkunft in den Veterinäruntersuchungsanstalten, Rderl. v. 01.11.1973 (Amtsbl. S. 979)	wie Spalte 2, Nr. 2 u. 3 LandesVO über das Lebensmittel- u. Veterinäruntersuchungsamt des Landes Schleswig-Holstein v. 11.05.1987 GS Schl.-H. II, GI Nr. 200-0-161
–	wie Spalte 1

liefert die Untersuchung oft Hinweise, die eine Betriebskontrolle erforderlich machen, z. B. wenn Spüllauge in Getränkeflaschen gefunden worden ist.

1.5.3 Überwachungsbeamte

Die heute teilweise sehr komplizierte Herstellung von Lebensmitteln, die Reglementierung zahlreicher Stoffe, wie z. B. der Zusatzstoffe, und die schwierige Rechtsmaterie erfordern neben dem Lebensmittelkontrolleur klassischer Art, auch den speziell ausgebildeten Wissenschaftler mit detaillierten Kenntnissen auf seinem wissenschaftlichen Fachgebiet und im Lebensmittelrecht. Ein derartiges zweistufiges System
– Durchführung von Routinekontrollen vorwiegend durch Bedienstete ohne wissenschaftliche Ausbildung

– Durchführung schwieriger Aufgaben durch Beamte mit wissenschaftlicher
  Ausbildung,

ist in den meisten Mitgliedsstaaten der EG bereits verwirklicht, wie aus einer
Mitteilung der Kommission an den Rat und das europäische Parlament
hervorgeht [13].

Lebensmittelüberwachungsbeamte ohne wissenschaftliche Ausbildung

Angesichts der komplexen Aufgaben ist nach der Lebensmittelkontrolleur-
Verordnung [14] vor allem erforderlich:

– die Befähigung, die Aufgaben eines Lebensmittelkontrolleurs wahrnehmen
  zu können
– ein qualifizierter Schulabschluß, mindestens der Hauptschule oder ein
  gleichwertiger Bildungsabschluß
– eine abgeschlossene Ausbildung oder mindestens zweijährige praktische
  Tätigkeit in einem Beruf, der Kenntnisse und Fertigkeiten auf dem Gebiet
  des Verkehrs mit Lebensmitteln, Tabakerzeugnissen, kosmetischen Mitteln
  oder Bedarfsgegenständen vermittelt, im Polizeivollzugsdienst oder im
  Dienst der allgemeinen Verwaltung
– eine 2jährige Spezialausbildung auf einer Fachschule und in Chemischen,
  Veterinär- und Medizinaluntersuchungsämtern, in Verwaltungs-, Straf- und
  Lebensmittelrecht, Gewerbe-, Handelsklassen-, Preis- und Eichrecht, Lebensmittelkunde und -technologie, Hygiene, Ernährungslehre, Mikrobiologie von Lebensmitteln, Verhütung und Bekämpfung übertragbarer Krankheiten, Desinfektion, Sterilisation, Schädlingsbekämpfung u. a.

Während in einigen Bundesländern Lebensmittelkontrolleure eingesetzt werden, die Berufserfahrung in einem Lebensmittelberuf haben und anschließend
eine entsprechende Ausbildung zum Lebensmittelkontrolleur durchlaufen,
sind es in Baden-Württemberg und im Saarland Beamte, die eine gewisse Zeit
im Polizeivollzugsdienst verbracht und anschließend eine 2jährige Spezialausbildung absolviert haben.

*Lebensmittelüberwachungsbeamte mit wissenschaftlicher Ausbildung (wissen-
schaftliche Sachverständige)*

Mehr denn je bedarf der Lebensmittelkontrolleur der Unterstützung durch
den wissenschaftlich ausgebildeten Lebensmittelüberwachungsbeamten bzw.
Sachverständigen bei der Kontrolle von Großbetrieben. Z. B. kann nur der
lebensmittelchemische Sachverständige unbekannte Zusatzstoffe identifizieren
und damit deren rechtmäßigen Einsatz überprüfen und nur der in Mikrobiologie ausgebildete Sachverständige wird beurteilen können, inwieweit Erhit-
zungsvorgänge zur Haltbarmachung ausreichend sind. Soll gar ein Qualitätssicherungssystem einer Firma überprüft werden, ist wissenschaftlicher Sachverstand unabdingbar. Eine wissenschaftliche Ausbildung ist auch Voraussetzung bei den Bediensteten, welche für die Laboruntersuchungen verantwortlich sind, also z. B. Lebensmittelchemiker, Tierarzt, Mikrobiologe.

Tabelle 4. Personal in der amtlichen Überwachung in der Bundesrepublik

Betriebskontrolle	Probenuntersuchung
Wissenschaftliche Sachverständige	
Tierärzte	Lebensmittelchemiker
Lebensmittelchemiker	Tierärzte
Ärzte	Ärzte
	Diplom-Chemiker, Physiker u. a.
Nicht wissenschaftlich ausgebildete Personen	
Lebensmittelkontrolleure	Ingenieure
Weinkontrolleure	Techn. Assistenten
	Laboranten u. a.

Die Untersuchung von entnommenen Proben erfolgt unter Anleitung von wissenschaftlichen Sachverständigen. Die praktische Untersuchung wird überwiegend durch Diplom-Ingenieure, technische Assistenten und Laboranten durchgeführt (s. Tabelle 4).

Die Beurteilung der Ergebnisse und der Proben ist Aufgabe des wissenschaftlichen Sachverständigen. Nachfolgend ist die Aufgabenteilung entsprechend der wissenschaftlichen Ausbildung der Sachverständigen dargestellt:

Tabelle 5. Untersuchungsaufgaben der wissenschaftlichen Sachverständigen [15]

Lebensmittelchemiker (Chemiker)	Tierarzt	Arzt
Chemische, einschließlich, enzymchemischen u. immunchemischen, physikalischen u. einfachen mikrobiologischen Untersuchungen	Anatomische, histologische, physiologische, pathologische, bakteriologische, serologische Untersuchungen	Bakteriologische (pathogene Keime) serologische, ggf. physiologische, biologische u. toxikologische Untersuchungen

Die Sachverständigen der einzelnen Disziplinen sollten dabei auf den durch die spezifische Fachausbildung vorgegebenen Gebieten tätig sein, da dann die höchstmögliche Gewähr für die Richtigkeit der Ergebnisse und der daraus resultierenden Beurteilung sowie vertrauensvolle Zusammenarbeit gegeben ist.

1.5.4 Zusammenarbeit der an der Überwachung beteiligten Personen

Eine effiziente Überwachung setzt eine enge Zusammenarbeit der an der Überwachung beteiligten Personen voraus. Dies wird erheblich erleichtert, wenn der gesamte Komplex der Lebensmittelüberwachung in einem Ministerium angesiedelt ist und sich damit in einer Hand befindet. Dann entfallen Kompetenzstreitigkeiten und es ist die volle Information gegeben.

Die enge Zusammenarbeit ist sowohl zwischen Überwachungsbeamten und wissenschaftlichem Sachverständigen, als auch zwischen den wissenschaftlichen Sachverständigen verschiedener Disziplinen notwendig. Eine solche Zusammenarbeit erfolgt z. B. bei gemeinsamen Betriebsbesichtigungen durch Überwachungsbeamte und wissenschaftliche Sachverständige. Vor allem bei Großbetrieben oder Krankenhäusern ist diese gemeinsame Besichtigung durch Lebensmittelchemiker, Tierärzte, Ärzte und Lebensmittelkontrolleure nützlich, da dann immer eine gesamtheitliche Überprüfung möglich ist.

Eine enge Zusammenarbeit ist auch möglich in interdisziplinär besetzten Untersuchungsämtern. Überregional sollte insbesondere bei den wissenschaftlichen Sachverständigen eine Zusammenarbeit sowohl innerhalb eines Bundeslandes bzw. entsprechenden Verwaltungsbezirkes und innerhalb eines EG-Landes erfolgen. Baden-Württemberg unterhält z. B. eine Arbeitsgemeinschaft mit 25 Arbeitsgruppen, in denen sich die wissenschaftlichen Sachverständigen aller chemischen Landesuntersuchungsanstalten und -ämter in lebensmittelrechtlichen Fragen oder bei methodischen Problemen regelmäßig besprechen und abstimmen. Für den Hersteller hat dies auch den Vorteil der einheitlichen Verfahrensweise.

Innerhalb der Bundesrepublik wären als Koordinations- und Beratungsgremien der Lebensmittelüberwachung zu nennen der

- ALS: Arbeitskreis lebensmittelchemischer Sachverständiger der Länder und des Bundesgesundheitsamtes
- ALTS: Arbeitskreis lebensmittelhygienischer tierärztlicher Sachverständiger
- ALÜ: Ausschuß Lebensmittelhygiene und Lebensmittelüberwachung der Arbeitsgemeinschaft der Leitenden Medizinalbeamten der Länder
- AfLMÜ: Ausschuß für Lebensmittelüberwachung der Arbeitsgemeinschaft der leitenden Veterinärbeamten der Länder

Nach Schaffung des EG-Binnenmarktes kommt der Zusammenarbeit und dem informativen Austausch zwischen den EG-Ländern verstärkte Bedeutung zu.

1.6 Betriebskontrolle

Nach § 41 Abs. 3 LMBG sind die mit der Überwachung beauftragten Personen, bei Gefahr im Verzuge auch alle Beamten der Polizei befugt

„1. Grundstücke und Betriebsräume, in oder auf denen Lebensmittel, Tabakerzeugnisse, kosmetische Mittel oder Bedarfsgegenstände gewerbsmäßig hergestellt, behandelt oder in den Verkehr gebracht werden sowie die dazugehörigen Geschäftsräume während der üblichen Betriebs- oder Geschäftszeiten zu betreten;

  2. zur Verhütung dringender Gefahren für die öffentliche Sicherheit und Ordnung
    a) die in Nummer 1 bezeichneten Grundstücke und Räume auch außerhalb der dort genannten Zeiten,

Tabelle 6. Zahl der Jahre innerhalb derer in Baden-Württemberg eine Besichtigung erfolgen soll [16]

Betriebsart	Sachverständiger		
	lebens-mittel-chemischer	tier-ärztlicher	ärztlicher
Schlachthöfe, Fleischgroßmärkte	n.B. *	1/6	n.B.
Fleischwarenfabriken	3	1/6	3
Sonstige fleischbe- und -verarbeitende Betriebe, Schlachtstätten, Wild-, Geflügel- und Fischgeschäfte, Fischräuchereien	3	1/3	3
Lebensmittelgeschäfte mit Frischfleisch-abteilungen	1	1/3	3
Markthallen, Wochenmärkte	1	1/3	1
Lebensmittelgeschäfte mit geringem Wurst- und Fleischverkauf	1	1	1
Fettschmelzen, Fettsammelstellen	1	1/2	n.B.
Gelatinehersteller	1	1/2	1
Eiersammelstellen, Eiproduktehersteller, Milcherzeugerbetriebe	n.B.	1	n.B.
Milchsammelstellen, Milchwagen, Milchhandelsgeschäfte	1	1	n.B.
Milchzentralen, Molkereien, Käsereien	1	1/2	1
Hersteller und Vertreiber von Speise- und Softeis, Hersteller von Säuglingsnahrung, Hefe, Teigwaren sowie Obst- und Gemüse-konserven, Bäckereien, Konditoreien	1	n.B.	1
Krankenhäuser, Heime, Vollzugsanstalten, große Gaststätten und Kantinen-großbetriebe sowie Fernküchen	1	1/3	1/2
Sonstige Gaststätten, Kantinen	1	1	2
Sonstige Betriebe, die Lebensmittel herstellen, behandeln oder in Verkehr bringen, sonstige Einrichtungen zur Gemeinschaftsverpflegung	1 bis 3	n.B.	1/2 bis 2

* n.B. = nach Bedarf

   b) Wohnräume der nach Nummer 4 zur Auskunft Verpflichteten zu betreten; das Grundrecht der Unverletzlichkeit der Wohnung (Art. 13 des GG) wird insoweit eingeschränkt;

3. geschäftliche Aufzeichnungen, Frachtbriefe, Bücher und Unterlagen über die bei der Herstellung verwendeten Stoffe, mit Ausnahme von Herstellungsbeschreibungen, einzusehen und hieraus Abschriften oder Auszüge anzufertigen sowie Einrichtungen und Geräte zur Beförderung von Lebensmitteln zu besichtigen;

4. von natürlichen und juristischen Personen und nicht rechtsfähigen Perso-
   nenvereinigungen alle erforderlichen Auskünfte, insbesondere solche über
   die Herstellung, die zur Verarbeitung gelangenden Stoffe und deren
   Herkunft zu verlangen".

Der zur Auskunft Verpflichtete kann die Auskunft auf solche Fragen nur
verweigern, wenn er sich selbst belasten würde.
Bei der Betriebskontrolle werden das gesamte Herstellungs- und Betriebspro-
gramm, die verwendeten Roh-, Zusatz- und Hilfsstoffe, die Lagerbedingungen
und Transportfahrzeuge, der Zustand der Betriebsräume und technischen
Einrichtungen sowie die hygienischen Verhältnisse überprüft. Dabei ist auch
auf die Eignung und sachgemäße Anwendung von Bedarfsgegenständen zu
achten.
Die Besichtigung der Betriebe erfolgt in der Regel unvermutet und soll
möglichst unauffällig durchgeführt werden. Anhaltspunkte für die erforderliche Häufigkeit liefern eine Entschließung des Bundesrats zur EG-Richtlinie
über die amtliche Lebensmittelüberwachung vom 15.05.1992 [16] und
Tabelle 6.

1.7 Entnahme von Proben

1.7.1 Zahl und Auswahl der Proben

Ein wichtiges Kontrollinstrument der Lebensmittelüberwachung ist neben der
Betriebskontrolle die Entnahme und Untersuchung von Proben. Im allgemeinen werden 10 Proben von Lebensmitteln und ein Bedarfsgegenstand pro 2000
Einwohner jährlich untersucht. Die Anforderung der Proben richtet sich v.a.
nach aktuellen Problemen, aber auch nach der Verzehrshäufigkeit. Die
Auswahl wird überwiegend von den wissenschaftlichen Sachverständigen
vorgenommen, da sie die umfassendsten Kenntnisse über aktuelle Problemfel-
der haben. Außerdem muß sich die Probenauswahl an der Kapazität der
Laboratorien, v.a. der Meßlaboratorien, orientieren. Wenn sich bei Betriebs-
kontrollen konkrete Verdachtsmomente ergeben, kann auch der Lebensmittelkontrolleur Proben erheben. Die Befugnis der Probennahme erstreckt sich auf
alle Handelsstufen. Anlaß und Entnahmegrund für eine Probenahme lassen
eine Unterscheidung zu in *Planprobe*, *Verdachtsprobe*, *Beschwerdeprobe*,
Vergleichsprobe, *Gegenprobe* und *Proben* im Rahmen von *Monitoring-Programmen* (diese Differenzierung von Proben nach Entnahmegründen hat
nichts zu tun mit anderen Unterscheidungen von Proben, z. B. aus analytischen
Gründen in Einzel-, Sammel-, End- und Laborprobe bei der Untersuchung auf
Schädlingsbekämpfungsmittel gemäß Richtlinie 79/700/EWG v. 24.07.1979).

1.7.2 Planprobe

Die Planprobe wird meist im Rahmen eines Probenplans – daher der Name –
erhoben und soll die Grundauslastung der Laboratorien gewährleisten. Ein

solcher Probenplan wird z. B. monatlich den Lebensmittelkontrolleuren über-
mittelt. Er umfaßt nicht die Gesamtheit des Probensolls sondern nur einen Teil,
z. B. 80 %, da über die Zahl der Planproben hinaus noch Sonderanforderungen
aus akutellem Anlaß notwendig sind. Außerdem sind auch eventuelle Ver-
dachts- und Beschwerdeproben in das Gesamtsoll miteinzubeziehen. Bei den
Planproben, die im Rahmen der Überwachung erhoben werden, handelt es sich
häufig nicht um willkürlich gezogene Stichproben, sondern um zielgerichtete
Proben, soll doch die vorhandene Untersuchungskapazität möglichst effizient
zur Aufdeckung irgendwelcher Mängel oder Mißstände eingesetzt werden.

1.7.3 Verdachtsprobe

Sie wird bei konkretem Verdacht erhoben, z. B. wenn bei einem verpacktem
Lebensmittel das Mindesthaltbarkeitsdatum abgelaufen ist oder Fritürefett
durch entsprechenden Gestank auffällt. Bei der zuweilen erhobenen Forderung, die Lebensmittelüberwachung sollte sich weitgehend auf die Erhebung
von Verdachtsproben konzentrieren, wird übersehen, daß hierdurch eine sehr
heterogene Auswahl an Proben erfolgen würde, die nicht mehr rationell in
zeitsparenden Serien untersucht werden können. Dies müßte zwangsläufig zu
einem Rückgang der Untersuchungszahl führen. Auch enthalten scheinbar
unverdächtige Proben häufig versteckte Mängel, z. B. Rückstände von Schadstoffen, die äußerlich nicht erkennbar sind.

1.7.4 Beschwerdeprobe

In den meisten Bundesländern hat der Verbraucher die Möglichkeit, in
begründeten Fällen bei der zuständigen Behörde eine kostenlose Untersuchung
einer Probe zu verlangen, die seiner Ansicht nach nicht in Ordnung ist. Zu
Beschwerden führen häufig Proben mit Fremdkörpern, wie z. B. Backwaren
mit Zigarettenkippen, Heftpflastern oder toten Mäusen oder Schokolade, die
von Motten befallen ist. Derartige Mängel sind ein Indiz für unhygienische
Zustände in den entsprechenden Betrieben. In Baden-Württemberg bestanden
von 1584 Beschwerden, die 1990 bei den Chemischen Landesuntersuchungsanstalten eingereicht worden waren, 54 % zu Recht. Die Beschwerdeprobe ist eine
sinnvolle Ergänzung der amtlichen Erhebung von Proben, weil auf diese Weise
Mängel noch zielgerichteter erkannt werden können.

1.7.5 Vergleichsprobe

Nach Entgegenahme einer Beschwerdeprobe sollte immer auch eine Vergleichsprobe, möglichst von der gleichen Charge, erhoben werden. Sie dient
u. a. der Beurteilung, ob ein Mangel bereits beim Kauf vorhanden war und
deshalb typisch für diese Charge ist, oder möglicherweise erst im Haushalt des
Käufers, z. B. durch falsche Lagerung, aufgetreten ist.

1.7.6 Gegenprobe

Nach § 42 Abs. 1 LMBG ist ein Teil der amtlich erhobenen Probe oder, wenn sie nicht teilbar ist, ein zweites Stück gleicher Art (Zweitprobe), als Gegenprobe amtlich verschlossen und versiegelt zurückzulassen. Dadurch haben Hersteller bzw. Einführer die Möglichkeit, eine unabhängige Zweituntersuchung innerhalb einer bestimmten Frist durchführen zu lassen. Sie können allerdings auch ausdrücklich auf die Probe verzichten. Für Proben, die nicht beim Hersteller bzw. Importeur entnommen werden, ist eine angemessene Entschädigung zu leisten. Die Untersuchung der Gegenprobe kann zu abweichenden Ergebnissen führen, wenn sie nicht mit der amtlich untersuchten Probe identisch ist. Die Beurteilung derart abweichender Ergebnisse muß der Beweiswürdigung im Einzelfall vorbehalten bleiben.
In Ausnahmefällen kann eine Probe unauffällig angekauft werden. Dies ist zwar keine Probenahme i.S. von § 42 LMBG, doch ist die Probe ebenso als Beweismittel verwertbar. In diesen Fällen ist selbstverständlich keine Gegenprobe vorhanden.

1.7.7 Proben für Monitoring-Programme

Monitoring-Programme dienen der flächenhaften Erfassung und Untersuchung von Proben. Zu unterscheiden sind dabei das *ursachenorientierte Monitoring* und das *verbraucherorientierte Monitoring*.
Das ursachenorientierte Monitoring will einen Zusammenhang zwischen einer Ursache und der Zusammensetzung bzw. Beschaffenheit einer Probe herstellen, z. B. Verunreinigung von Obst und Gemüse durch Schadstoffe in der Nähe von bestimmten Industriebetrieben. Auf diese Weise sollen Belastungsquellen erkannt und abgestellt werden. Beim ursachenorientierten Monitoring werden die Proben möglichst nahe am Erzeuger gezogen. Bioindikatoren, wie z. B. Fische oder Wild, können einbezogen werden.
Durch das *verbraucherorientierte Monitoring* soll durch möglichst repräsentative Probenahme die durchschnittliche Zusammensetzung oder Verunreinigung eines Lebensmittels festgestellt werden. Ziel ist, durch Bezug auf die Verzehrshäufigkeit letztlich die durchschnittliche ernährungsphysiologische bzw. toxikologische Bedeutung der ermittelten Eigenschaften zu erkennen. Beim verbraucherorientierten Monitoring werden die Proben möglichst nahe am Verbraucher, also weitgehend auf Handelsebene gezogen, um einerseits alle Einflüsse der Vermarktung wie Verpackung, Vorbereitung, Lagerzeiten usw. zu berücksichtigen und andererseits einen besseren Überblick über die tatsächliche Schadstoffaufnahme des Verbrauchers zu erhalten [18].
Monitoring-Programme wie z. B. das vom Bundesgesundheitsamt in den Jahren 1988 bis 1993 durchgeführte *Bundesweite Monitoring* können eine wertvolle Ergänzung zur Probenerhebung im Rahmen der Lebensmittelüberwachung darstellen, da sie wegen ihrer homogenen und repräsentativen Probenerhebung ein besseres Bild der tatsächlichen Belastungssituation z. B. mit Pestiziden, Schwermetallen oder Nitrat widergeben [19]. Ergebnisse von

Monitoring-Programmen können in Konsumempfehlungen für bestimmte Bevölkerungsgruppen und in gesundheits- und umweltpolitische Maßnahmen einfließen, wie z.B. Erlaß von Grenzwerten.

Voraussetzung für eine erfolgreiche Durchführung des Bundesweiten Monitoring waren
– Koordination der Untersuchungsreihen
– Entwicklung von Probenahmesystemen
– einheitliche Probenbehandlung
– vergleichbare Datenqualität durch vorher durchgeführte Ringversuche
– Aufbau eines Datenübermittlungssystems.

Es ist beabsichtigt, dieses Bundesweite Monitoring nach 1993 in geändertem und verringertem Umfang im Rahmen der amtlichen Lebensmittelüberwachung fortzuführen.

1.8 Untersuchung und Gutachten

1.8.1 Organisation und Ausstattung der Laboratorien

In der Bundesrepublik wird die Lebensmittelüberwachung durch *amtliche Laboratorien* durchgeführt, wobei die Trägerschaft überwiegend bei den Bundesländern, in geringerem Umfang auch bei den Kommunen liegt. In der Bundesrepublik gibt es z.Zt. einschließlich der neuen Bundesländer ca. 62 chemische, ca. 38 veterinärmedizinische und ca. 38 medizinische Untersuchungsstellen. Dabei handelt es sich z.T. um getrennte Fachämter, z.T. um Untersuchungseinrichtungen in integrierten bzw. Verbundämtern.

Die Größe und damit der Dienstbezirk sind äußerst unterschiedlich. So gibt es in Nordrhein-Westfalen 24 z.T. kleine kommunale chemische Untersuchungsämter und ein chemisches Landesuntersuchungsamt. In allen anderen 15 Bundesländern haben wir überwiegend oder ausschließlich staatliche Untersuchungseinrichtungen.

In Bayern sind die Untersuchungen in einem sehr groben Raster konzentriert auf 2 Landesuntersuchungsämter und ein kommunales chemisches Untersuchungsamt in Nürnberg.

In Baden-Württemberg sind pro Regierungsbezirk je eine leistungsfähige Chemische Landesuntersuchungsanstalt und ein Veterinärmedizinisches Untersuchungsamt vorhanden. Daneben gibt es historisch bedingt in Baden-Württemberg noch zwei kleinere kommunale Chemische Untersuchungsämter in Stuttgart und Pforzheim und ein kommunales tierärztliches Laboratorium bei der Stadt Stuttgart. Für Untersuchungen im Bereich der Humanmedizin ist im wesentlichen das Landesgesundheitsamt Stuttgart landesweit zuständig [16]. *Siehe auch Tabelle 2.*

Historisch bedingt erfolgt die Untersuchung der Proben z.T. in getrennten Fachämter (vgl. Tab. 7), z.B. nach chemischen Kriterien in chemischen Untersuchungsämtern und nach veterinärmedizinischen Kriterien in Veterinäruntersuchungsämtern. Dies erfordert dann eine *Probenteilung* und getrennte Untersuchung, wenn möglichst umfassend analysiert werden. Ein derartiges System hat Baden-Württemberg.

In zahlreichen Bundesländern sind inzwischen jedoch auch *integrierte Untersuchungsämter* vorhanden, in denen die drei Fachdisziplinen gemeinsam untersuchen und ein gemeinsames Gutachten erstellen. Derartige integrierte oder Verbundämter finden wir z. B. in Bayern, Hessen oder Schleswig-Holstein. Die Integration sollte sich allerdings auf die Lebensmittelüberwachung und Fleischhygiene beschränken. In dieser Form ist sie in Schleswig-Holstein verwirklicht. Die Einbeziehung anderer Bereiche, wie Tierseuchenbekämpfung und klinisch-chemische Untersuchungen machen ein derartiges Amt in seinen Aufgabengebieten zu heterogen. Derartige Verbundämter mit nicht zur Lebensmittelüberwachung gehörenden Sachgebieten gibt es in Bayern, Hessen, Berlin und mittlerweile auch in Sachsen. Dem Verbund bzw. den integrierten Ämtern gehört sicherlich die Zukunft, weil damit eine enge Zusammenarbeit der Disziplinen und eine ganzheitliche sowie fachlich kompetente Untersuchung entsprechend der jeweiligen wissenschaftlichen Ausbildung gegeben ist. Zwischenzeitlich gibt es in 10 Bundesländern integrierte bzw. Verbundämter. Organisatorisch sind die Untersuchungsämter im allgemeinen so gegliedert, daß Arbeitsgruppen bzw. Sachgebiete unter Anleitung eines wissenschaftlichen Sachverständigen vorhanden sind. Mehrere dieser Sachgebiete sind wiederum in Abteilungen zusammengefaßt.

Tabelle 7. Organisation der Lebensmitteluntersuchungsämter (nach [20])

Trägerschaft	Fachbereiche (Chem/Vet/Med)	Aufgaben
1. Staatliches Untersuchungsamt	1. Getrennte Fachämter	1. Nur Untersuchung von Lebensmitteln u. Bedarfsgegenständen
2. Kommunales Untersuchungsamt	2. Verbundämter, Integrierte Ämter	2. Untersuchung von Lebensmitteln und Bedarfsgegenständen, Andere Aufgaben

Neben den Untersuchungsaufgaben im Bereich der Lebensmittelüberwachung führen viele chemischen Untersuchungsämter auch Analysen von Umweltproben, also von Boden-, Wasser- und Luftverunreinigungen durch, wie z. B. die kommunalen chemischen Untersuchungsämter in Nordrhein-Westfalen oder die Chemischen Landesuntersuchungsanstalten und kommunalen Chemischen Untersuchungsämter in Baden-Württemberg.

Laboratorien der amtlichen Überwachung haben heute meist eine gute Ausstattung mit Analysengeräten, wie z. B. Gaschromatographen, Hochdruckflüssigkeitschromatographen, Massenspektrometer, Atomabsorptionsspektralphotometer, ICP-Geräte usw. Diese Ausstattung ist auch erforderlich, nachdem immer mehr Untersuchungen von Rückständen und Verunreinigungen im Spurenbereich bzw. Kontaminationsfälle zu bewältigen sind.

1.8.2 Untersuchungen

Für die Untersuchung sind amtliche Untersuchungsverfahren, z. B. nach § 35 LMBG anzuwenden. Andernfalls ist zu begründen, warum eine andere Methode angewandt wird. Noch stärker als bisher sind Analysenverfahren entsprechend der Richtlinie 85/591/EWG vom 20. 12. 1985 [21] zu kalibrieren bzw. zu validieren. Im Beanstandungsfall sind Untersuchungen zu wiederholen, möglichst an einem anderen Teil der Probe und unter Anwendung eines anderen Analysenverfahrens.

In der Zeit ab etwa 1979 häuften sich die Fälle, daß verunreinigte Lebensmittel aufgefunden wurden. Dies war vor allem auf die Entwicklung neuer oder empfindlicher Analysenverfahren zurückzuführen, so daß häufig bisher unbekannte Stoffe entdeckt wurden, wie z. B. Rückstände zahlreicher Tierarzneimittel. Es mußte deshalb oft die „normale" Untersuchungstätigkeit eingeschränkt und die gesamte verfügbare Laborkapazität auf die betroffene Lebensmittelgruppe und Untersuchung einer großen Zahl von Proben in kürzester Zeit konzentriert werden. Am Beispiel einer chemischen Landesuntersuchungsanstalt wird in der Tabelle 8 dargestellt, welche Großsachverhalte in der Zeit von 1979 bis 1992 zu bewältigen waren.

1.8.3 Untersuchungen unter Berücksichtigung der europäischen Normen EN 45001 bis 45003 und der guten Laborpraxis (GLP = Good Laboratory Practice)

In den Mitgliedsstaaten der EG sind qualitativ sehr unterschiedliche Untersuchungseinrichtungen vorhanden. Um die gegenseitige Akezptans dieser Laboratorien zu verbessern und das gegenseitige Vertrauen in die Untersuchungsergebnisse zu stärken, hat sich die EG in Artikel 13 der Richtlinie über die amtliche Lebensmittelüberwachung [10] die Option geschaffen, gemeinsame Qualitätsnormen für alle mit der Überwachung und Stichprobennahme betrauten Labors zu schaffen. In Artikel 3 des Vorschlags einer Richtlinie über zusätzliche Maßnahmen im Bereich der amtlichen Lebensmittelüberwachung wird gefordert [22]: „Die Mitgliedsstaaten ergreifen alle notwendigen Maßnahmen, um sicherzustellen, daß die in Artikel 7 der Richtlinie des Rates 89/397/EWG genannten Laboratorien die allgemeinen Kriterien für den Betrieb der Prüflaboratorien einhalten, die in der Europäischen Norm EN 45001 [23], ergänzt durch Arbeitsanweisungen und die Überwachung ihrer Einhaltung mittels Stichproben durch das Qualitätssicherungspersonal gemäß den Grundsätzen der OECD für die gute Laborpraxis Nrn. 2 und 7 [24], festgelegt sind."

Nach Artikel 3, Abs. 2 und 3 sind ferner bei der Bewertung der Laboratorien die EN 45002 [25] anzuwenden und die Akkreditierungsstellen selbst, welche die Laboratorien zulassen, müssen den Kriterien der EN 45003 [26] entsprechen.

EN 45001: Allgemeine Kriterien zum Betreiben von Prüflaboratorien

Diese Norm stellt Forderungen auf, die von den amtlichen Laboratorien der Lebensmittelüberwachung in der Bundesrepublik in Teilbereichen bereits

Tabelle 8. Beispiele von Lebensmittel- und Umweltverunreinigungen (Großsachverhalte), wie sie 1979–1992 von einer Chemischen Landesuntersuchungsanstalt zu bewältigen waren [27]

Jahr	Großsachverhalt
1979	Halogenkohlenwasserstoffe in Trink- und Grundwasser, Nitrat in Trink- und Grundwasser Thallium aus Zementwerksimmissionen auf Gemüse
1980	Hormonell wirksame Stoffe in Kalbfleisch (Östrogenskandal)
1981	Neuroleptika in Schweinefleisch Anilide in Olivenöl und ölhaltigen Fischkonserven aus Spanien Rohbrände und Weindestillate mit Fremdalkohol und Aromastoffen Perchlorethylen in Eiern Schwermetalle in Tennenbelägen
1982	Endrin in Obst- und Milchproben Chlorbenzole und -phenole auf Gemüse in der Umgebung einer Chlorphenolfabrik Fluorid auf Gemüse in der Umgebung einer Aluminiumhütte
1984	Antibiotika und Chemotherapeutika in Eiern, Hähnchen und Fischen HCB und andere Organochlorverbindungen in Neckarfischen
1985	Diethylenglykol (DEG) in österreichischen Weinen Ethylenglykol (EG) in Sekt DEG und EG aus Zellglas in Süßwaren und Backwaren Flüssigeiaffäre Halogenessigsäuren in Bier Formaldehyd in Fleischerzeugnissen
1986	Radioaktivität auf Lebensmitteln durch den Reaktorbrand in Tschernobyl Brand bei Sandoz. Untersuchungen auf Pestizide in Rheinwasser, Rheinschlämmen, Rheinfischen und Trinkwasser Zahlreiche weitere Verunreinigungen des Rheinwassers Ethylcarbamat in Spirituosen Methanol in italienischen Weinen
1987	Perchlorethylen in Olivenöl Perchlorethylen im Umfeld von chemischen Reinigungen Nematoden in Fisch Kleintiersterben im Restrhein
1988	PCB aus Siloanstrichen in Erzeugermilch Herbizide in Mineralwasser Kupfer in Trinkwasser Clenbuterol in Kalbfleisch Pentachlorphenol in Lederwaren Formaldehyd in Textilien
1989	Salbutamol in Kalbfleisch 150 t Obst und Gemüse mit überhöhten Pflanzenschutzmittelrückständen
1991	Kontrollen von Kühltransporten Überzogene Mindesthaltbarkeitsdaten bei vakuumverpackten Fleischerzeugnissen
1992	Methylisothiocyanat in italienischen Weinen Bromocyclen in Fischen Moschusxylol in Fischen und Muttermilch

erfüllt, z.T. aber noch erarbeitet werden müssen. Zu diesen Forderungen bzw. Regelungen gehören z.B.:

- *Unparteilichkeit, Unabhängigkeit, Integrität*
  Jegliche Einflußnahme außenstehender Personen oder Organisationen auf die Untersuchung und Prüfergebnisse muß ausgeschlossen sein.
- *Technische Kompetenz*
  Die Organisation und Zuständigkeiten müssen klar geregelt sein. Fachkundiges Personal muß ausreichend zur Verfügung stehen. Räumlichkeiten und Einrichtungen müssen geeignet sein. Über Meßgeräte müssen Aufzeichnungen geführt werden.
- *Arbeitsweise*
  Es müssen Arbeitsanweisungen für die Prüfverfahren und Prüfeinrichtungen vorhanden sein. Das Laboratorium hat ein Qualitätssicherungssystem zu betreiben, dessen Elemente in einem Qualitätssicherungshandbuch festgehalten werden müssen. Die Untersuchungsergebnisse sind in einem Prüfbericht zusammenzustellen. Schließlich hat das Laboratorium ein System zur Aufzeichnung aller Messungen und Beobachtungen und zur Sicherstellung der Identität der Proben zu unterhalten.

GLP Nrn. 2 und 7 (s.a. Taschenbuch Bd.1, Kap.10):

In diesen Abschnitten sind Ausführungen zu folgenden Grundsätzen enthalten
- *Qualitätssicherungsprogramm*
  Ergänzend zur EN 45001 ist hier die Inspektion durch Prüfpersonal vorgesehen, das nicht direkt an der Prüfung (Untersuchung) beteiligt ist (das sog. Audit).
- *Standard-Arbeitsanweisungen* (siehe Taschenbuch Bd.1 Kap.10.7).

EN 45002: Allgemeine Kriterien zur Begutachtung von Prüflaboratorien

In dieser Norm sind die Grundsätze der Akkreditierung (= Anerkennung) von Laboratorien dargestellt. Die Norm enthält Regeln über das Akkreditierungsverfahren, beginnend bei der formalen Beantragung durch das zu akkreditierende Labor bis hin zur Bestellung von Gutachtern, und Durchführung des eigentlichen Begutachtungsverfahrens. In der Bundesrepublik soll die Akkreditierung der Laboratorien der amtlichen Überwachung durch die obersten Landesbehörden vorgenommen werden.

EN 45003: Allgemeine Kriterien für Stellen, die Prüflaboratorien akkreditieren

Nach dieser Norm ist u.a. ein Qualitätssicherungshandbuch zu erstellen. Es soll Aussagen enthalten über die Art der Durchführung bei der Akkreditierung von Laboratorien, den organisatorischen Aufbau der Akkreditierungsstellen sowie über die Verfahrensweise im Falle der Ablehnung und bei einem Beschwerdeverfahren.

1.8.4 Gutachten

Ist ein Lebensmittel zu beanstanden, so ist ein Gutachten zu erstellen. Da das Gutachten maßgebliches Beweismittel in einem Bußgeld- oder Strafverfahren werden kann, muß es folgende Elemente enthalten:
- Darstellung aller Merkmale, die eine zweifelsfreie Identifizierung des zu beanstandenden Lebensmittels oder Bedarfsgegenstandes zulassen, also die gesamte Kennzeichnung, einschließlich Angaben über die Charge oder das Los;
- Angabe des Namens des Beamten, der die Probe gezogen hat und die entsprechende Probe-Nummer;
- Beschreibung des Aussehens und ggf. Geruch und Geschmack der Probe;
- wenn erforderlich, Hinweise auf die Art des Transportes und Lagerung der Proben;
- Angabe der für die Beurteilung wesentlichen Untersuchungsergebnisse;
- Angabe der Untersuchungsmethoden unter Aufführung wichtiger Daten über deren Leistungsfähigkeit, wie z. B. Nachweisgrenze, Bestimmungsgrenze, Streubreite;
- sachverständige Beurteilung unter Hinweis auf die rechtlichen Bestimmungen, auf denen die Beanstandungen beruhen. Zuweilen wird gefordert, daß der Sachverständige sich dieser Hinweise enthält und lediglich das Analysenergebnis angibt. Diese Ansicht ist praxisfremd, da die zuständigen Überwachungsbehörden, bzw. Staatsanwalt und Richter meist nicht über einschlägigen Sachverstand verfügen und mit Ergebnissen allein nichts anfangen können. Die Ergebnisse müssen also in einschlägige Rechtsbestimmungen eingeordnet werden. Rechtsvorschriften sind sogar häufig überhaupt Grundlage und Ausgangspunkt einer Beurteilung. Der Sachverständige hat sich jedoch jeglicher subjektiver Äußerungen über zu ergreifende Maßnahmen zu enthalten, die zu Zweifeln an seinem neutralen Sachverständigen-Status Anlaß geben könnten.

Ein selbstverständliches Gebot wissenschaftlichen Arbeitens ist, daß der Sachverständige sich auf sein Sachgebiet beschränkt. Dies gilt nicht nur hinsichtlich der Abgrenzung gegenüber anderen Disziplinen sondern zunehmend innerhalb der eigenen Disziplin. Denn bei der ständigen Ausdehnung des naturwissenschaftlichen Wissens ist kein Wissenschaftler in der Lage, Fachmann selbst in seiner eigenen Disziplin in ihrer ganzen Breite und Tiefe zu sein. Entscheidend für eine sachgerechte Beurteilung ist das Wissen um mögliche Störfaktoren und spezifische Eigenschaften der einzelnen untersuchten Stoffe. Dazu bedarf es der ständigen eigenen Auseinandersetzung mit der analytischen Methodik und der daraus gewonnenen Erfahrung [28–30].

1.9 Maßnahmen der Überwachung

Bei Rechtsverstößen können Maßnahmen im Rahmen des Verwaltungs-, Bußgeld- oder Strafverfahrens in Frage kommen. Kommen im Verwaltungsverfahren mehrere Maßnahmen in Betracht, so sind diejenigen zu ergreifen, welche die Allgemeinheit und die Betroffenen am wenigsten beeinträchtigen. Es ist also der Grundsatz der Verhältnismäßigkeit zu beachten.

1.9.1 Freiwillige Maßnahmen der Betroffenen

Verwaltungsmaßnahmen sind in der Regel nur notwendig, wenn der Betroffene nicht von sich aus das Erforderliche veranlaßt. Die Behörden sehen in der Regel von Maßnahmen ab, wenn eine Gefahrenabwehr durch eigene Maßnahmen der Verantwortlichen sichergestellt ist. Die Durchführung freiwillig zugesagter Maßnahmen, z. B. Rückrufaktion eines Produktes, muß allerdings in geeigneter Form überwacht werden.

1.9.2 Anordnungen

Verwaltungsmaßnahmen sind in der Regel nur notwendig, wenn der Betroffene einschlägigen Rechtsvorschriften hergestellt, behandelt oder in den Verkehr gebracht wurde, bzw. werden soll, muß die zuständige Behörde Anordnungen treffen. Je nach Sachlage kann es die Anordnung einer Prüfung oder aber auch ein Verbot des Herstellens, Behandelns oder Inverkehrbringens sein. Auch ein Verbot der Weiterverwendung von Geräten, die ein Lebensmittel nachteilig beeinflussen können, kommt in Betracht. Wenn die hygienischen, baulichen oder sonstigen Umstände eine Weiterführung des Betriebs nicht zulassen, ist auch eine Betriebsschließung möglich. Derartige Anordnungen stützen sich in der Regel auf polizeirechtliche Vorschriften in Verbindung mit den jeweiligen lebensmittelrechtlichen bzw. Hygienevorschriften.
Verstöße gegen lebensmittelrechtliche Vorschriften können auch die Unzuverlässigkeit des Gewerbetreibenden begründen und ein Gewerbeverbot gemäß der einschlägigen Vorschrift im Gewerberecht nach sich ziehen.
Eine Anordnung schließt ein Bußgeld-, oder Strafverfahren nicht aus. Oft wird auch die Anordnung der sofortigen Vollziehung und Androhung eines Zwangsgeldes erforderlich sein.

1.9.3 Beschlagnahme, Sicherstellung

Die Beschlagnahme stellt eine vorläufige Maßnahme dar. Das LMBG kennt sie nicht. Sie stützt sich deshalb auf einschlägige polizeirechtliche Vorschriften der Länder. Sie ist nur bei Gefahr im Verzug zulässig. Eine Beschlagnahme nach § 94 Strafprozeßordnung ist auch möglich für Gegenstände, die als Beweismittel von Bedeutung sein können.
Bei der Weinüberwachung gibt es die sogenannte „vorläufige Sicherstellung". Sie stützt sich auf § 58 Abs. 1 Nr. 4 des Weingesetzes.
Zur Verhütung und Bekämpfung übertragbarer Krankheiten kann eine Beschlagnahmung auch nach § 10 Abs. 1 und § 10 a Abs. 1 sowie § 34 Abs. 1 des Bundesseuchengesetzes erfolgen.

1.9.4 Warnung und Information der Öffentlichkeit

Steht ein Produkt im Verdacht, daß es konkret die Gesundheit der Verbraucher gefährden kann und war bzw. ist dieses Produkt im Verkehr, so ist zu prüfen, ob die Bevölkerung gewarnt werden muß. Dazu müssen zur zweifelsfreien Identifizierung in der Regel die Produktbezeichnung und der Unternehmer genannt werden, unter dessen Name bzw. Firma das Produkt in Verkehr gebracht wird oder gebracht worden ist. Auch hier ist der Grundsatz der Verhältnismäßigkeit zu beachten. Für eine Warnung ist in der Regel das Vorliegen eines die Warnung im wesentlichen tragenden schriftlichen Sachverständigen-Gutachtens unerläßlich.

Das Ausführungsgesetz zum LMBG in Baden-Württemberg [31] sieht z. B. auch die Möglichkeit vor, daß die Öffentlichkeit über den Namen eines Produktes und Unternehmers informiert werden kann, wenn aufgrund eines Verstoßes gegen die Bestimmung des Lebensmittel- und Bedarfsgegenständerechts ein besonderes Interesse der Öffentlichkeit oder Dritter besteht, z. B. bei einem zwar nicht gesundheitsschädlichen, aber ekelerregenden Lebensmittel oder um eine wirtschaftliche Schädigung von Verbrauchern abzuwenden. Ein Interesse Dritter kann vorhanden sein, wenn ohne namentliche Nennung des zu beanstandenden Produkts reellen Herstellern erhebliche Nachteile entstehen würden.

Diese Rechtsauffassung, daß auch ohne Vorliegen einer konkreten Gefährdung der Gesundheit gewarnt oder informiert werden kann, ist nicht unumstritten [32, 33]. Andererseits hat das Bundesverwaltungsgericht entschieden, daß die Veröffentlichung einer Liste mit Weinen, die mit Diethylenglykol verunreinigt waren sowie eine Nennung der Produzenten bzw. Abfüller zulässig war [34].

1.10 Literatur

1. Schormüller J (1965) Die Bestandteile der Lebensmittel. In: Handbuch der Lebensmittelchemie. Springer, Berlin Heidelberg New York, S 62
2. Balcheck P (1986) ZLR 4/86:404
3. Hintze K (1934) Geographie und Geschichte der Ernährung. Thieme, Leipzig
4. Mähl HJ (1964) Das Narrenschiff. Stuttgart, S 381 ff
5. Amberger K (1934) Lebensmittelüberwachung im Mittelalter. Chemiker-Ztg 58:829
6. Holthöfer, Juckenack, Nüse (1961) Deutsches Lebensmittelrecht, Band 1. Heymanns, Berlin, S 3
7. RGBl 1879, S 145
8. RGBl 1927, S 134
9. BGBl I (1974), S 1946
10. ABl (EWG) Nr. L 186/23 v. 30. 6. 1989
11. AID-Verbraucherdienst (1989) Amtliche Lebensmittelüberwachung, Heft Nr 1154/1989. AID, Bonn
12. AG „Lebensmittelüberwachung" der Lebensmittelchemischen Gesellschaft (1992) Rechtsgrundlagen und Organisation der Lebensmittelüberwachung in den westlichen Bundesländern. Lebensmittelchemie 46:30
13. Mitteilung der Kommission an den Rat und das Europäische Parlament. Amtliche Lebensmittelüberwachung, Durchführung der Richtlinie des Rates 89/397/EWG v. 13. 09. 1990 (KOM (90) 392 endg.)

14. BGBl I, S 1002 i. d. F. des Einigungsvertrages v. 31. 08. 1990, BGBl II, S 889, 1089
15. Rundschreiben des Reichsministers des Innern an die Landesregierungen betr. Durchführung des Lebensmittelgesetzes von 1934. Ministerialbl Preuß innere Verw (1934) 95:1085
16. Gemeinsamer Erlaß des Ministeriums für Arbeit, Gesundheit und Sozialordnung, des Ministeriums für Ernährung, Landwirtschaft und Umwelt und des Innenministeriums über die Lebensmittelüberwachung v. 14. 01. 1989. GABl, Baden-Württemberg (1980), S 57
17. Entschließung des Bundesrates zur Richtlinie des Rates (89/397/EWG v. 14. 06. 1989) über die amtliche Lebensmittelüberwachung. Bundesratdrucksache 150/92 v. 15. 05. 1992
18. Kallischnigg G, Legemann P (1982) Studie zum Aufbau eines Monitoring-Systems Umweltchemikalien in Lebensmitteln (ZEBS-Berichte 1/1982) Dietrich Reimer, Berlin
19. ZEBS des BGA (1987) Modellhafte Entwicklung und Erprobung eines Bundesweiten Monitoring zur Ermittlung der Belastung von Lebensmitteln mit Rückständen und Verunreinigungen. April 1987
20. Geßler M (1992) Amtliche Lebensmittelüberwachung in der Bundesrepublik Deutschland. Vortrag bei der Sitzung der Arbeitsgruppe „Überwachung" der EG-Kommission am 28./29. 01. 1992, Anlage zum Schreiben des Ministeriums für Umwelt, Raumordnung und Landwirtschaft NRW vom 03. 02. 1992, Az.: II C1-1008-3946
21. Richtlinie 85/591/EWG v. 20. 12. 1985 zur Einführung gemeinschaftlicher Probenahmeverfahren und Analysenmethoden für die Kontrolle von Lebensmitteln. ABl (EWG) (1985), Nr. L372, S 50
22. Vorschlag für eine Richtlinie des Rates über zusätzliche Maßnahmen im Bereich der amtlichen Lebensmittelüberwachung v. 06. 02. 1992. ABl (EWG) (1992), Nr. C51/10 kom (91) 526 endg; unter Berücksichtigung des Dokuments 4241/93 vom 29. 1. 93 (AGRI-LEG 8, PRO-COOP3)
23. DIN EN 45001 (1990) Allgemeine Kriterien zum Betreiben von Prüflaboratorien
24. Beilage Nr. 7/93 zum BAnz. Nr. 42 v. 02. 03. 1983
25. DIN EN 45002 (1990) Allgemeine Kriterien zum Begutachten von Prüflaboratorien
26. DIN EN 45003 (1990) Allgemeine Kriterien für Stellen, die Prüflaboratorien akkreditieren
27. Chemische Landesuntersuchungsanstalt Offenburg/Freiburg i. Br., Jahresberichte 1979 bis 1992
28. Schiedermaier H (1976) Der Lebensmittelchemiker, ein dem Recht verbundener Naturwissenschaftler. Dtsch Lebensm-Rdsch 72:265
29. Zipfel W, Gspahn H (1969) Sachverständiger und Rechtsgutachten. Dtsch Lebensm-Rdsch 65:355
30. Nagel G (1977) Über das Schreiben von Gutachten. Lebensmittelchemie u gerichtl Chemie 31:43
31. GBl Baden-Württemberg 1991:473
32. Hummel-Liljegren H (1991) Staatliche Warnungen vor unschädlichen Lebensmitteln sind unverhältnismäßig, unzumutbar und verfassungswidrig. ZLR/91:126
33. Berg W (1990) Die behördliche Warnung – eine neue Handlungsform des Verwaltungsrechts? ZLR 5/90:565
34. Urteil v. 18. 10. 1990 – BVerG 3 C 3.88

2 Industrielle Qualitätssicherung

U. Nöhle, Frankfurt

2.1 Was ist Qualität?

Der Begriff Qualität wird sehr oft mißverstanden und mit Hochwertigkeit, Luxus oder dem „besonders Guten" gleichgesetzt. Für viele ist Qualität etwas Außergewöhnliches, das teuer bezahlt werden muß.
Diese Auffassung ist jedoch nicht richtig, da hier die Begriffe „Beschaffenheit" und „Anspruchsklasse" unzulässigerweise miteinander vermischt werden. Die Beschaffenheit (= Qualität, lat. qualis, „wie" [beschaffen]) sagt etwas aus über die Eignung eines Produktes für einen bestimmten Zweck. Die Anspruchsklasse charakterisiert den Rang unterschiedlicher Beschaffenheiten für den gleichen funktionalen Gebrauch.
Gemäß DIN ISO 8402 wird definiert [1]:

> „Qualität ist die Gesamtheit von Merkmalen einer Einheit bezüglich ihrer Eignung, festgelegte und vorausgesetzte Parameter zu erfüllen"

Diese wissenschaftliche Definition läßt sich auch vereinfacht darstellen:

> „Qualität ist die Erfüllung der vorher festgelegten Eigenschaften"

Dem ist gegenüberzustellen die *Anspruchsklasse*.
DIN ISO 8402 definiert [1]:

> „Die Anspruchsklasse ist die Kategorie oder der Rang unterschiedlicher Qualitätsanforderungen an Einheiten für den gleichen funktionalen Gebrauch"

Die Anspruchsklasse an ein Produkt und der Grad der Erfüllung eben dieser Anspruchsklasse müssen sorgfältig getrennt werden, um die Aufgaben der Qualitätssicherung verstehen zu können.

Beispiele:
Vergleicht man zwei Kugelschreiber – der eine vergoldet zum Preis von DM 120,–, der andere aus Kunststoff zum Preis von fünfzig Pf – so ist der vergoldete Kugelschreiber nicht etwa von besserer Qualität, er verkörpert lediglich einen höheren Rang oder eine höhere Anspruchsklasse für den gleichen funktionalen Gebrauch als Schreibgerät. Wenn das teure Schreibgerät alle die Ansprüche seiner Klasse, die der Kunde an dieses Produkt stellt, erfüllt, dann handelt es sich um ein Qualitätsprodukt. Weist der vergoldete Kugel-

schreiber jedoch Mängel auf, so ist der Kunde enttäuscht, das Produkt hat für ihn „keine Qualität". Erfüllt der Kunststoffkugelschreiber alle die Ansprüche, die der Kunde für 50 Pf berechtigterweise erwartet, so handelt es sich zweifellos um ein Qualitätsprodukt!

Fast Food ist nicht etwa von schlechterer Qualität verglichen mit einem 5-Gänge Menü in einem Luxus-Restaurant. Entscheidend ist, inwieweit der Anspruch des Kunden an die von ihm erwartete Leistung tatsächlich erfüllt wird. In einem Fast Food Restaurant erwartet kein Besucher eine Bedienung – im Gegenteil, er weiß, daß er sich seine Ware innerhalb kürzester Zeit selbst vom Counter abholt. Die gleiche Situation in einem „5-Sterne Restaurant" würde beim Kunden zu großer Verärgerung führen. Ist aber z. B. ein Fast Food Gericht kalt, obwohl als warm ausgelobt, so sieht der Kunde darin genauso einen Qualitätsmangel wie der Gast in einem Luxusrestaurant, der eine Stunde auf den nächsten Gang warten muß.

Für jeden Anbieter einer Ware oder Dienstleistung ist es somit nötig:
1. die Anspruchsklasse seiner Ware zu definieren und dem Kunden in geeigneter Form mitzuteilen,
2. die Anspruchsklasse tatsächlich zu erfüllen.

Qualität ist nichts anderes als die Erfüllung der Anspruchsklasse

Die Anspruchsklasse zu definieren, ist die Aufgabe des Marketings eines Unternehmens. Hierzu gehören im Falle der Lebensmittel z. B. die sensorischen und physikalischen Eigenschaften, die Haltbarkeit, die Verpackung, die Gesamtaufmachung, Werbeaussagen, Distributionskanäle und letztlich der Preis der Ware.

Die Anspruchsklasse zu erfüllen (= Qualität), ist die Aufgabe der Produktentwicklung, des Einkaufs, der Produktion, Technik, Logistik, des Verkaufs, und der Personalabteilung des Unternehmens.

„Qualität" betrifft also jeden im Unternehmen.

2.2 Die Erwartung des Kunden

Die europäische Lebensmittelwirtschaft sieht sich in den 90er Jahren neuen Herausforderungen gegenübergestellt.

Zunehmendes *Anspruchsbewußtsein* des Verbrauchers an die Lebensumstände – insbesondere an die Beschaffenheit der Lebensmittel – führt zu einer erweiterten Betrachtungsweise in der Herstellung der Lebensmittel. Unsere Nahrungsmittel sollen nicht nur einfach sättigen, sie müssen auch in einer sehr großen Vielfalt, in ernährungswissenschaftlich ausgewogener Form, an jedem Ort, zu jeder Zeit und zu einem attraktiven Preis zur Verfügung stehen.

Der Hersteller eines Lebensmittels muß die Waren unter ökologisch vertretbaren Gesichtspunkten erzeugen, unter nachvollziehbaren Kriterien anpreisen und etwaige später nicht mehr verwendbare Teile, z. B. die Verpackung, unter definierten Umständen entsorgen (s. a. Kap. 4.3.5.7). Die Lebensmittelerzeugung wird durch die zunehmende Komplexizität des Rohwarenanbaus, der

Herstellung, des Handels, der Bewerbung und Vermarktung *erklärungsbedürftig*. Innovative Technologien, immer größere Herstellchargen bzw. kontinuierliche Herstellprozesse in immer größer werdenden Anlagen, die mit weniger Personal betrieben werden, führen zu einer neuen Dimension in der Produktion, in der der Parameter *Planung* einen immer höheren Stellenwert erlangt. Ein Lebensmittelhersteller wird zunehmend gehalten sein, seinem Kunden – sei es ein Handelspartner oder der Endverbraucher – in jeder Phase der Erzeugung bestimmte Eigenschaften des Produktes oder Prozesses zusichern zu können – und zwar nicht nur durch eine *nachträglich* durchgeführte Analyse (z. B. auf Pestizide) sondern durch eine *vorherige* Beschreibung des Verfahrensablaufes einschließlich der vorgesehenen Qualitätssicherungsmaßnahmen (z. B. den kontrollierten Anbau).

Qualitätssicherung ist daher nichts anderes als ein Managementinstrument, welches angewendet wird, um die selbst oder durch den Kunden definierte Anspruchsklasse tatsächlich zu erreichen.

2.3 Qualitätssicherung

2.3.1 Historie der Qualitätssicherung

Mit der sich verändernden Technik der Lebensmittelherstellung ändert sich auch die Philosophie der Qualitätssicherung.

Phase 1: „Qualität wird erkontrolliert"

„Erkontrollieren" bedeutet, daß die einzelnen Einheiten der Fertigware auf ihre Eigenschaften so überprüft werden, daß die nicht-konforme Ware, der Ausschuß, ausgesondert wird. Diese Methode ist nur für kleine Stückzahlen geeignet und dient vor allem der Erkennung, nicht aber der Vermeidung von Fehlern. Eine Lebensmittelfabrikation mit einem jährlichen Volumen von z. B. 30 000 t à 100 g pro Verkaufseinheit produziert 300 000 000 Fertigpackungen pro Jahr. Es ist einsichtig, daß diese Zahl von Fertigpackungen nicht auf ihre Eigenschaften in Form einer Freigabeanalyse bestimmt werden kann. Auch eine statistische Fertigwarenkontrolle stößt schnell an ihre Grenzen, da zum einen der Losumfang selbst bei einem Vertrauensbereich von nur 95 % sehr groß wäre und zum anderen auch nur ein einziger Fremdkörper in einem Lebensmittel nicht hingenommen werden kann.

Aus dieser Problemstellung heraus resultierte die

Phase 2: Qualität entsteht während der Produktion.

Durch on-line Kontrollen und Steuerung von Parametern wie z. B. Temperatur, Druck, Zeit, Volumen, pH-Wert, Feuchtigkeit, Füllhöhe etc. werden während der Produktion kritische Einflüsse *gelenkt* mit dem Ziel, daß das unter den gelenkten Parametern erzeugte Produkt die vorher bestimmten Eigenschaften besitzen *muß*.

Diese Methode der „on-line Qualitätssicherung" entspricht dem heutigen Stand der Technik – bedarf aber noch einer deutlichen Ausweitung. Viele

Parameter, deren on-line Steuerung erwünscht ist, können heute noch nicht bei allen Prozessen bestimmt werden, wie z. B. Viskosität und Wasseraktivität. Weiterentwicklungsbedürftig ist auch die automatische feed-back-Steuerung mit Hilfe derer Abweichungen automatisch korrigiert werden, um fehlerhafte Produkte „in statu nascendi" zu korrigieren.

Ungefähr 80 % aller Fehler entstehen jedoch *während der Planung* [2]!

Eine strategisch angelegte Qualitätssicherung beginnt daher nicht erst in der Produktion, sondern bereits in der Konzeption einer Entwicklungs- oder Produktionsplanung und begleitet systematisch alle Phasen eines Projektes bis zum Kunden.

Phase 3: Qualität wird erplant

Nur wenn über alle Phasen der Herstellung eines Produktes der Sollzustand festgelegt ist, das dazugehörige Verfahren zweifelsfrei beschrieben ist und die Verantwortung einem Ausführenden definitiv zugeordnet ist, wird das Produkt diesen Sollzustand, d. h. die Anspruchsklasse auch erfüllen – die Erfüllung dieser Anspruchsklasse ist die Qualität.

2.3.2 Präventives Qualitätsmanagement

Kontinuierliche Herstellprozesse und hohe Taktzahlen von Maschinen führen im Falle eines Fehlers zu einem sehr hohen Nachbesserungsaufwand und verursachen vor allem hohe Kosten. Diese Fehlerbeseitigungskosten steigen mit zunehmendem Bearbeitungsgrad des Lebensmittels und in Abhängigkeit zur Projektphase exponentiell an.

Eine Nachbearbeitung einer fehlerhaften Charge ist in einem hochindustrialisierten Prozeß mit eng gesetzten Parametern ohne Qualitätseinbußen oft nicht möglich und führt in der Regel zum Verwerfen der gesamten Produktionseinheit, da häufig allein die Personalkosten für das Wiederauspacken einer abgefüllten Ware bereits die Kosten der Neuherstellung überschreiten.

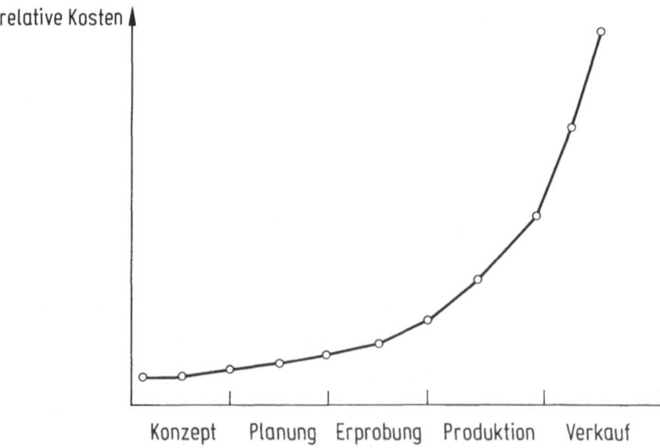

Abb. 1. Fehlerbeseitigungskosten

Unter diesen Gesichtspunkten kommt dem *präventiven Qualitätsmanagement* eine entscheidende Bedeutung für den wirtschaftlichen Erfolg eines Unternehmens zu. Die Vermeidung von Fehlern im Vorfeld wird zu einer tragenden Säule einer zuverlässigen und wirtschaftlichen Produktion.

Um die Qualität eines Lebensmittels zu „erplanen", ist der Weg eines herzustellenden Erzeugnisses ausgehend von der *Rohwarenproduktion* der Zulieferer bis zur *Fertigware* auf dem Tisch des Kunden
- zu spezifizieren (= Anspruchsklasse)
- an kritischen Punkten zu lenken (= HACCP-Konzept)
- an bestimmten Punkten zu kontrollieren und zu bewerten (= Quality Monitoring)
- gegebenenfalls zu korrigieren (= Verantwortungsbewußtsein)

Abbildung 2 zeigt den prinzipiellen Ablauf sowie die einzelnen Instrumente des präventiven Qualitätsmanagements.

Die Verantwortung für die Qualität der herzustellenden Erzeugnisse betrifft also jeden Mitarbeiter im Unternehmen. Qualität entsteht nicht etwa im Labor eines Produktionswerkes, sondern ist das Ergebnis der Arbeit jedes einzelnen im gesamten Betriebsablauf. Jeder Kollege und jede Abteilung ist darauf angewiesen, daß ihm/ihr sachlich richtige und tatsächlich erfüllte Anspruchsklassen zugeleitet werden – andernfalls kann das Ergebnis des nächsten Arbeitsschrittes nicht richtig sein. Nur wenn alle am Prozeß Beteiligten *integrativ* miteinander arbeiten und die jeweils an sie gestellten Anforderungen erfüllen, ist das Ziel erreicht, welches den Kunden zufriedenstellt und somit die Grundlage des wirtschaftlichen Erfolges darstellt. In diesem Sinne ist *der Kunde* also nicht nur der Endverbraucher eines Lebensmittels, sondern jede Abteilung oder jeder Mitarbeiter eines Betriebes, der eine Ware oder Dienstleistung empfängt.

Es ist die Aufgabe des Managements eines Unternehmens, jedem Mitarbeiter seine Verantwortung für seine Tätigkeit als Teil der Gesamtaufgabe für das Unternehmen verständlich darzustellen.

Die Maßnahmen zur Realisierung des Anspruches teilen sich auf in das *Qualitätsmanagement* und in die *Qualitätssicherung* (QS).

DIN ISO 8402 definiert als Qualitätsmanagement [1]:

> „Alle Tätigkeiten der Gesamtführungsaufgabe, welche die Qualitätspolitik, Ziele und Verantwortungen festlegen sowie diese durch Mittel wie Qualitätsplanung, Qualitätslenkung, Qualitätssicherung und Qualitätsverbesserung im Rahmen des Qualitätsmanagements verwirklichen"

Qualitätsmanagement ist also eine Führungsaufgabe, die entweder von der Geschäftsleitung eines Unternehmens selbst oder – in größeren Unternehmen – durch eine dafür abgestellte Führungskraft geleitet wird. Qualitätsmanagement ist nicht die Aufgabe des Laborleiters! Die *Instrumente* des Qualitätsmanagements werden im Herstellbetrieb angewendet, um die Qualität der herzustellenden Erzeugnisse *zu sichern.*

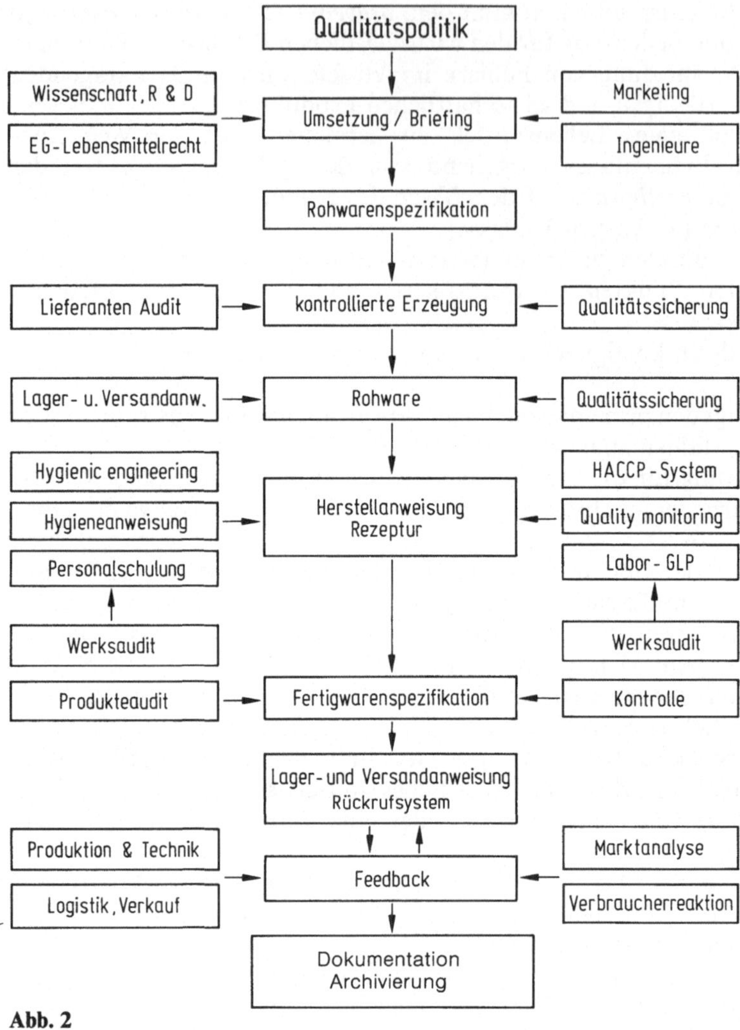

Abb. 2

DIN ISO 8402 definiert als Qualitätssicherung [1]:

> „Alle geplanten und systematischen Tätigkeiten, die innerhalb des
> Qualitätsmanagementsystems verwirklicht sind, und die wie er-
> forderlich dargelegt werden, um angemessenes Vertrauen zu
> schaffen, daß durch eine Einheit die Qualitätsforderung erfüllt
> wird."

Innerhalb des technischen Bereiches implementiert und überwacht die QS-
Abteilung eines Werkes die qualitätssichernden Maßnahmen – sie ist jedoch

keinesfalls für den Erfolg dieser Maßnahmen, d.h. für die Richtigkeit der Arbeitsabläufe, zuständig oder verantwortlich.

Jeder ist für seine Arbeit selbst verantwortlich. Jeder produziert Qualität oder eben „Nicht-Qualität".

2.3.3 Aufbau einer Qualitätssicherungsabteilung

Je nach Größe des Unternehmens kann eine QS-Abteilung unterschiedlich organisiert werden. In jedem Falle soll die QS unabhängig sein von Produktion und Technik und ein jederzeitiges Anhörungsrecht bei der Geschäftsleitung in Anspruch nehmen können. In keinem Falle soll „das Labor" als QS bezeichnet werden – das Labor ist allenfalls ein Teil von einer Vielzahl von qualitätssichernden Einrichtungen.
Eine mögliche Organisation in einem Großunternehmen ist in Abbildung 3 dargestellt. In kleineren Unternehmen (Abbildung 4) werden in der Regel die Funktionen der Qualitätskontrolle und Produktentwicklung in einer Abteilung mit einer Führungsperson zusammengefaßt. Auch hier muß die Unabhängigkeit des leiters der QS von der Produktion gewährleistet sein. Der QS-Leiter berichtet in der Regel an den Werksleiter, der die Gesamtverantwortung

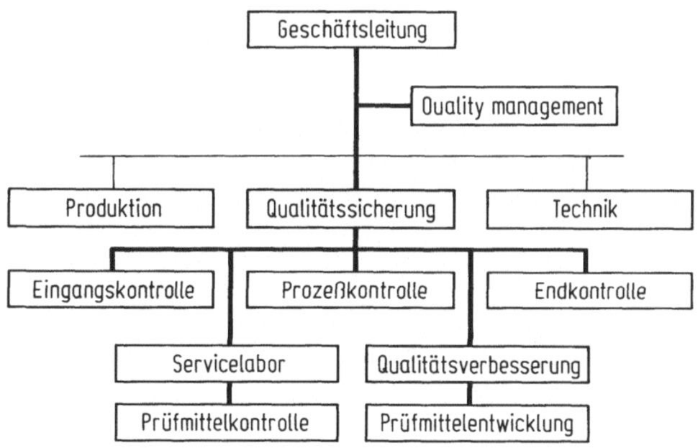

Abb. 3. Organisation einer QS-Abteilung in großen Firmen

Abb. 4. Organisation einer QS-Abteilung in kleinen Firmen

einschließlich der lebensmittelrechtlichen Sorgfaltspflicht trägt. Weitere Vorschläge zum Aufbau einer QS-Abteilung werden in der Schriftenreihe der Deutschen Gesellschaft für Qualität diskutiert [3, 4].

Die Mitarbeiter in der QS sollen einige Jahre Berufserfahrung in Produktion, Technik oder Produktentwicklung vorweisen können, um für diese Abteilungen in der Funktion der QS eine tatsächliche Hilfe darstellen zu können. QS ist keine Polizeifunktion mit belehrendem Charakter, sondern eine Funktion, die Zustände analysiert, Konsequenzen ableitet und Korrekturmaßnahmen vorschlägt oder auch implementiert mit dem Ziel, betriebliche Abläufe zu verbessern.

Es ist daher unabdingbar, daß die Mitarbeiter der QS die betrieblichen Abläufe in allen Einzelheiten kennen.

Ideale Berufsausbildungen sind Lebensmitteltechnologe, Lebensmittelchemiker, Mikrobiologe und Fachtierarzt für Lebensmittelhygiene. Je nach Betriebsstruktur und Produktionspalette gehören auch Maschinenbauer, Ingenieure, Verpackungsingenieure und verwandte Berufe zum Ausbildungsprofil der leitenden Mitarbeiter in der QS.

Da ein nicht unerheblicher Teil des Aufgabenfeldes der QS-Mitarbeiter darin besteht, aufgetretene Probleme im Betriebsablauf zu erkennen und zu eliminieren, gehören zu den erforderlichen Eigenschaften die Fähigkeit
- zum wissenschaftlichen Arbeiten,
- zur Darstellung komplexer Zusammenhänge,
- zur Präsentation von Maßnahmen gegenüber allen Hierarchieebenen eines Unternehmens.

Es ist die Aufgabe der QS-Abteilung, die nachfolgend dargelegten QS-Instrumente in Form von Verfahrensanweisungen und Prüfplänen im Betrieb zu implementieren, die Durchführung zu überwachen und für eine sorgfältige Dokumentation zu sorgen.

2.4 Die Instrumente der Qualitätssicherung

2.4.1 Qualitätspolitik

Grundlage einer jeden Arbeit ist eine Qualitätspolitik, die es jedem Mitarbeiter ermöglicht, die Ziele der Firma zu erkennen, um sich mit ihnen identifizieren zu können.

Eine Qualitätspolitik kann aus nur einem Satz bestehen, z. B.

„Das Ziel unserer Arbeit sind zufriedene Kunden",

sie kann aber auch aus einer ganzen Brochüre bestehen, die sehr differenziert das Gesamtziel der Firma sowie für jeden Teilbereich individuelle Zielvorstellungen formuliert. Wichtig ist in jedem Falle, daß die Firmenpolitik *jedem Mitarbeiter* bekannt gemacht und von allen Führungsebenen *vorgelebt* wird – andernfalls kann eine Identifikation der Mitarbeiter mit den Vorstellungen des Managements nicht erwartet werden.

2.4.2 Briefing und Umsetzung

Vor Beginn eines betrieblichen Ablaufes sind alle am Prozeß Beteiligten gefordert, im Team die einzelnen Verfahrensschritte zu entwickeln und schriftlich niederzulegen sowie den Zeitrahmen und die entsprechenden Verantwortungen zuzuordnen. Marketing, Produktentwicklung (im Falle von Neuentwicklungen), Einkauf, Produktion, Technik, QS, Logistik, Verkauf und Personalabteilung müssen in einem Ablaufplan die Einzelaufgaben und Schnittstellen definieren:
- Rohwaren- und Packmittelspezifikationen,
- Bedarfsgegenstände,
- Lieferantenauswahl,
- Rezeptur und Herstellanweisung,
- Anlagendesign,
- Fertigwarenspezifikation,
- Distributionskanäle,
- Produktpositionierung im Handel,
- Volumenvorhersage,
- Timing,
- Kosten.

2.4.3 Lebensmittelrechtliche Aspekte

Es ist selbstverständlich, daß ein Lebensmittelhersteller alle einschlägigen Rechtsvorschriften zur Herstellung eines Lebensmittel kennen muß. Je nach Größe des Betriebes und Art der herzustellenden Produkte muß sich der Hersteller eines fachkundigen Rates einer außenstehenden Institution bedienen (z. B. Anwaltskanzlei für rechtliche Fragen, vereidigte Handelschemiker für naturwissenschaftliche Fragen) oder eigene Abteilungen für diese Fragestellungen unterhalten. Auch hier gilt, daß Rechtsfragen bereits im Vorfeld eindeutig geklärt werden müssen, um Konflikte mit den Überwachungsbehörden und Wettbewerbern und um insbesondere kostenträchtige Nachbesserungen von Rezepturen oder der Aufmachung eines Produktes zu vermeiden.

2.4.4 Rohwaren- und Packmittelspezifikation

Die Rohwaren- und Packmittelspezifikationen sind der Vertragsbestandteil zwischen Lieferant und Einkauf, der die *vereinbarten* Parameter beschreibt, die *für den Kunden* wichtig sind.
Die Rohwaren-/Packmittelspezifikationen bestehen aus der
- verbalen Beschreibung der geforderten Ware,
- Auflistung der *Prüf*parameter nach Sollwert, min./max. Abweichung einschließlich Meßmethode,
- Auflistung von Informationsparametern, die für den Kunden aus sonstigen Gründen wichtig sind (z. B. Nährwertangaben, Herkunftsbeschreibungen etc.)

Die Spezifikation ist ein Instrument des Einkaufes und soll vom Einkauf sowie vom Lieferanten zwecks Anerkennung der geforderten Leistungen unterschrieben werden. Es ist darauf zu achten, daß die geforderten Parameter
– tatsächlich für den Abnehmer kritisch sind und
– tatsächlich prüffähig sind.

Oftmals werden vom *Hersteller* zur Verfügung gestellte Spezifikationen verwendet, die auf mehreren Seiten detailliert Meßdaten beschreiben, die meist für den Abnehmer völlig nebensächlich sind. Die Parameter aber, die einen gravierenden Einfluß auf die Anspruchsklasse der daraus herzustellenden Fertigware haben, sind nicht definiert – sei es aus Mangel an Kenntnis der kritischen Einflüsse an sich oder sei es aus Mangel an geeigneten Meßmethoden.
In jedem Falle führt eine derart unvollständige Spezifikation zu Konflikten zwischen Lieferant und Kunden mit vermutlich gegenseitiger Schuldzuweisung.
Lieferant und Kunde müssen sich bewußt sein, daß nur eine klar definierte Anspruchsklasse mit zweifelsfrei beschriebenen Prüfparametern sowie die Einhaltung letzterer zu einer befriedigenden Geschäftsbeziehung führen kann.

2.4.5 Lieferantenaudit

Das zweite Instrument der Einkaufsabteilung *vor der Beschaffung* ist der Lieferantenaudit. Der Audit (lat. audire, „hören") ist eine Methode um festzustellen, ob der Lieferant überhaupt in der Lage ist, die vom Kunden spezifizierten Anforderungen einzuhalten. Es wird überprüft, ob Maßnahmen getroffen sind, die die gewünschte Erfüllung der Anspruchsklasse – der Qualität – garantieren.
DIN ISO 8402 definiert [1]:

> „Der Qualitätsaudit ist eine systematische und unabhängige Untersuchung, um festzustellen, ob die qualitätsbezogenen Tätigkeiten und die damit zusammenhängenden Ergebnisse den geplanten Anordnungen entsprechen und ob diese Anordnungen wirkungsvoll verwirklicht und geeignet sind, die Ziele zu erreichen."

Beim Lieferantenaudit handelt es sich also nicht um ein Produktaudit, sondern um ein *System*audit. Es wird überprüft, *wie* der Lieferant das gewollte Ergebnis seiner Produktion *sicherstellt;* es wird nicht überprüft, wie der Lieferant produziert. Rezepturen oder Herstellanweisungen werden in der Regel nicht inspiziert, so daß Probleme betreffend die Vertraulichkeit von Rezeptur und Maschinenanlagen nicht entstehen. Die Durchführung des Audit geschieht gemäß DIN ISO 10011 [5].
Das Audit wird durch ein *geschultes* Team aus Einkauf, Qualitätssicherung, Produktion und Technik je nach Zuständigkeit durchgeführt – in jedem Falle aber aus Kollegen, für die unmittelbar die zu liefernde Ware ein Ergebnis ihrer Arbeit (Einkauf) oder eine Voraussetzung für eine noch zu erbringende Leistung (Produktion & Technik) darstellt.

Die Auditoren müssen fachlich kompetent, hierarchisch zuständig und diszi-
plinfähig sein. Der Sinn eines Audits liegt darin, einen bestimmten Zustand zu
überprüfen und *nicht* darin, Probleme mit einer Ware zu besprechen. Oftmals
„verwässern" als Audit bezeichnete Besuche dadurch, daß die Probleme des
Kunden betreffend der eingekauften Ware diskutiert werden mit dem Ziel, die
Spezifikation zu korrigieren. Hat der Kunde jedoch ein Problem mit der Ware,
so muß er zunächst einmal diese Probleme beseitigen, dann muß der Lieferant
erklären, daß er die Ware gemäß Spezifikation liefern kann und *dann erst* kann
die Funktionsfähigkeit des QS-Systems in Form eines Audits überprüft
werden.

Der Lieferantenaudit ist keine Überraschungsveranstaltung und auch keine
„Polizeiaktion", sondern soll einem systematischen Ablauf folgen:
- Termin festlegen,
- Personenkreis festlegen,
- Agenda und Zeitrahmen festlegen,
- Audit durchführen,
- Aktionsprotokoll für Veränderungen erstellen,
- Überprüfung der Wirksamkeit der vereinbarten Aktionen,
- Bewertung einschließlich Mitteilung an den Lieferanten.

Unter dem Leitsatz „*Qualität durch Partnerschaft*" führen systematische
Qualitätsaudits beim Lieferanten zu einer sicheren Produktion, zu einer
optimalen Zufriedenstellung des Kunden und damit zu einer fruchtbaren
Geschäftsbeziehung. Auf Seiten des Kunden führen diese Audits zu einer
Reduzierung der Wareneingangskontrollen durch *Vorverlagerung der Quali-
tätssicherung* und damit zu weniger Fehlern bzw. Abweichungen im eigenen
Herstellprozeß und folglich zu einer Verringerung der Qualitätskosten.

2.4.6 Kontrollierte Erzeugung

Die Steuerung des Rohwarenanbaus nach den Vorgaben des Abnehmers wird
als kontrollierte Erzeugung bezeichnet. Durch Spezifikationen für die Ware
und den Herstellprozeß einschließlich regelmäßiger Audits wird ein Lebensmittel mit Eigenschaften erzeugt, die exakt die Erwartungen des Abnehmers
treffen. Diese „Betrachtungsweise" der Lebensmittelherstellung spart Kosten
und führt zu einem höheren Sicherheitsgrad in Bezug auf kritische Parameter.
Angewendet wird diese Form der Lebensmittelerzeugung bereits im sogenannten ökologischen Landbau – es ist jedoch zu erwarten, daß auch für andere
Lebensmittel und ebenfalls für Packmittel „maßgeschneiderte" bzw. kontrollierte Herstellverfahren zum Einsatz kommen.

2.4.7 Rohwareneingang

Die erste Stufe der innerbetrieblichen Qualitätssicherung ist die Rohwarenein-
gangssteuerung. Je nach Verwendungszweck der Rohware (z. B. für diätetische
Lebensmittel) und je nach Vertrauensgrad zum Lieferanten – festgestellt durch

regelmäßige Audits und Wareneingangskontrollen – muß ein Maßnahmenplan für die Warenanlieferung, Lagerung und QS schriftlich festgelegt werden. Es muß unterschieden werden zwischen *Freigabeanalysen*, ohne die eine Rohware nicht zur Weiterverarbeitung zugelassen ist, und zwischen *Informationsanalysen*, die bestimmte Parameter zu statistischen Zwecken bestimmen. Werden die Waren innerhalb eines Betriebes mittels eines EDV-Systems „weitergegeben", so muß der Status der Ware, z. B. „frei" oder „gesperrt", im EDV-System wie auch direkt an der Ware eindeutig erkennbar sein, um ein mishandling zu vermeiden. Dem Rohwarenmanagement – Spezifikation von Ware und Prozeß, Lieferantenaudit und Wareneingangskontrolle – kommt innerhalb des QS-Systems besondere Bedeutung zu, da an dieser Stelle des Gesamtprozesses Fehler frühzeitig eliminiert werden können.

Fehler, die hier nicht erkannt werden, führen unweigerlich zu gravierenden (Kosten)abweichungen im eigenen Betrieb.

2.4.8 Bau- und Anlagendesign

Die Voraussetzungen, die für den Rohwarenbezug wichtig sind, gelten im übetragenen Sinne auch für Gebäude und Produktionsanlagen. Nur bei sorgfältiger Planung der Betriebsanlagen mit dem Ziel, diese für die geplante Herstellung des Lebensmittels optimal zu gestalten, werden z. B. mikrobiologische Grenzwerte einer Fertigware eingehalten werden können. Ingenieure und Naturwissenschaftler müssen frühzeitig die jeweiligen Ansprüche miteinander abstimmen. Den Ingenieuren müssen die Prozeßdetails und die Risiken der Lebensmittelherstellung deutlich gemacht werden, um zu verhindern, daß die Anlagen zwar hohe Taktzahlen erreichen, jedoch lebensmittelspezifische Anforderungen unerfüllt bleiben. Teamgeist, Qualitätspolitik und Managementphilosophie der Firmenleitung bestimmen hier den Erfolgsgrad.

2.4.9 Rezeptur und Herstellanweisung

Diese Dokumente beschreiben den Herstellprozeß des Lebensmittels einschließlich seiner Verpackung. Die Rezeptur und Herstellanweisung sind von der dafür verantwortlichen Stelle, z. B. dem Produktionsabteilungsleiter oder dem Herstelleiter schriftlich vorzugeben und stets auf dem neuesten Stand zu halten, mit einem Gültigkeitsvermerk sowie mit einer autorisierenden Unterschrift zu versehen. Um die Geheimhaltung des Prozesses zu gewährleisten, werden die Dokumente in der Regel in kleinere Einheiten geteilt, so daß dem betreffenden Betriebsteil nur die für die dort durchzuführende Arbeit notwendige Teilanweisung zur Verfügung steht. Aus Gründen der Produktionssicherheit ist streng darauf zu achten, daß die Kollegen in der Produktion sich in keinem Falle „Abschriften" von Originalrezepturen anfertigen.

2.4.10 HACCP

Zwecks Erkennung von potentiellen Fehlerquellen ist *vor* der erstmaligen Aufnahme einer Lebensmittelherstellung der gesamte Prozeß einer *Risikoanalyse* zu unterwerfen.

HACCP bedeutet „*Hazard Analysis Critical Control Point*" und besteht aus einer Darstellung der potentiellen Risiken des Prozesses sowie in der Beschreibung von *Lenkungspunkten*, mit Hilfe derer das Risiko *beherrscht* werden kann.

Zur Beachtung:

Das englische Wort „control" ist nicht etwa mit „Kontrolle" zu übersetzen, sondern bedeutet in deutscher Sprache „Lenkung". Das deutsche Wort „Kontrolle" heißt in englischer Sprache „inspection".

Die „control points" sind also nicht etwa Kontrollpunkte zur Feststellung eines Ist-Zustandes, sondern Lenkungspunkte zur *aktiven Steuerung* eines Systems.

Das HACCP-Konzept stammt aus den USA und wird dort ausschließlich angewendet für die Analyse und Steuerung mikrobiologischer Risiken [6] (siehe auch Taschenbuch Bd. 1 Kap. 6.6). Das Konzept eignet sich prinzipiell jedoch auch für die Ernierung anderer, nicht-mikrobiologischer Risiken.

Die Risikoanalyse wird für jede Linie bzw. für jeden Produktionsablauf durchgeführt von einem qualifizierten Team aus QS, Produktion und Technik. Am einfachsten geht dieses Team anhand eines flowcharts des Herstellprozesses alle Produktionsschritte durch und *dokumentiert systematisch* die Antworten auf folgende Fragen:

- Welches Risiko kann bei der Herstellung auftreten?
- Wo und wann kann dieses Risiko eintreten?
- Wie kann dieses Risiko gelenkt = beherrscht werden?

Beispiele:

Prozeßschritt	Risiko		Lenkungspunkt
Pasteurisierung von Rohmilch	Salmonellen-kontamination		Erhitzung der Milch auf 71,7 °C für 15 sec
Fetteinstellung Trinkmilch	Fettgehalt	zu hoch zu niedrig	Umdrehungszahl der Zentrifuge $x \pm y\,U\,min^{-1}$
Flowpack siegeln	Siegelnaht	offen verbrannt	Siegeltemp. $\quad x \pm y\,°C$ Anpreßdruck $x \pm y\,N\,m^{-2}$ Anpreßzeit $\quad x \pm y\,sec$

Zur Beachtung:

Die Punkte zur Risikobeherrschung müssen auch tatsächlich *lenkbar* und nicht nur kontrollierbar sein.

Folgende Parameter sind z. B. lediglich kontrollierbar:

- Wasseraktivität,
- Konzentration,

- Viskosität,
- Feuchtigkeit.

Lenkbar sind vielmehr Parameter wie:
- Zeit,
- Druck,
- Temperatur,
- Gewicht,
- Volumen etc.

Der Sinn der HACCP-Analyse liegt darin, daß allen Beteiligten die möglichen Risiken, die während der Produktion auftreten können, vorher bekannt sind und daß die zu treffenden Maßnahmen bei Abweichung bereits schriftlich fixiert sind. Es empfiehlt sich daher, die HACCP-Analyse an jeder Linie auszulegen.

2.4.11 Quality Monitoring

Von der Risikoanalyse deutlich zu trennen ist das Monitoring bestimmter Parameter zu Zwecken der Qualitätskontrolle oder auch aus statistischen Gründen. Das Quality Monitoring ist ein *Dokumentationssystem* bestimmter Prozeßparameter und Analysenparameter von Roh-, Halbfertig- und Fertigwaren sowie anderer zu überwachender Punkte (z. B. Kühlraumtemperaturen etc.), die fortlaufend kontrolliert werden, um aufgrund eines ständigen Soll/Ist-Vergleiches den Zustand der einzelnen Prozeßschritte oder den Zustand von Waren zu überprüfen.
Das Monitoring wird am einfachsten mittels Formblättern durchgeführt, die Auskunft geben auf folgende Fragen:
- wer kontrolliert,
- wann,
- wo,
- welchen Zustand,
- mit welcher Methode,
- mit welchem Sollwert,
- und ergreift bei Abweichung welche Maßnahme?

Das Quality Monitoring stellt einen bedeutenden Nachweis der Sicherstellung der betrieblichen Sorgfaltspflicht dar und zeigt, daß der Hersteller seinen Prozeß durchdacht und organisiert hat und gewillt ist, nach vorgegebenen Standards zu arbeiten. Die Protokolle sind produktabhängig aufzubewahren (siehe Kapitel 2.4.18).

2.4.12 *Good Laboratory Practice (GLP)*

Zur Überprüfung bestimmter Parameter wie auch zur Einrichtung von Kontrollstellen an den Produktionsanlagen ist ein Labor unerläßlich. Genauso wie die Produktion einem geregelten Ablauf unterliegen muß, um vorher

festgelegte Ziele zu erreichen, so muß auch ein Labor unter Anwendung eines QS-Systems geführt werden. Gemäß den OECD-Grundsätzen der GLP [7] wie auch der EN 45001 [8] soll ein Labor unter anderem folgende Voraussetzungen erfüllen (siehe auch Kap. 1.8.3 und Taschenbuch Bd. 1 Kap. 10):
– Unparteilichkeit (gegenüber dem Auftraggeber),
– Technische Kompetenz,
– mit qualifiziertem Personal besetzt,
– baulich und instrumentell geeignet,
– Arbeiten mit festgelegten Prüfanweisungen,
– Schreiben von definierten Prüfberichten,
– unter Anwendung eines laborinternen QS-Systems,
– mit definiertem Dokumentationssystem und Archivierung.

Ähnlich wie im Herstellbetrieb gelten auch für ein Labor, daß
– alle Verfahren eindeutig beschrieben sind,
– die Verantwortungen im Laborbetrieb eindeutig zugeordnet sind,
– die Funktionsfähigkeit durch ein internes Audit des QS-Systems regelmäßig überprüft wird.

2.4.13 *Good Manufacturing Practice* (GMP)

Dieser Ausdruck umschreibt die Gesamtheit der dargelegten QS-Maßnahmen einschließlich der hygienischen Anforderungen an die Produktionsstätten, Maschinenanlagen und an das Personal. Vermeidung von Rekontaminationen im Produktionsbereich wie auch die sachgerechte Verwendung von technischen Hilfsstoffen sowie Zusatzstoffen gehören ebenso zur GMP wie die regelmäßige Wartung von Anlagen und die geeignete Reinigung von Maschinen.

GMP repräsentiert eine Produktion nach dem Stand der Technik.

2.4.14 Fertigwarenspezifikation

Ein Teil der Zieldefinition für alle am Herstellprozeß Beteiligten ist die Fertigwarenspezifikation. Dieses Dokument besteht aus zwei Teilen:
– dem Marketingteil: beschreibt die Fertigware nach sensorischen und ernährungsphysiologischen Gesichtspunkten und charakterisiert die Gesamtaufmachung,
– dem Technikteil: beschreibt die aus den Marketingansprüchen abzuleitenden *Prüf*parameter.

Diese Fertigwarenspezifikation ist der Form nach einer Rohwarenspezifikation nahezu identisch und beschreibt nichts anderes als die *Anspruchsklasse* sowie die Parameter, anhand derer sich die Erfüllung der Anspruchsklasse – die Qualität – messen läßt. Eine Fertigwarenspezifikation muß vor Beginn der Planung einer Produktion vorliegen; der Technikteil wird in der Regel von der

Entwicklungsabteilung vorgelegt und gegebenenfalls von der Produktion des Betriebes angepaßt.

2.4.15 Lager- und Versandanweisungen

Von der Produktion der Rohwaren bis zum Verkauf der Fertigware sind für alle Schritte die notwendigen Lager- und Versandanweisungen zu erstellen, die definieren, unter welchen Bedingungen die Produkte zu handeln sind. Die Überprüfung dieser Parameter ist im Rahmen des Quality Monitorings vorzunehmen.

2.4.16 Loskennzeichnung

Die EG-Richtlinie 89/396/EWG [9] verlangt für in den Verkehr gebrachte Lebensmittel eine Kennzeichnung des Loses. Ein Los wird definiert als diejenige Produktionsmenge, die unter praktisch gleichen Umständen herge-stellt wurde. Neben dieser gesetzlichen Vorschrift für in den Verkehr gebrachter Waren ist es einem Lebensmittelhersteller dringend anzuraten, auch ein internes Chargenrückverfolgungssystem zu unterhalten mit Hilfe dessen *von der Fertig- bis zur Rohware* alle Einzelkomponenten und Prozeßschritte zurückverfolgt werden können. Nur unter diesen Umständen wird es möglich sein, die Ursache für aufgetretene Fehler zu finden und damit *eine Wiederho-lung für die Zukunft zu vermeiden.*

2.4.17 Warenrückrufsystem und Krisenmanagement

Da ein Fehler immer vom Menschen ausgeht – sei es durch einen Planungs-, oder Konstruktionsfehler oder sei es durch Unaufmerksamkeit – kann es vorkommen, daß eine Ware zurückgerufen werden muß. Oft ist ein Rückruf unter Zeitdruck durchzuführen. Es empfiehlt sich daher, einen Warenrückruf im eigenen Unternehmen „zu üben". Ein lückenloses Chargen- wie auch Artikelnummernverfolgungssystem bis hin zum Kunden sind wichtige Voraus-setzungen. Die notwendigen Ansprechpartner im Rahmen eines Rückrufes innerhalb wie auch außerhalb des eigenen Unternehmens müssen schriftlich festgehalten sein. Ein Gremium, welches kompetent ist, eine Entscheidung über einen Rückruf zu treffen, sollte eine Rückrufaktion in regelmäßigen Abständen durchspielen und auftretende Schwachpunkte umgehend beseiti-gen.

2.4.18 Dokumentationssystem und Archivierung

Nur wenn alle Sollwerte, Istwerte und alle durchgeführten Maßnahmen in Korrekturfällen *nachvollziehbar* dokumentiert sind, kann der Hersteller eines Lebensmittels jederzeit den Nachweis seiner Sorgfaltspflicht gegenüber sich selbst sowie gegenüber Kunden und Behörden erbringen (siehe auch Kap. 3.6). Alle Schrift- und Datenträger sind daher in geeigneter Weise zu kennzeichnen und wiederauffindbar zu Prüfzwecken zu lagern. Die Lagerdauer ist abhängig vom Produkt bzw. dessen Verbleiben im Markt. Sofern nicht gesetzliche Vorschriften (z. B. nach Weingesetz) oder Ansprüche z. B. aus dem Produkthaftpflichtgesetz längere Zeiträume vorsehen, kann als Faustregel angenommen werden:

Archivierungsdauer = Mindesthaltbarkeit + fünf Jahre.

Ein systematisches Dokumentationssystem bietet darüber hinaus die Grundlage dafür, daß die Beseitigung sich wiederholender Fehler auch unter hoher Personalfluktuation wesentlich einfacher durchzuführen ist, da „das Rad nicht wieder von neuem erfunden werden muß".

2.4.19 Übergeordnete QS-Maßnahmen

Um „hausgemachte" Fehler und allfällige „Betriebsblindheit" nach Möglichkeit auszuschließen, soll das gesamte QS-System eines Herstellers regelmäßig durch eine übergeordnete Stelle überprüft werden.

Der *Werksaudit* überprüft das QS-System des eigenen Werkes in der gleichen Art und Weise wie ein Lieferantenaudit. Das Audit kann bei kleineren Firmen durch einen qualifizierten vereidigten Handelschemiker durchgeführt werden. In großen Firmen wird das Auditteam in der Regel aus einem Schwesterbetrieb desselben Unternehmens kommen. Ziel des Audits ist es, die Funktionsfähigkeit des betriebseigenen QS-Systems zu überprüfen. Fehler im System sollen in einem Aktionsprotokoll festgehalten werden und die Korrekturmaßnahmen beim Folgebesuch überprüft werden.

Ein Werksaudit nimmt je nach Größe des Betriebes zwei bis drei Tage in Anspruch und sollte einmal pro Jahr durchgeführt werden.

Der *Produktaudit* stellt ein Instrument dar, anhand dessen durch das Marketing sowie durch die Rechtsabteilung (bzw. einem auswärtigen Sachverständigen) festgestellt wird, ob die produzierte Ware tatsächlich den Anforderungen aus der Fertigwarenspezifikation sowie aus gesetzlichen Vorschriften entspricht. Die Ergebnisse bzw. Korrekturmaßnahmen sind entsprechend zu dokumentieren.

Marktanalysen, field sampling und Verbraucherzuschriften geben Aufschluß darüber, inwieweit das Produkt vom Endverbraucher akzeptiert wird bzw. welche Korrekturen anzubringen sind.

Regelmäßige *Feedbackgespräche* zwischen allen Beteiligten eines Projektes in einem Unternehmen stellen ebenfalls eine präventive qualitätssichernde Maßnahme dar, indem durch Kommunikation der Verantwortlichen Fehler in der Zukunft vermieden werden.

2.4.20 Qualitätskosten

In vielen Fällen wird der Faktor „Qualitätskosten" bestimmt als die Summe von Personalkosten der Labormitarbeiter zuzüglich der Kosten der gekauften

Chemikalien. Die Qualitätskosten stehen jedoch mit dem Labor *nicht* in engerem Zusammenhang, sondern werden definiert als Summe der
- Fehlerkosten,
- Prüfkosten,
- Fehlerverhütungskosten.

Die Fehlerkosten eines Betriebes betragen zwischen 5 und 15% der gesamten Herstellkosten!

Diese Fehlerkosten werden verursacht durch:
- unvollständige Produktentwicklung mit umfangreicher Nachbesserungs-pflicht,
- ungeeignete Rohwaren und Verpackungsmaterialien,
- ungeeignete Lagerung und Transport von Roh-, Halbfertig- und Fertigwa-ren,
- ungeeignete Maschinenanlagen für den geforderten Prozeß,
- mangelnde Reinigungsverfahren bzw. -möglichkeiten mit der Folge mikro-biologischer Probleme,
- Fehler im Herstellprozeß durch mangelnde Kenntnis der Risiken,
- unzureichender Umgang mit nicht-konformen Zwischenprodukten,
- unzureichende Qualifikation der Mitarbeiter,
- Kommunikationsbarrieren zwischen den Abteilungen eines Betriebes,
- Unkenntnis der Mitarbeiter über die spezifizierten Kriterien,
- unklare Vorstellungen der Beteiligten über die zu erreichenden Ziele und deren betriebswirtschaftliche Einordnung.

Die Anwendung von Qualitätssicherungsmaßnahmen verhindert somit die Entstehung von Fehlerkosten. Abbildung 5 zeigt, daß die Intensivierung von Fehlerverhütungsmaßnahmen zwar zunächst Kosten verursacht und somit die Qualitätskosten steigen läßt, daß aber nach einem gewissen Zeitraum von ca. zwei Jahren nach Einführung eines strukturierten QS-Systems die Qualitätsko-sten aufgrund sinkender Fehlerkosten deutlich auf ein absolut gesehen niedrigeres Niveau fallen.
Qualitätssicherungsmaßnahmen sind also keine lästige Sonderleistung im be-trieblichen Ablauf, sondern sind ein Teil der strategischen Unternehmensführung mit dem Ziel
- *die Verantwortung für eine Handlung an den Ursprung der Entstehung zurückzuverlagern,*
- *von einer Kontrolle des Produktes zu einer Lenkung des Prozesses zu gelangen,*
- *Fehlerkosten zu vermeiden und damit die Wettbewerbsfähigkeit zu erhöhen.*

Ein selektiv orientiertes Qualitäts*kontroll*system wäre lediglich die Folge einer Unzahl von Fehlleistungen im betrieblichen Ablauf mit dem Ziel, diese nicht auf den Markt durchschlagen zu lassen.

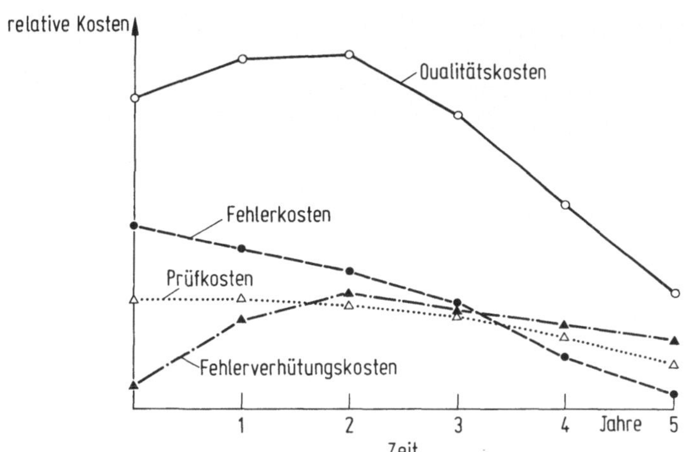

Abb. 5. Qualitätskostenentwicklung im präventiven Qualitätsmanagement

2.4.21 Industrial Organisation und Controlling

Um den oben beschriebenen Effekt überhaupt sichtbar zu machen, bedarf es effizienter Führungssysteme. Nur wenn z. B. die Sollanforderung an Maschinenlaufzeiten und Taktzahlen und die damit verbundenen Standard-Herstellkosten durch die Abteilung Industrial Organisation genau festgelegt sind, kann eine Abweichung überhaupt erst registriert werden und deren finanzielle Konsequenz durch das Controlling zugeordnet werden. Fehler werden sichtbar durch einen ständigen Soll/Ist-Abgleich vorgegebener Parameter. Die Verringerung der Differenz zwischen Soll und Ist senkt *nachweisbar* die Herstellkosten.

2.5 Personalqualifikation

Im gleichen Maßstab wie sich die Ansprüche aus dem Umfeld eines Lebensmittelherstellers z. B. durch den Kunden oder die Gesetzgebung ändern, müssen sich auch die Mitarbeiter ständig auf neue Ansprüche einstellen. Laufende Schulungsmaßnahmen sind daher eine Voraussetzung für dynamische Mitarbeiter, die eine sich verändernde Umwelt aktiv mitgestalten wollen.
Der Schlüssel zum Erfolg eines Unternehmens ist immer der Mitarbeiter, der ein System mit Leben erfüllt. Voraussetzung für einen hohen Erfüllungsgrad an vorgegebene Parameter setzt neben technischen Maßnahmen nach innen voraus:
- ausreichende hierarchische und organisatorische Freiräume, die es dem Mitarbeiter ermöglichen, sein kreatives Potential und seine Qualitätsverantwortung in den betrieblichen Ablauf einzubringen,
- Vorbildfunktion des Managements und kooperativer Führungsstil,
- ausreichende Information über die Zielsetzung des Unternehmens und den Einfluß eines jeden Mitarbeiters auf den Unternehmenserfolg.

2.6 Zertifizierung von QS-Systemen

Nach der Europäischen Normenreihe EN 29000 ff (=DIN ISO 9000 ff) [10]
lassen sich QS-Systeme von akkreditierten Stellen zertifizieren. In einem drei-
bis viertägigen Audit wird die Konformität eines betrieblichen QS-Systems mit
der o. g. Normenreihe festgestellt:
- Ist eine Qualitätspolitik vorhanden und wird sie gelebt?
- Sind alle Verfahrensabläufe beschrieben?
- Sind die Verantwortungen definitiv zugeordnet?

Es existieren drei QS-Normen:
- EN 29001 = DIN ISO 9001: QS in Design/Entwicklung, Produktion,
                               Montage und Kundendienst
- EN 29002 = DIN ISO 9002:   QS in Produktion und Montage
- EN 29003 = DIN ISO 9003:   QS bei der Endprüfung

Für die Überprüfung der Wirksamkeit der QS-Maßnahmen in der Produktent-
wicklung *und* in der Produktion ist die EN 29001 anzuwenden. Soll nur das QS-
System in der Produktion überprüft werden, so ist die EN 29002 einschlägig.
Die EN 29003 wird für Lebensmittel in der Regel nicht angewendet, da reine
Endprüfungen bei Lebensmitteln aufgrund der oben geschilderten Gründe
wenig sinnvoll sind.
Gemäß EN 29001 werden die QS-Elemente in folgenden Bereichen einer
Überprüfung unterzogen:
- Verantwortung der Obersten Leitung,
- QS-System,
- Vertragsüberprüfung,
- Designlenkung,
- Lenkung der Dokumente,
- Beschaffung,
- vom Auftraggeber beigestellte Produkte
- Identifikation und Rückverfolgbarkeit von Produkten,
- Prozeßlenkung (in Produktion und Montage),
- Prüfmittelprüfungen,
- Prüfstatus,
- Lenkung fehlerhafter Einheiten,
- Korrekturmaßnahmen,
- Handhabung, Lagerung, Verpackung und Versand,
- Qualitätsaufzeichnungen,
- interne Qualitätsaudite,
- Schulung,
- Kundendienst,
- statistische Methoden.

Stimmt das betriebliche QS-System mit den Forderungen aus der Norm
überein, so wird dies in Form eines Zertifikates bescheinigt. Das Zertifikat
besitzt drei Jahre Gültigkeit und wird jährlich überprüft.

Das Zertifikat ist ein von *unabhängiger Stelle* geführter Nachweis eines funktionierenden betrieblichen QS-Systems. Es untermauert die Erfüllung der eigenen Sorgfaltspflicht gegenüber Kunden und Behörden. Das Zertifikat bestätigt, daß der Betrieb organisatorisch in der Lage und gewillt ist, vorgegebene Ziele zu erreichen.

Das Zertifikat sagt aber *nichts über die Anspruchsklasse* des erzeugten Produktes aus – das ist die Aufgabe des Marketings. Das Zertifikat sagt auch *nichts über die Konformität des hergestellten Lebensmittels mit den Vorschriften des Lebensmittelrechts* aus.

Das Zertifikat ist vielmehr ein Nachweis für die *Qualitätsfähigkeit* eines Unternehmens, nicht aber ein Nachweis über die Qualität eines Produktes.

Mit der Zertifizierung keinesfalls zu verwechseln ist die *Akkreditierung* von Stellen, die QS-Systeme zertifizieren. Die Akkreditierung dieser Stellen richtet sich nach der EN 45012 [11]. In Deutschland sind zur Zeit 17 Unternehmen akkreditiert (Stand März 1993), wie z. B.:
– die DQS, *Deutsche Gesellschaft* zur Zertifizierung von QS-Systemen,
– der TÜVcert,
– der DEKRA Zertifizierungsdienst.

2.7 Amtliche Lebensmittelüberwachung

Auch die Amtliche Lebensmittelüberwachung in der EG ist im Umbruch begriffen und stellt sich auf die Erfordernisse des EG-Binnenmarktes ein (siehe auch Kap. 3).

In der Europäischen Gemeinschaft wohnen ca. 340 Millionen Verbraucher Mit der Aufhebung der innergemeinschaftlichen Grenzen für den Warenverkehr am 1. 1. 1993 wird es in Europa zu einer vermehrten Handelstätigkeit und einem damit verbundenen größeren Warenangebot auch im Bereich der Lebensmittel kommen. Die Anspruchsklassen der Lebensmittel sind jedoch in den Mitgliedstaaten der EG sehr unterschiedlich. Diese Unterschiede äußern sich z. B. in verschiedenen Rechtsvorschriften (Verwendung von Zusatzstoffen etc.), in verschiedenen Verkehrsauffassungen für ähnliche Produkte (z. B. Fettgehalt von Würsten) oder auch in verschiedenen hygienischen Ansprüchen (z. B. Fleischhygiene). Es ist leicht einsehbar, daß es kaum möglich sein wird, daß alle Mitgliedstaaten die Rechtsvorschriften und Verkehrsauffassungen der jeweils anderen Staaten für alle Lebensmittel genauso wie die des eigenen Landes kennen – das gilt gleichermaßen für die amtliche Überwachung, für Handelspartner wie auch für den Endverbraucher. Die EG-Mitgliedsstaaten haben sich daher zum Ziel gesetzt,
a) die besonders sensiblen Rechtsgüter bezüglich Gesundheitsschutz, Umweltschutz, Verbraucherschutz und Wettbewerbsrecht in gemeinsamen Rechtsvorschriften zu harmonisieren,
b) alle übrigen nationalen Vorschriften einer gegenseitigen Anerkennung zu unterwerfen.

Dies bedeutet, daß sich alle am Lebensmittelverkehr Beteiligten auf eine
wachsende Zahl neuer EG-Rechtsvorschriften einstellen müssen – insbesondere auf dem Gebiet des Hygiene-, Kennzeichnungs- und Umweltschutz-
rechts. Andererseits müssen sie aber den Import und den Verkehr mit Lebensmitteln aus anderen Mitgliedsstaaten zulassen, auch wenn sie nicht den Vorschriften des Importlandes entsprechen, solange sie nicht Gemeinschaftsrecht
verletzen.

Die „Richtlinie über die Amtliche Lebensmittelüberwachung" 89/397/EWG
[12] richtet daher auch den Schwerpunkt der Überwachung auf die Inspektion
der Herstellerbetriebe durch die lokal zuständige Behörde *vor Ort.*

Die Amtliche Überwachung wird sich in Zukunft neben der Fertigwaren-
analyse insbesondere erstrecken auf:
– Prüfung der Rohstoffe und technologischen Hilfsstoffe,
– Materialien und Gegenstände in Kontakt mit Lebensmitteln,
– Reinigungs-, Pflege- und Schädlingsbekämpfungsmittel,
– angewandte Verfahren und Meßergebnisse,
– Prüfung von Schrift- und Datenträgern,
– Untersuchung der betrieblichen Kontrollsysteme und der damit erzielten
  Ergebnisse.

Aus dieser Auflistung läßt sich für den Lebensmittelhersteller in der EG
deutlich ableiten, daß er mehr als je zuvor die einzelnen Prozeßschritte, die
Herstellung der Rohwaren, Halbfertigfabrikate und Fertigwaren, die Verwendung von Hilfsstoffen und Verpackungsmaterial einschließlich der Dokumentation seines QS-Systems *systematisch, durchsichtig und für einen Außenstehenden nachvollziehbar* gestalten muß, um den Ansprüchen des Gemeinsamen
Marktes in der Zukunft begegnen zu können.

Auch die Überwachung orientiert sich offensichtlich mehr in Richtung einer
präventiven Prozeßüberwachung beim Hersteller anstatt sich auf die Kontrolle
einer Fertigware zu beschränken.

2.8 *Total Quality Management*, TQM

Dieser Begriff umschreibt die Gesamtheit aller Maßnahmen der Unternehmensführung zur Erreichung der Unternehmensziele.
DIN ISO 8402 definiert TQM [1]:

> „Auf der Mitwirkung aller ihrer Mitglieder beruhende Führungs-
> methode einer Organisation, die Qualität in den Mittelpunkt stellt
> und durch Zufriedenheit der Kunden auf langfristigen Geschäfts-
> erfolg sowie auf den Nutzen für die Mitglieder der Organisation
> und für die Gesellschaft zielt."

TQM ist eine Managementmethode, die
– einen kooperativen Führungsstil fördert,
– Innovation, Flexibilität und Finanzstärke erhöht,

– ungenutzte Ressourcen des Personals fördert,
– zu besseren Leistungen im geführten Betrieb führt,
– zu Produktivitätsverbesserung, Kostenreduzierung, Steigerung des Markt-
anteiles, Stärkung der Marktposition, Sicherung der Arbeitsplätze und
damit zu einem erhöhten return on investment führt.

„TQM bedeutet nichts anderes als ordentliche Geschäftsführung"

2.9 Literatur

1. DIN ISO 8402, Beuth Verlag GmbH, Postfach 1145, 1000 Berlin 30
2. Frehr H-U (1988) in: Masing W (ed) *Handbuch der Qualitätssicherung*, 2. Aufl.,
   München, S 804
3. Aufbauorganisation der Qualitätssicherung. (DGQ Schriftenreihe 12–61) Beuth loc. cit.
4. Mitarbeiter in der Qualitätssicherung. DGQ Schriftenreihe 15–38, Beuth loc. cit.
5. DIN ISO 10011 Richtlinien zum Auditieren von Qualitätssystemen. Teil 1 Auditieren,
   Teil 2 Qualifikationskriterien für Auditoren von QS-Systemen, Teil 3 Management von
   Auditprogrammen. Beuth loc. cit.
6. Bryan F.L. Hazard Analysis Critical Control Point Evaluations, World Health,
   Organization, Geneva, 1992
7. OECD Grundsätze der Guten Laborpraxis (GLP). Beilage zum Bundesanzeiger Nr. 42
   v. 2.3.1983
8. EN 45001, Allgemeine Kriterien zum Betreiben von Prüflaboratorien. Beuth loc. cit.
9. Richtlinie des Rates über die Loskennzeichnung. 89/396/EWG vom 14.6.1989. ABl.
   der EG L 186/21 vom 30.6.1989 (Umsetzung durch VO zur Änderung weinrechtlicher
   Vorschriften v. 22.12.92, BGBl. 1 (1992), 2430 und Beschluß des Bundesrates v. 7.5.93,
   Drucksache 164/93, Los-Kennzeichnungs-Verordnung)
10. EN 29000 Leitfaden zur Auswahl und Anwendung der Normen über Qualitätsmanage-
    ment und QS-Nachweisstufen; EN 29001 QS-Systeme, QS-Nachweisstufe für Entwick-
    lung und Konstruktion, Produktion, Montage und Kundendienst; EN 29002 QS-
    Systeme, QS-Nachweisstufe für Produktion und Montage; EN 29003 QS-Systeme,
    QS-Nachweisstufe für Endprüfungen; EN 29004 Qualitätsmanagement und Element
    eines QS-Systems, Leitfaden; Beuth loc. cit.
11. EN 45012 Allgemeine Kriterien für Stellen, die QS-Systeme zertifizieren. Beuth loc. cit.
12. Richtlinie über die Amtliche Lebensmittelüberwachung 89/397/EWG Abl. EG L 186/23
    v. 30.6.1989

3 Lebensmittelrecht und EG

Pia Noble, Gerhard Bialonski, Bonn

3.1 Einführung

Die enge wirtschaftliche und politische Zusammenarbeit zwischen den Mitgliedsstaaten der Europäischen Gemeinschaft hat für den Lebensmittelbereich als einem wichtigen Wirtschaftszweig erhebliche Bedeutung. In Verfolgung des Ziels, den Handel mit Lebensmitteln zwischen den Mitgliedstaaten zu erleichtern, hat sich seit Bestehen der Europäischen Wirtschaftsgemeinschaft ein europäisches Lebensmittelrecht entwickelt, das das eigenstaatliche Recht stark beeinflußt oder verdrängt.

Bevor im einzelnen darauf eingegangen wird, sollen zunächst einige grundlegende Informationen über die Europäische Gemeinschaft, ihre Organe sowie die Ziele und Aufgaben gegeben werden.

3.1.1 Die Europäische Gemeinschaft und ihre Rechtsordnung

Die *Europäische Wirtschaftsgemeinschaft* (*EWG*) wurde zusammen mit der *Europäischen Atomgemeinschaft* (*EURATOM*) durch die *Verträge von Rom* vom 27. März 1957 (Vertrag zur Gründung der Europäischen Wirtschaftsgemeinschaft, Kurzbezeichnung EWG-Vertrag; Vertrag zur Gründung der Europäischen Atomgemeinschaft) gegründet. Die Römischen Verträge traten am 1. Januar 1958 in Kraft. Die EWG, die EURATOM und die bereits im Jahr 1951 gegründete Europäische Gemeinschaft für Kohle und Stahl (EGKS) bilden die *Europäischen Gemeinschaften*. Da die Zusammenarbeit der Mitgliedstaaten inzwischen weit über den Rahmen der drei Verträge hinausgeht, wird im allgemeinen Sprachgebrauch meist nur noch von der *Europäischen Gemeinschaft* (*EG*) gesprochen.

Gründungsstaaten der Europäischen Gemeinschaften waren Belgien, die Bundesrepublik Deutschland, Frankreich, Italien, Luxemburg und die Niederlande. Am 1. Janaur 1973 tragen Großbritannien, Dänemark und Irland, am 1. Januar 1981 Griechenland und am 1. Januar 1986 Spanien und Portugal den Europäischen Gemeinschaften bei. Der EG gehören somit gegenwärtig zwölf Mitgliedstaaten an.

Die drei Gründungsverträge einschließlich der ihnen beigefügten Anhänge, Anlagen und Protokolle sowie die späteren Ergänzungen und Änderungen stellen das *primäre Gemeinschaftsrecht* dar. Als Verfassung der EG bestimmen sie u.a. die Ziele und Aufgaben der Gemeinschaft. Zur Durchführung der

Verträge setzen sie Gemeinschaftsorgane ein und statten diese mit legislativen und administrativen Befugnissen aus.

Als *sekundäres Gemeinschaftsrecht* werden die von den Organen der Gemeinschaft gesetzten Rechtsakte bezeichnet. Solche Rechtsakte sind in der EWG z. B. Verordnungen und Richtlinien. Im gemeinschaftlichen Lebensmittelrecht spielen Verordnungen und vor allem auch Richtlinien eine wichtige Rolle (s. Kap. 3.3 und 3.4).

Primäres und sekundäres Gemeinschaftsrecht bilden zusammen mit den allgemeinen Rechtsgrundsätzen als ungeschriebenes Recht die Rechtsordnung der EG. Das Gemeinschaftsrecht geht bestehendem nationalen Recht vor. Nach einer Entscheidung des Bundesverfassungsgerichts (BVerfG) erfolgt auch keine Überprüfung abgeleiteten Gemeinschaftsrechts (hier: EG-Verordnungen) anhand der Grundrechte des Grundgesetzes durch dieses Gericht, solange die Europäische Gemeinschaft, insbesondere die Rechtsprechung des Europäischen Gerichtshofes, einen dem unabdingbar gebotenen Grundrechtsschutz im wesentlichen gleich zu achtenden Schutz generell gewährleistet.

3.1.2 Die Organe der Europäischen Gemeinschaft

Die EG erfüllt ihre Aufgaben durch das Zusammenwirken ihrer Organe – Europäisches Parlament, Ministerrat, Kommission und Europäischer Gerichtshof. Die Organe der EWG, der EURATOM und der EGKS sind seit 1. Juli 1967 durch Verschmelzung zusammengeschlossen.

Das *Europäische Parlament* (*EP*) mit Sitz in Straßburg besteht aus in allgemeiner und unmittelbarer Wahl gewählten Vertretern der Völker der Mitgliedstaaten. Dem EP gehören 518 Abgeordnete an, davon 81 aus Deutschland. 1994 wird sich die Anzahl der Abgeordneten auf 567 (davon 99 aus Deutschland) erhöhen. Das EP hatte usprünglich im wesentlichen nur eine beratende Funktion und gewisse Kontrollaufgaben. Seit einiger Zeit hat es aber ein Mitspracherecht in wichtigen Bereichen, z. B. bei der Verabschiedung des EG-Haushalts, und verstärkt Mitwirkungsrechte bei der Rechtsetzung der Gemeinschaft. Eine den Parlamenten der Mitgliedstaaten vergleichbare Stellung kommt ihm indes noch nicht zu.

Das gesetzgebende Organ und wesentliche Entscheidungsgremium der Gemeinschaft ist der *Ministerrat*, der aus jeweils einem Vertreter (Minister) der zwölf Mitgliedstaaten besteht. Der Ministerrat tritt je nach Sachgebiet in unterschiedlicher personeller Besetzung zusammen (z. B. Landwirtschaftsminister, Wirtschaftsminister, Finanzminister). Der Vorsitz im Rat wechselt halbjährlich unter den Mitgliedstaaten.

Dem Ministerrat steht als zentrales Gemeinschaftsorgan die *EG-Kommission* gegenüber. Sie besteht aus 17 Mitgliedern, wobei ihr mindestens ein Staatsbürger jedes Mitgliedstaates angehören muß, die als Kommissare jeweils für einzelne Bereiche verantwortlich sind. Den Kommissaren sind *Generaldirektionen* zugeordnet. Für den Lebensmittelbereich besonders bedeutsam sind die Generaldirektion III (Binnenmarkt und gewerbliche Wirtschaft) und die Generaldirektion VI (Landwirtschaft).

Die Mitglieder der Kommission werden von den Regierungen der Mitgliedstaaten für 4 Jahre ernannt und üben ihre Tätigkeit nach den Verträgen der Gemeinschaft in voller Unabhängigkeit zum allgemeinen Wohl der EG aus. Die EG-Kommission, die ausschließlich der Kontrolle des EP unterliegt, sorgt für die Durchführung der Europäischen Verträge. Sie ist der Motor der Gemeinschaftspolitik.

Nach dem EWG-Vertrag hat die Kommission, neben gewissen Befugnissen im Gesetzgebungsbereich, das alleinige Vorschlagsrecht für Beschlüsse des Ministerrates. Rechtssetzungsmaßnahmen im Lebensmittelbereich können vom Rat nur auf Vorschlag der Kommission erlassen werden. Die Kommission unterzieht ferner Maßnahmen und Vorschriften der Mitgliedstaaten im Einzelfall einer Überprüfung auf Konformität mit den Vorschriften des EWG-Vertrages und leitet ggf. Vertragsverletzungsverfahren vor dem Europäischen Gerichtshof ein (s. Kap. 3.4.3).

Der *Europäische Gerichtshof* (*EuGH*), der seinen Sitz in Luxemburg hat, fungiert u. a. als Verfassungs- und Verwaltungsgericht für die Gemeinschaft. Ihm kommt die zentrale Aufgabe zu, für die Wahrung des Rechts bei der Auslegung und Anwendung der Gemeinschaftsverträge sowie der vom Rat oder von der Kommission erlassenen Rechtsnormen zu sorgen. Hinsichtlich des EWG-Vertrages werden hierbei im wesentlichen zwei Verfahrenswege angewandt: das *Vertragsverletzungsverfahren* und das *Vorabentscheidungsverfahren*.

Ein Vertragsverletzungsverfahren wird eingeleitet von der EG-Kommission gegen einzelne Mitgliedstaaten wegen Verstößen gegen Verpflichtungen aus den Gemeinschaftsverträgen (Artikel 169 EWG-Vertrag).

Bei Vorabentscheidungsersuchen legen einzelstaatliche Gerichte Fragen u. a. über die Auslegung des EWG-Vertrages oder über die Gültigkeit und die Auslegung von Handlungen der Organe der Gemeinschaft dem EuGH zur Entscheidung vor, wenn dies zur Entscheidung anhängiger Verfahren vor dem jeweiligen Gericht erforderlich ist (Artikel 177 EWG-Vertrag). Über Vorabentscheidungsersuchen, deren Grundlage jeweils Streitigkeiten vor den nationalen Gerichten sind, haben auch die Bürger der Mitgliedstaaten die Möglichkeit, den EuGH zur Entscheidung über sie betreffende gemeinschaftsrechtliche Vorschriften zu veranlassen.

Der Europäische Gerichtshof besteht derzeit aus 13 Richtern, die von den Regierungen der Mitgliedstaaten im gegenseitigen Einvernehmen für eine Amtszeit von 6 Jahren ernannt werden. Der Gerichtshof wird von 6 Generalanwälten unterstützt, deren Berufung der der Richter entspricht.

Neben den beschriebenen vier Verfassungsorganen gibt es noch weitere Organe. Bedeutung für den Lebensmittelbereich hat insbesondere der *Wirtschafts- und Sozialausschuß* (*WSA*), der Rat und Kommission berät. Der Ausschuß besteht aus 189 Vertretern der verschiedenen Gruppen des wirtschaftlichen und sozialen Lebens aus allen zwölf Mitgliedstaaten, insbesondere der Arbeitgeber, der Gewerkschaften, der freien Berufe und des Handwerks, der Landwirte und verschiedener anderer Interessenverbände. Auch wenn der WSA nur beratende Aufgaben besitzt, so hat er doch aufgrund seiner

Zusammensetzung und seines politischen Auftrages bedeutenden Einfluß im
Entscheidungsprozeß der Gemeinschaft.

3.2 EWG-Vertrag und Einheitliche Europäische Akte –
Bestimmungen, die für das Lebensmittelrecht von Bedeutung sind

Das EG-Lebensmittelrecht basiert auf dem *Vertrag zur Gründung der Europä-
ischen Wirtschaftsgemeinschaft* vom 27. März 1957, im folgenden *EWG-
Vertrag* oder *EWGV* genannt.
Der EWG-Vertrag bestimmt als Aufgabe der EWG die Errichtung eines
Gemeinsamen Marktes für alle Erzeugnisse, Dienstleistungen und Kapital, also
Schaffung eines großen europäischen Wirtschaftsraumes (Artikel 2 EWGV).
Dies soll erreicht werden durch Beseitigung der Zölle und der mengenmäßigen
Beschränkungen im Handel mit Waren zwischen den Mitgliedstaaten sowie
durch Abbau aller übrigen Hindernisse, die dem freien Warenverkehr inner-
halb der Gemeinschaft und dem Wettbewerb zu gleichen Bedingungen
entgegenstehen. Soweit es für das ordnungsgemäße Funktionieren des Gemeinsamen Marktes erforderlich ist, sollen die innerstaatlichen Rechtsvorschriften angeglichen werden (Artikel 3 EWGV). Weiteres Ziel der EWG ist die
schrittweise Annäherung der nationalen Wirtschaftspolitiken auf allen Wirt-
schaftsgebieten.
Die Zölle im innergemeinschaftlichen Warenaustausch wurden durch die
Bildung der Zollunion schon vor Jahren entsprechend der Vorgaben im EWG-
Vertrag aufgehoben. Auch die mengenmäßigen Beschränkungen sind beseitigt.
Die Bemühungen konzentrieren sich heute auf die Abschaffung der sonstigen
Beschränkungen im zwischenstaatlichen Wirtschaftsverkehr mit gleicher
Wirkung wie Zölle und mengenmäßige Beschränkung (sog. nicht-tarifäre
Handelshemmnisse), sowie die Harmonisierung von Rechtsvorschriften.
Im Lebensmittelbereich können die in den Mitgliedstaaten bestehenden, oft
sehr unterschiedlichen rechtlichen Regelungen über das Herstellen und
Inverkehrbringen und die detaillierten technischen Bestimmungen (z. B. die
Leitsätze des Deutschen Lebensmittelbuchs) sich als handelshemmend im
freien Warenverkehr mit Lebensmitteln ergeben. Da Rechtsvorschriften zum
Schutz der Gesundheit und vor Täuschung des Verbrauchers oder zu seiner
Unterrichtung bei Lebensmitteln aber unerläßlich sind, hat hier die Angleichung der innerstaatlichen Rechtsvorschriften besondere Bedeutung. Die
Ermächtigung zum Erlaß von Richtlinien als Instrument der Rechtsangleichung ergibt sich aus Artikel 100 EWGV bzw. Artikel 100a EWGV (s. auch
Kap. 3.3.2).
In den Bereichen, in denen die Rechtsvorschriften auf Gemeinschaftsebene
nicht harmonisiert sind, steht es den Mitgliedstaaten grundsätzlich frei,
einzelstaatliche Vorschriften zu erlassen oder an bestehenden Regelungen
festzuhalten. Diese dürfen jedoch nicht im Widerspruch zu den Artikeln 30 bis
36 EWGV stehen.

Artikel 30 EWGV verbietet mengenmäßige Einfuhrbeschränkungen zwischen den Mitgliedsstaaten sowie alle Maßnahmen gleicher Wirkung, wie z. B. Rechtsvorschriften. Artikel 36 läßt einige Ausnahmen von dieser Bestimmung zu. Zulässig sind danach z. B. Einfuhrbeschränkungen, die zum Schutz der Gesundheit und des Lebens von Menschen gerechtfertigt sind. Diese Verbote oder Beschränkungen dürfen jedoch, wie Artikel 36 bestimmt, weder ein Mittel zur willkürlichen Diskriminierung noch eine verschleierte Beschränkung des Handels zwischen den Mitgliedstaaten darstellen. Neben den Rechtfertigungsgründen des Artikel 36 hat die Rechtsprechung des EuGH zwingende Erfordernisse, wie z. B. den Verbraucherschutz, entwickelt, die dazu führen können, daß eine handelshemmende Maßnahme hingenommen werden muß.

Im Lebensmittelbereich haben sich in vielen Fällen Fragen zur Auslegung der Artikel 30 bis 36 ergeben. Insbesondere bei lebensmittelrechtlichen Regelungen der Mitgliedstaaten in nicht harmonisierten Bereichen war vielfach zu klären, ob ein Mitgliedstaat die Einfuhr eines bestimmten Lebensmittels beschränken oder sogar verbieten kann, weil es einer bestimmten rechtlichen Anforderung im Einfuhrland nicht entspricht. In den daraus resultierenden Streitfällen wurde der Europäische Gerichtshof (EuGH) mit diesen Fragen befaßt. Inzwischen liegen dazu wichtige Grundsatzurteile des EuGH vor. Insbesondere ist hier das „*Cassis de Dijon*"-*Urteil* vom 20. Februar 1979 zu nennen (nähere Ausführungen dazu s. Kap. 3.4.3). Die Rechtsprechung des EuGH zum freien Warenverkehr ist maßgebend bei der Auslegung der Artikel 30 bis 36 EWGV.

Wichtige Änderungen und Ergänzungen des EWG-Vertrages enthält die *Einheitliche Europäische Akte* (*EEA*), die nach der Ratifizierung durch die Mitgliedstaaten am 1. Juli 1987 in Kraft trat. In der EEA wird u. a. das auch für den Lebensmittelbereich bedeutsame Ziel, den Binnenmarkt schrittweise bis Ende 1992 zu verwirklichen, festgeschrieben. Der Termin 1992 bringt allerdings, wie auch einer der Schlußakte der EEA beigefügten Erklärung der Regierungskonferenz zu entnehmen ist, keine automatische rechtliche Wirkung mit sich, sondern bezweckt vor allem ein rechtzeitiges Tätigwerden der Gemeinschaft zur Verwirklichung des Binnenmarktes. Ein durch die EEA in den EWG-Vertrag eingefügter Artikel definiert den *Binnenmarkt* als Raum ohne Binnengrenzen, in dem u. a. der freie Verkehr von Waren gemäß den Bestimmungen des Vertrages gewährleistet ist.

Neben der Zielsetzung für die Herstellung des Binnenmarktes bis Ende 1992 enthält die EEA verschiedene verfahrensrechtliche Änderungen, wie die Beschleunigung des Beschlußfassungsverfahrens im Rat durch verstärkte Anwendung von Mehrheitsentscheidungen oder die Mitwirkung des Europäischen Parlaments an der Gesetzgebung der Gemeinschaft, die zu einer wirksameren und demokratischeren Entscheidungsfindung in der Gemeinschaft führen sollen (s. Kap. 3.3.2). Durch den *Vertrag über die Europäische Union* vom 7. Februar 1992 sollen die Mitwirkungsrechte des Europäischen Parlaments noch weiter verstärkt werden.

3.3 Rechtssetzung in der Europäischen Wirtschaftsgemeinschaft

3.3.1 Rechtssetzungsmaßnahmen

Zur Erfüllung ihrer Aufgaben erlassen der Rat und die Kommission Verordnungen, Richtlinien und Entscheidungen, sprechen Empfehlungen aus oder geben Stellungnahmen ab (Artikel 189 EWGV).

EWG-Verordnungen sind in ihrer Wirkung mit nationalen Rechtsvorschriften vergleichbar. Eine EWG-Verordnung ist in allen ihren Teilen verbindlich und gilt unmittelbar in jedem Mitgliedstaat. Soweit nationales Recht nicht im Einklang mit den Vorschriften einer EWG-Verordnung steht, ist es nicht mehr anwendbar, sondern wird durch das Gemeinschaftsrecht überlagert. Vom Instrument der Verordnung wird z. B. im Bereich der Agrarmarktordnungen Gebrauch gemacht.

Im Lebensmittelbereich sind *EWG-Richtlinien* das wichtigste Instrument zur Rechtsangleichung. Im Gegensatz zur EWG-Verordnung sind Richtlinien nicht unmittelbar geltendes Recht. Sie sind vielmehr an die Mitgliedstaaten gerichtet, die verpflichtet sind, die Richtlinien nach Maßgabe ihres eigenen Rechtssystems innerhalb der jeweils vorgesehenen Fristen in innerstaatliches Recht zu übertragen (umzusetzen). Eine Richtlinie ist für jeden Mitgliedstaat, an den sie gerichtet ist, hinsichtlich des zu erreichenden Ziels verbindlich; sie läßt jedoch den innerstaatlichen Stellen die Wahl der Form und Mittel. Das Instrument der Richtlinie gibt die Möglichkeit, Gemeinschaftsrecht flexibel in die jeweiligen nationalen Rechtssysteme einzupassen. Dies geschieht entweder durch den Erlaß neuer Rechtsvorschriften oder durch Änderung oder Aufhebung bestehender nationaler Rechts- oder Verwaltungsvorschriften. Lebensmittelrechtliche Richtlinien werden in der Bundesrepublik Deutschland weithin in Verordnungen, gestützt auf Ermächtigungen des Lebensmittel- und Bedarfsgegenständegesetzes, umgesetzt. Im Einzelfall kann eine Richtlinie sehr ins einzelne gehende Regelungen enthalten, die den Mitgliedstaaten keinen Spielraum mehr belassen. Beispiele hierfür sind Festsetzungen an Höchstgehalten von Stoffen in Lebensmitteln.

Durch die Richtlinie wird ein sich entsprechender Rechtszustand in den einzelnen Mitgliedstaaten bezweckt. Wird – aus welchen Gründen auch immer – eine Richtlinie in einem Mitgliedstaat nicht fristgerecht umgesetzt, könnte eine Benachteiligung der Bürger dieses Mitgliedstaates eintreten. Der Europäische Gerichtshof (EuGH) hat deshalb entschieden, daß sich einzelne Personen nach Ablauf der Umsetzungsfrist auch unmittelbar auf Bestimmungen von Richtlinien berufen können, wenn diese Bestimmungen so klar gefaßt sind, daß den Mitgliedstaaten hinsichtlich der inhaltlichen Umsetzung kein Ermessensspielraum verbleibt.

In einer unterlassenen Umsetzung liegt schließlich auch eine Vertragsverletzung, gegen die die Kommission ein Vertragsverletzungsverfahren einleiten kann, das vor dem EuGH enden kann.

Entscheidungen des Rates oder der Kommission sind in allen ihren Teilen für diejenigen verbindlich, die sie bezeichnet. Mit individuellen Entscheidungen werden verbindliche Regelungen in Einzelfällen getroffen.

Dagegen sind *Empfehlungen* und *Stellungnahmen* des Rates oder der Kommission unverbindliche Rechtshandlungen. Mit Empfehlungen oder Stellungnahmen äußern sich die Gemeinschaftsorgane gegenüber den Mitgliedstaaten, aber auch gegenüber privaten Wirtschaftsteilnehmern mit dem Ziel, ihnen ein bestimmtes Verhalten nahezubringen.

3.3.2 Rechtssetzungsverfahren

Der Erlaß von Verordnungen und Richtlinien im Lebensmittelbereich erfolgt im Wege des Vorschlagsverfahrens. Eingeleitet wird das Verfahren von der EG-Kommission, die einen Vorschlag für die zu treffende Maßnahme erarbeitet. Der Vorschlag der Kommission für eine Verordnung oder Richtlinie wird zusammen mit einer ausführlichen Begründung dem Rat zur Beschlußfassung zugeleitet.

Die Ermächtigung zum Erlaß von Richtlinien zur Rechtsangleichung im Lebensmittelbereich war bis zum Inkrafttreten der Einheitlichen Europäischen Akte (EEA) der Artikel 100 EWGV. Die Bestimmung sieht vor, daß Richtlinien durch den Rat auf Vorschlag der Kommission *mit Einstimmigkeit* erlassen werden. Wegen der geforderten Einstimmigkeit gingen der Beschluß-fassung oftmals sehr schwierige und langwierige Beratungen voraus, da jeder Mitgliedstaat darauf bedacht war, seine Interessen durchzusetzen. Im Interesse der Beschleunigung der Beschlußfassung und einer möglichst zügigen Verwirklichung des Binnenmarktes wurde daher durch die EEA ein neuer Artikel 100 a in den EWG-Vertrag eingefügt, der nunmehr grundsätzlich die Ermächtigungsgrundlage für alle Maßnahmen ist, die die Schaffung und das Funktionieren des Binnenmarktes zum Gegenstand haben. Artikel 100 a EWGV findet somit Anwendung auf alle Richtlinien zur Angleichung der Rechtsvorschriften im Lebensmittelbereich. Nach Artikel 100 a EWGV genügt zum Erlaß von Richtlinien die *qualifizierte Mehrheit* im Rat.

Während Artikel 100 EWGV nur eine Anhörung des Europäischen Parlaments (EP) vorsieht, ist nach Artikel 100 a der Rat zur Zusammenarbeit mit dem EP beim Erlaß von Rechtsangleichungsmaßnahmen verpflichtet. Für das Beschlußverfahren über Vorschläge der Kommission enthält Artikel 149 EWGV ein spezielles, durch die EEA eingeführtes zweistufiges Verfahren, das eine verstärkte Einbeziehung des EP vorsieht. In bestimmten Fällen wird auch der Wirtschafts- und Sozialausschuß zu Vorschlägen der Kommission angehört.

Die Beratungen im Rat zu den Kommissionsvorschlägen für Rechtssetzungsmaßnahmen erfolgen zunächst in Arbeitsgruppen des Rates, die aus sachverständigen Vertretern zumeist aus den zuständigen Ministerien der einzelnen Mitgliedstaaten bestehen. Zur Vorbereitung des Beschlusses des Ministerrates selbst wird der *Ausschuß der Ständigen Vertreter der Mitgliedstaaten (AStV)*, die Botschafterrang haben, mit den jeweiligen Vorhaben mit dem Ziel befaßt, die in den Arbeitsgruppen nicht gelösten Fragen möglichst vorab zu klären. Die abschließende Beschlußfassung im Ministerrat beendet das Rechtssetzungsverfahren. Nachdem der beschlossene Rechtsakt in seiner endgültigen Form in allen neun Sprachen der Gemeinschaft vorliegt, wird er endgültig vom

Rat angenommen, vom Präsidenten des Rates unterzeichnet und anschließend
im *Amtsblatt der EG* veröffentlicht oder demjenigen, für den er bestimmt ist,
bekanntgegeben.
Nach Artikel 100a Abs. 3 EWGV ist die Kommission verpflichtet, bei ihren
Vorschlägen u.a. in den Bereichen Gesundheit und Verbraucherschutz von
einem hohen Schutzniveau auszugehen. Hierdurch ist nicht nur ein allgemeiner
gemeinschaftsrechtlicher Grundsatz der Rechtsangleichung in einer Rechts-
norm verankert worden; den Mitgliedstaaten soll durch diese Verpflichtung
vielmehr auch die aus Mehrheitsentscheidungen fließende Befürchtung eines
Absenkens ihres eigenen Schutzniveaus genommen werden. Eine weitere
spezifische Absicherung zugunsten der Mitgliedstaaten enthält Artikel 100a
Abs. 4. Danach kann ein Mitgliedstaat einzelstaatliche, u.a. aus Gesundheitsgründen gerechtfertigte Bestimmungen anwenden, auch wenn Rechtsangleichungsmaßnahmen nach Artikel 100a erlassen worden sind. Diese einzelstaatlichen Bestimmungen unterliegen allerdings einer Überprüfung durch die
Kommission und ggf. den Europäischen Gerichtshof. Schließlich sieht Artikel
100a Abs. 5 noch ein Schutzklauselverfahren in geeigneten Fällen vor, nach
dem die Mitgliedstaaten u.a. aus Gesundheitsgründen vorläufige Maßnahmen
treffen können, die einem gemeinschaftlichen Kontrollverfahren unterliegen.
Derartige Schutzklauseln sind auch – soweit erforderlich – bereits früher in
lebensmittelrechtlichen Richtlinien verankert worden.
Durch die EEA ist außerdem die Bestimmung in den EWG-Vertrag eingefügt
worden, daß der Rat in den von ihm angenommenen Rechtsakten die
Befugnisse ihrer Durchführung auf die EG-Kommission überträgt. Damit soll
die Beschlußfassung in der Gemeinschaft gestrafft und der Rat von der
Befassung mit Durchführungsbestimmungen entlastet werden. Das Verfahren
zum Erlaß solcher Vorschriften ist in einem Beschluß des Rates zur Festlegung
der Modalitäten für die Ausübung der der Kommission übertragenen Durch-
führungsbefugnisse festgelegt worden. Für den Lebensmittelbereich bedeutsam ist insbesondere das Verfahren des sogenannten *Regelungsausschusses*.
Dieses Verfahren überläßt dem Rat – nach einer Befassung eines Ausschusses
aus Vertretern der Mitgliedstaaten – noch eine Mitentscheidungsbefugnis über
den von der Kommission zu erlassenden Rechtsakt. Die Kommission ist
demgegenüber bestrebt, das Verfahren des sogenannten „*Beratenden Ausschusses*", bei dem die Mitgliedstaaten zu der von der Kommission vorgesehenen
Maßnahme nur beratend Stellung nehmen können, auch im Lebensmittelbereich durchzusetzen. Dies wird indessen von der Mehrheit der Mitgliedstaaten
bereits im Hinblick darauf abgelehnt, daß im Lebensmittelbereich schon zuvor
wegen der Bedeutung der zu erlassenden Regelungen für den Gesundheitsschutz oder Verbraucherschutz allenfalls Regelungsausschüsse in vom Rat
erlassenen lebensmittelrechtlichen Richtlinien verankert wurden. Es bestehen
eine Reihe von Regelungsausschüssen, z.B. Ständiger Lebensmittelausschuß,
Ständiger Ausschuß für Pflanzenschutz, Ständiger Veterinärausschuß.

3.4 EG-Lebensmittelrecht und für den Verbraucherschutz bedeutsame Regelungen im EG-Agrarrecht

3.4.1 EWG-Verordnungen

Von der EWG-Verordnung als Rechtsangleichungsinstrument wird im lebensmittelrechtlichen Bereich nur in sehr geringem Umfang Gebrauch gemacht. EWG-Verordnungen bestehen insbesondere für Spirituosen und im Weinsektor, der in der EG jedoch der gemeinsamen Agrarpolitik zugerechnet wird. Im Spirituosenbereich wurde am 29. Mai 1989 die *Verordnung (EWG) Nr. 1576/89 des Rates zur Festlegung der allgemeinen Regeln für die Begriffsbestimmung, Bezeichnung und Aufmachung von Spirituosen* (ABL. Nr. L 160, S. 1) erlassen. Neben Begriffsbestimmungen für zahlreiche Spirituosen enthält die Verordnung ergänzende Vorschriften zu den allgemeinen Kennzeichnungsregelungen in der auch für Spirituosen geltenden Kennzeichnungsrichtlinie (s. Kap. 3.4.2.1) und läßt bestimmte geographische Angaben zu. Weitere Vorschriften, die der Präzisierung und Ergänzung der in der Verordnung definierten Grundsätze dienen, enthält die Verordnung (EWG) Nr. 1014/90 der Kommission mit Durchführungsbestimmungen für die Begriffsbestimmung, Bezeichnung und Aufmachung von Spirituosen vom 24. April 1990 (ABl. Nr. L 105, S. 9). (Nähere Ausführungen dazu s. Taschenbuch Bd. 1, Kap. 25 – Spirituosen.)

Im Weinsektor wird durch zahlreiche EWG-Verordnungen u. a. die Erzeugung, Behandlung, Vermarktung, Kennzeichnung und Aufmachung von Wein, Schaumwein, Likörwein und anderen Erzeugnissen aus Wein geregelt (s. Taschenbuch Bd. 1, Kap. 24 – Wein).

Wichtige EWG-Verordnungen für Wein, die u. a. Verbraucherschutzvorschriften enthalten, sind z. B.:

– Verordnung (EWG) Nr. 822/87 des Rates über die gemeinsame Marktorganisation für Wein, mit Regeln über die Erzeugung von Wein (u. a. Festlegung der Weinbauzonen), für die önologischen Verfahren und Behandlungen (u. a. über Erhöhung des natürlichen Alkoholgehalts), für den Verkehr und das Inverkehrbringen (u. a. Festlegung von Höchstwerten für den Gesamtschwefeldioxidgehalt von Weinen) usw.;

– Verordnung (EWG) Nr. 823/87 des Rates zur Festlegung besonderer Vorschriften für Qualitätsweine bestimmter Anbaugebiete (b.A.) die Bestimmungen hinsichtlich der Qualitätsmerkmale der einzelnen Qualitätsweine b.A. enthält;

– Verordnung (EWG) Nr. 2392/89 des Rates zur Aufstellung allgemeiner Regeln für die Bezeichnung und Aufmachung der Weine und der Traubenmoste;

– Verordnung (EWG) Nr. 3201/90 der Kommission über Durchführungsbestimmungen für die Bezeichnung und Aufmachung der Weine und der Traubenmoste.

In verschiedenen *EWG-Verordnungen des Rates über die gemeinsame Marktorganisation* für bestimmte landwirtschaftliche Erzeugnisse (z. B. Obst und

Gemüse, Milch, Geflügelfleisch, Eier, Fische) und dazu erlassenen Durchführungsverordnungen oder ergänzenden Verordnungen sind Vorschriften enthalten, die für den Verbraucherschutz von Bedeutung sein können. Es handelt sich hierbei vor allem um Qualitätsanforderungen sowie um Regelungen hinsichtlich der Bezeichnung der jeweiligen Erzeugnisse, weiterer Kennzeichnungsangaben und Aufmachung (s. dazu u. a. Taschenbuch Bd. 1 Kap. 15 – Milch, Milchprodukte, Imitate und Speiseeis und Kap. 16 – Eier und Erzeugnisse aus Eiern sowie Kap. 18 – Fische und Fischerzeugnisse). Diese EWG-Verordnungen sind Maßnahmen im Rahmen der gemeinsamen Agrarpolitik und dienen daher in erster Linie der Schaffung einer gemeinsamen Marktorganisation für landwirtschaftliche Erzeugnisse.

Wichtige Regelungen, die den Verbraucher vor Irreführung und Täuschung schützen, sind in der *Verordnung (EWG) Nr. 2092/91 des Rates über den ökologischen Landbau und die entsprechende Kennzeichnung der landwirtschaftlichen Erzeugnisse und Lebensmittel vom 24. Juni 1991* (ABl. Nr. L 198 vom 22. Juli 1991, S. 1) enthalten. Die Verordnung findet Anwendung sowohl auf nicht verarbeitete pflanzliche Agrarerzeugnisse sowie Tiere und nicht verarbeitete tierische Erzeugnisse als auch auf zum Verzehr bestimmte Erzeugnisse, die im wesentlichen aus einem oder mehreren Bestandteilen pflanzlichen Ursprungs bestehen, oder Lebensmittel, die Bestandteile tierischen Ursprungs enthalten, sofern diese Produkte als Erzeugnisse aus ökologischem Landbau gekennzeichnet oder mit Angaben vermarktet werden, die dem Käufer den Eindruck vermitteln, sie seien durch ökologische Methoden gewonnen worden. Die Verordnung legt die Grundregeln des ökologischen Landbaus für Agrarbetriebe hinsichtlich Pflanzen und Pflanzenerzeugnissen fest, die mindestens erfüllt sein müssen, damit ein Erzeugnis mit dieser Kennzeichnung aufgemacht werden darf. Die Grundsätze für die ökologische Tierhaltung, die ökologischen Erzeugung von nicht verarbeiteten tierischen Produkten und von für den Verzehr bestimmten Erzeugnissen mit Bestandteilen tierischen Ursprungs sollen zu einem späteren Zeitpunkt in die Verordnung eingefügt werden.

Die Verordnung führt ein besonderes Kontrollsystem für Erzeugnisse aus ökologischem Landbau ein. Die Überwachung der Einhaltung der Erzeugungsvorschriften erfordert grundsätzlich Kontrollen auf allen Stufen der Erzeugung und Vermarktung. Alle Betriebe, die Produkte erzeugen, aufbereiten, einführen oder vermarkten, die als Erzeugnisse aus ökologischem Landbau gekennzeichnet sind, müssen sich einem routinemäßigen Kontrollverfahren unterziehen.

Zu nennen sind ferner die

- Verordnung (EWG) Nr. 2081/92 des Rates vom 14. Juli 1992 zum Schutz von geographischen Angaben und Ursprungsbezeichnungen für Agrarerzeugnisse und Lebensmittel (ABl. Nr. L 208/1 vom 24. 7. 1992)

sowie die

- Verordnung (EWG) Nr. 2082/92 des Rates vom 14. Juli 1992 über Bescheinigungen besonderer Merkmale von Agrarerzeugnissen und Lebensmitteln (ABl. Nr. L 208/9 vom 24. 7. 1992).

Die Verordnungen bezwecken eine Förderung des Absatzes von Agrarerzeugnissen und Lebensmitteln des ländlichen Raumes, insbesondere im Hinblick auf positive Auswirkungen auf benachteiligte oder abgelegene Gebiete. Die Verordnungen sollen zudem dem gesteigerten Qualitätsbewußtsein der Verbraucher Rechnung tragen.

3.4.2 EWG-Richtlinien

Von der EWG-Richtlinie als dem wichtigsten Instrument zur Angleichung der einzelstaatlichen Rechtsvorschriften im Lebensmittelbereich ist in zahlreichen Fällen Gebrauch gemacht worden.

Richtlinien, die einzelne Lebensmittelgruppen regeln, nennt man *vertikale Richtlinien* oder auch *Produktrichtlinien.*

Richtlinien, die bestimmte Tatbestände, wie z. B. die Kennzeichnung, für Lebensmittel allgemein bzw. für übergreifende Bereiche regelt, werden als *horizontale Richtlinien* bezeichnet.

Während die Kommission sich in der Vergangenheit auf die Rechtsangleichung durch vertikale Richtlinien konzentrierte, liegt der Schwerpunkt ihrer Harmonisierungsarbeiten seit einigen Jahren auf horizontalen Richtlinien (s. dazu Kap. 3.4.4).

3.4.2.1 Horizontale EWG-Richtlinien

Grundlegende horizontale EWG-Richtlinien im Lebensmittelbereich sind z. B.:

– Richtlinie des Rates (79/112/EWG) vom 18. 12. 1978 zur Angleichung der Rechtsvorschriften der Mitgliedstaaten über die Etikettierung und Aufmachung von für den Endverbraucher bestimmten Lebensmitteln sowie die Werbung hierfür (ABl. Nr. L 33 vom 8. 2. 1979, S. 1) und Richtlinie des Rates (89/395/EWG) vom 14. 6. 1989 zur Änderung der Richtlinie vom 18. 12. 1978 (ABl. Nr. L 186 vom 30. 6. 1989, S. 17); – weitere Änderungs-Richtlinien in Vorbereitung –
  kurz: *Kennzeichnungsrichtlinie*

– Richtlinie des Rates (89/107/EWG) vom 21. 12. 1988 zur Angleichung der Rechtsvorschriften der Mitgliedstaaten über Zusatzstoffe, die in Lebensmitteln verwendet werden dürfen (ABl. Nr. L 40 vom 11. 2. 1989, S. 27);
  kurz: *Zusatzstoffrichtlinie*

– Richtlinie des Rates (89/398/EWG) vom 3. 5. 1989 zur Angleichung der Rechtsvorschriften der Mitgliedstaaten über Lebensmittel, die für eine besondere Ernährung bestimmt sind (ABl. Nr. L 186 vom 30. 6. 1989, S. 27);
  kurz: *Diätrichtlinie*

– Richtlinie des Rates (89/109/EWG) vom 21. 12. 1988 zur Angleichung der Rechtsvorschriften der Mitgliedstaaten über Materialien und Gegenstände, die dazu bestimmt sind, mit Lebensmitteln in Berührung zu kommen (ABl. Nr. L 40 vom 11. 2. 1989, S. 38);
  kurz: *Bedarfsgegenständerichtlinie*

Die *Kennzeichnungsrichtlinie* enthält die Regelungen über die allgemeine Kennzeichnung von Lebensmitteln. Sie schreibt Grundangaben, wie die Verkehrsbezeichnung, die Zutatenliste, das Mindesthaltbarkeitsdatum und den Verantwortlichen, grundsätzlich bei allen verpackten Lebensmitteln vor. Mit der Zutatenliste ist durch die Kennzeichnungsrichtlinie ein für das deutsche Kennzeichnungsrecht neues Kennzeichnungselement eingeführt worden. Die Kennzeichnungsrichtlinie wurde mit der Verordnung zur Neuordnung lebensmittelrechtlicher Kennzeichnungsvorschriften vom 22. 12. 1981 (BGBl. I S. 1625) in deutsches Recht umgesetzt. Mit dieser Verordnung wurde die Lebensmittel-Kennzeichnungsverordnung neu gefaßt und eine Reihe weiterer Verordnungen hinsichtlich der Kennzeichnungsvorschriften geändert.

Die *Zusatzstoffrichtlinie* ist eine Rahmenrichtlinie, die die Grundsätze der Zulassung, Anwendung und Kennzeichnung von Zusatzstoffen zum Inhalt hat. Die Richtlinie sieht außerdem den Erlaß einer Globalrichtlinie vor, in der die Zusatzstoffe aufgelistet werden sollen, die in Lebensmitteln verwendet werden dürfen, einschließlich der Verwendungsbedingungen. Diese Globalrichtlinie, die gegenwärtig schrittweise durch Gemeinschaftsregelungen ausgefüllt wird (z. B. für Farbstoffe, Süßungsmittel), soll auch die früher erlassenen Gemeinschaftsvorschriften über Farbstoffe, Konservierungsmittel, Antioxidantien sowie über Emulgatoren, Stabilisatoren, Verdickungsmittel und Geliermittel ablösen. Die Reinheitskriterien für Lebensmittelzusatzstoffe sowie Analyse- und Probenahmemethoden sollen in Einzelrichtlinien der Kommission festgeschrieben werden.

Die *Diätrichtlinie* von 1989 ersetzt die im Jahr 1977 erlassene Diätrichtlinie. Sie enthält Begriffsbestimmungen für die Lebensmittel für eine besondere Ernährung sowie allgemeine Vorschriften über die Kennzeichnung und Werbung. Weitergehende Anforderungen an die Zusammensetzung und Kennzeichnung spezieller Gruppen von Lebensmitteln, die für eine besondere Ernährung bestimmt sind (wie Säuglingsfertignahrung, Folgemilch, bilanzierte Diäten, natriumarme Lebensmittel, Diabetiker-Lebensmittel) werden als technische Durchführungsmaßnahmen in Einzelrichtlinien der Kommission festgelegt. Für die Gruppe der Säuglingsfertignahrung und Folgenahrung wurde von der Kommission am 14. Mai 1991 eine Einzelrichtlinie (91/321/EWG; ABl. Nr. L vom 4. Juli 1991, S. 35) erlassen.

Bestimmungen der Diätrichtlinie und der darauf beruhenden Einzelrichtlinien werden gegebenenfalls in der Verordnung über diätetische Lebensmittel in deutsches Recht umgesetzt.

Die *Bedarfsgegenständerichtlinie* löst die im Jahr 1976 erlassene Richtlinie über Materialien und Gegenstände, die dazu bestimmt sind, mit Lebensmitteln in Berührung zu kommen, ab. Auch die Bedarfsgegenständerichtlinie ist eine Rahmenrichtlinie, in der lediglich die allgemeinen Grundsätze festgelegt werden. Sie schreibt z. B. vor, daß Bedarfsgegenstände so hergestellt werden müssen, daß sie bei bestimmungsgemäßen oder vorhersehbaren Gebrauch keine Stoffe in einer Menge abgeben, die die menschliche Gesundheit gefährden oder eine unvertretbare Veränderung der Zusammensetzung oder eine Beeinträchtigung der organoleptischen Eigenschaften der Lebensmittel herbeiführen. Spezifische Regelungen für bestimmte Gruppen von Bedarfsgegenständen sollen in Einzelrichtlinien der Kommission getroffen werden (siehe auch Kap. 4.2).

Weitere horizontale EWG-Richtlinien im Lebensmittelbereich sind:

- Richtlinie des Rates (90/469/EWG) vom 24. September 1990 über die Nährwertkennzeichnung von Lebensmitteln (ABl. Nr. L 276 vom 6. Oktober 1990, S. 40);
- Richtlinie des Rates (89/397/EWG) vom 14. Juni 1989 über die amtliche Lebensmittelüberwachung (ABl. Nr. L 186 vom 30. Juni 1989, S. 23), (s. Abschn. 6);
- Richtlinie des Rates (89/108/EWG) vom 21. Dezember 1988 über tiefgefrorene Lebensmittel (ABl. Nr. L 40 vom 11. Februar 1989, S. 34);
- Richtlinie des Rates (76/895/EWG) vom 23. November 1976 über die Festsetzung von Höchstgehalten an Rückständen von Schädlingsbekämpfungsmitteln auf und in Obst und Gemüse (ABl. Nr. L 340 vom 9. Dezember 1976, S. 26);
- Richtlinie des Rates (86/362/EWG) vom 24. Juli 1986 über die Festsetzung von Höchstgehalten an Rückständen von Schädlingsbekämpfungsmitteln auf und in Getreide (ABl. Nr. L 221 vom 7. August 1986, S. 37);
- Richtlinie des Rates (86/363/EWG) vom 24. Juli 1986 über die Festsetzung von Höchstgehalten an Rückständen von Schädlingsbekämpfungsmitteln auf und in Lebensmitteln tierischen Ursprungs (ABl. Nr. L 221 vom 7. August 1986, S. 43);
- Richtlinie des Rates (90/642/EWG) vom 27. November 1990 über die Festsetzung von Höchstgehalten an Rückständen von Schädlingsbekämpfungsmitteln auf und in bestimmten Erzeugnissen pflanzlichen Ursprungs, einschließlich Obst und Gemüse (ABl. Nr. L 350 vom 14. Dezember 1990, S. 71);
- Richtlinie des Rates (88/344/EWG) vom 13. Juni 1988 über Extraktionslösungsmittel, die bei der Herstellung von Lebensmitteln und Lebensmittelzutaten verwendet werden (ABl. Nr. L 157 vom 24. Juni 1988, S. 28);
- Richtlinie des Rates (92/59/EWG) vom 29. Juni 1992 über die allgemeine Produktsicherheit (ABl. Nr. L 228/24 vom 11. August 1992).

3.4.2.2 Vertikale EWG-Richtlinien

Vertikale EWG-Richtlinien bestehen im Lebensmittelbereich für:
- Aromen,
- Fruchtsäfte und Fruchtnektare,
- Mineralwasser,
- Trinkwasser,
- Kakao, Schokolade,
- Kaffee-Extrakte und Zichorienextrakte,
- Konfitüren,
- Honig,
- Zuckerarten,
- Eingedickte Milch u. Trockenmilch,
- Fleischhygiene.

Die Richtlinien enthalten jeweils Begriffsbestimmungen für die betreffenden Erzeugnisse. Weitere Bestimmungen beziehen sich z. B. auf die Zusammensetzung der Erzeugnisse bzw. auf besondere Zusammensetzungsmerkmale, auf die Verwendung von Zusatzstoffen sowie auf besondere Kennzeichnungsangaben und die Aufmachung.
Die genannten Richtlinien sind in den jeweiligen Rechtsverordnungen für diese Lebensmittel in deutsches Recht umgesetzt worden.

3.4.3 Entscheidungen des Europäischen Gerichtshofes

Den Entscheidungen des Europäischen Gerichtshofes (EuGH) kommt im Lebensmittelbereich herausragende Bedeutung zu. Die Rechtsprechung des EuGH hatte sich im Lebensmittelbereich insbesondere mit Fragen zu befassen, in denen gemeinschaftsrechliche Bestimmungen noch nicht bestehen und nationale Maßnahmen als gegen Artikel 30 EWGV verstoßend von der Kommission angegriffen wurden. Die in Betracht kommenden Fälle betreffen sowohl Fragen der Zusammensetzung und Kennzeichnung von Produkten, wie auch Fragen des Gesundheitsschutzes (z. B. Zulassung von bestimmten Zusatzstoffen).
Der Gerichtshof hat den Begriff „Maßnahmen gleicher Wirkung wie mengenmäßige Beschränkungen" in Artikel 30 EWGV sehr weit definiert. Danach ist eine solche Maßnahme jede Handelsregelung der Mitgliedstaaten (z. B. auch Verwaltungsvorschriften), die geeignet ist, den innergemeinschaftlichen Handel unmittelbar oder mittelbar, tatsächlich oder potentiell zu behindern. Dies umfaßt auch nationale Regelungen, die unterschiedslos auf eingeführte und einheimische Lebensmittel Anwendung finden. In seiner sogenannten *Cassis-Rechtsprechung* verdeutlichte der Gerichtshof die Reichweite dieser Definition. Anlaß für die Entscheidung „Cassis de Dijon" war § 100 Abs. 3 des Branntwein-Monopolgesetzes, der einen Mindestalkoholgehalt von 32 % vol für Erzeugnisse der betreffenden Art vorsieht, dem aber das Produkt Cassis de Dijon nicht entsprach. In seinem Urteil aus dem Jahr 1979 und in zahlreichen Folgeentscheidungen (insbesondere auch zum Reinheitsgebot bei Bier) hat der EuGH betont, daß in Ermangelung einer gemeinschaftlichen Regelung für das Inverkehrbringen der betreffenden Erzeugnisse Hemmnisse für den freien Binnenhandel der Gemeinschaft, die sich aus den Unterschieden in den nationalen Regelungen ergeben, hinzunehmen sind, soweit eine solche nationale Regelung, die unterschiedslos für einheimische und für eingeführte Erzeugnisse gilt, dadurch gerechtfertigt werden kann, daß sie aus zwingenden Erfordernissen notwendig ist. Als solche zwingenden Erfordernisse sieht der EuGH an z. B. den Schutz der öffentlichen Gesundheit, die Lauterkeit des Handelsverkehrs, den Verbraucherschutz. Die Regelung muß allerdings in einem angemessenen Verhältnis zum verfolgten Zweck stehen. Hat ein Mitgliedstaat die Wahl zwischen verschiedenen geeigneten Mitteln zur Erreichung desselben Zieles, so hat er das Mittel zu wählen, das den freien Warenverkehr am wenigsten behindert.

Fragen des Verbraucherschutzes sind insbesondere bei nationalen Regelungen über die Zusammensetzung oder Bezeichnung von Lebensmitteln, die ohne Bedeutung für den Gesundheitsschutz sind, angesprochen. Der EuGH fordert, daß anstelle z. B. von Zusammensetzungsregelungen für Lebensmittel als milderes Mittel der Weg der angemessenen Etikettierung gewählt werden muß. Die Etikettierung selbst darf nicht so gestaltet und ausgeprägt sein, daß sie einen diskriminierenden Effekt zu Lasten der eingeführten Lebensmittel ausübt. Schließlich dürfen die Informationsanforderungen nicht überdehnt werden. So reicht es aus, wenn die Angaben auf dem ursprünglichen Etikett des eingeführten Erzeugnisses den gleichen Informationsgehalt haben und für den Verbraucher des Einfuhrstaates ebenso verständlich sind, wie die nach den Vorschriften dieses Staates verlangte Kennzeichnung.

Der *Schutz der menschlichen Gesundheit* wird, soweit keine speziellen gemeinschaftsrechtlichen Rechtsvorschriften bestehen, gegenüber Artikel 30 durch Artikel 36 EWGV gewährleistet. Nach dieser Vorschrift steht Artikel 30 EWGV nationalen Einfuhrbeschränkungen oder -verboten nicht entgegen, die u. a. zum Schutz der Gesundheit und des Lebens von Menschen gerechtfertigt sind. Hiernach sind nationale Maßnahmen gerechtfertigt, soweit sie zur Gewährleistung des betreffenden Schutzgutes (aber nicht darüber hinaus) erforderlich sind und ein milderes, den Warenverkehr weniger beschränkendes Mittel nicht zur Verfügung steht. Den Mitgliedstaaten kommt im Bereich des Gesundheitsschutzes allerdings ein weiter Ermessensspielraum zu. So hat der EuGH festgestellt, daß, soweit beim jeweiligen Stand der Forschung noch Unsicherheiten bestehen und kein Gemeinschaftsrecht vorliegt, die Mitgliedstaaten unter Berücksichtigung der Erfordernisse des freien Warenverkehrs innerhalb der Gemeinschaft bestimmen können, in welchem Umfang sie den Schutz der Gesundheit und des Lebens von Menschen gewährleisten wollen (z. B. bei der Zulassung von Zusatzstoffen, Pflanzenschutzmitteln). Allerdings ist es Sache des betroffenen Einfuhrmitgliedstaates, eine mögliche Gefährdung hinreichend darzulegen.

Zu dem bei eingeführten Lebensmitteln besonders bedeutsamen Bereich der Verwendung von Zusatzstoffen hat der EuGH festgestellt, daß das Gemeinschaftsrecht einer nationalen Regelung nicht entgegensteht, nach der die Verwendung von Zusatzstoffen von einer vorherigen Zulassung abhängig gemacht wird, die durch einen Rechtsakt von allgemeiner Wirkung für bestimmte Zusatzstoffe erteilt wird und die sich entweder auf alle Erzeugnisse oder einige von ihnen oder aber auf bestimmte Verwendungszwecke bezieht. Eine derartige Regelung entspricht nach Auffassung des EuGH dem legitimen gesundheitspolitischen Ziel, die unkontrollierte Aufnahme von Zusatzstoffen mit der Nahrung einzuschränken. Im Falle der Einfuhr eines Erzeugnisses aus einem anderen Mitgliedstaat, in dem Zusatzstoffe für die betroffenen Lebensmittel zugelassen sind, müssen die betreffenden Zusatzstoffe ebenfalls zugelassen werden, wenn sie unter Berücksichtigung der Ergebnisse der internationalen wissenschaftlichen Forschung, insbesondere der Arbeiten des Wissenschaftlichen Lebensmittelausschusses der EG und der WHO/FAO-Codex Alimentarius-Kommission, sowie der Ernährungsgewohnheiten im Einfuhrmitgliedstaat keine Gefahr für die Gesundheit darstellen und einem echten Bedürfnis, insbesondere technologischer Art, entsprechen. Hierbei ist der Begriff des technologischen Bedürfnisses im Hinblick auf die verwendeten Grundstoffe sowie unter Berücksichtigung der Bewertung durch die Behörden des Mitgliedstaates zu beurteilen, in dem das Erzeugnis rechtmäßig hergestellt und in den Verkehr gebracht worden ist (s. jetzt hierzu § 47a LMBG).

Die Cassis-Rechtsprechung hat Fragen allein des innergemeinschaftlichen Warenverkehrs zum Gegenstand. Mit Artikel 30 EWGV nicht in Einklang stehende nationale Bestimmungen müssen erforderlichenfalls den Anforderungen des Artikel 30 angepaßt werden. Dies bedeutet, daß Regelungen, die auf inländische Erzeugnisse angewandt werden, von der Rechtsprechung des EuGH nicht berührt werden. Folge ist, daß auf im Inland hergestellte und in den Verkehr gebrachte Lebensmittel ggf. nach wie vor die strengeren nationalen Bestimmungen Anwendung finden, so daß gleichsam eine „umgekehrte Diskriminierung" eintreten kann. Eine Beseitigung der umgekehrten Diskriminierung ist letztlich Aufgabe der nationalen Instanzen, soweit nicht Harmonisierungsmaßnahmen der Gemeinschaft erfolgen. Die Rechtsangleichung der EG hat aber vorrangig Bereiche zum Gegenstand, in denen nationale Maßnahmen, die Behinderungen des Warenverkehrs zur Folge haben können, im Lichte der Cassis-Rechtsprechung gerechtfertigt wären, so daß ein Harmonisierungsbedarf besteht (s. Kap. 3.4.4).

3.4.4 Neuer Ansatz der Kommission im gemeinschaftlichen Lebensmittelrecht

In der Vergangenheit war die EG-Kommission bestrebt, die einzelstaatlichen Rechtsvorschriften für Lebensmittel in weiten Bereichen umfassend zu harmonisieren. Im Hinblick auf das Ziel, den Binnenmarkt bis Ende 1992 zu verwirklichen, hat die Kommission jedoch ihre Strategie im Lebensmittelbereich geändert. In ihrem „*Weißbuch über die Vollendung des Binnenmarkts*" hat die Kommission 1985 die von ihr geplanten Maßnahmen zur Verwirklichung des Binnenmarktes und zur Sicherstellung seines reibungslosen Funktionierens dargelegt. Im Lebensmittelbereich strebt sie eine Harmonisierung der Rechtsvorschriften im wesentlichen nur noch für übergreifende Bereiche an, wenn es um bedeutende Fragen des Gesundheitsschutzes, des Verbraucherschutzes oder der Lauterkeit des Handelsverkehrs geht, bei denen nationale, ggf. den Handel behindernde Maßnahmen gerechtfertigt wären. Die Kommission bezieht sich hierbei auf die Rechtsprechung des EuGH zu den Artikeln 30 bis 36 EWG-Vertrag (s. Kap. 3.4.3).

Diese Grundsätze des neuen Harmonisierungskonzepts sind in der *Mitteilung der Kommission „Vollendung des Binnenmarkts: Das gemeinschaftliche Lebensmittelrecht*" von 1985 skizziert. Darin wird erläutert, in welchen Bereichen die Kommission gemeinschaftsrechtliche Regelungen für erforderlich hält und bei welchen auf eine rechtsverbindliche Form verzichtet werden kann. Die Bereiche, für die die Kommission in zumeist horizontalen Richtlinien Gemeinschaftsvorschriften zum Schutz der menschlichen Gesundheit vorsieht bzw. bereits vorgeschlagen hat, sind Lebensmittelzusatzstoffe, Materialien und

Gegenstände, die mit Lebensmitteln in Berührung kommen, Schadstoffe, Verfahren zur Herstellung und Behandlung von Lebensmitteln, diätetische Lebensmittel. Gemeinschaftsrechtliche Bestimmungen hält die Kommission auch in den Bereichen Kennzeichnung, Produktaufmachung und -werbung für erforderlich, um die Verbraucher gegen Irreführung zu schützen und die Lauterkeit des Handelsverkehrs sicherzustellen. Für notwendig erachtet die Kommission auch Gemeinschaftsvorschriften zur einheitlichen amtlichen Lebensmittelüberwachung.

Nach ihrem neuen Ansatz im Lebensmittelrecht verzichtet die Kommission grundsätzlich auf den Vorschlag von Regeln zur Festsetzung von spezifischen Qualitätsanforderungen, wie Zusammensetzungs- oder Herstellungsvorschriften für bestimmte Lebensmittel, sofern diese nicht die Anforderungen an Gesundheitsschutz und Hygiene betreffen.

In bestimmten Fällen kann die Gemeinschaft jedoch auch sektorbezogene Vorschriften erlassen, soweit diese zur Durchführung anderer Gemeinschaftspolitiken für erforderlich erachtet werden (z.B. Normen hinsichtlich der Zusammensetzung, Definition des biologischen Anbaus).

In allen Bereichen, die nicht gemeinschaftsrechtlich geregelt werden, soll der *Grundsatz der gegenseitigen Anerkennung* einzelstaatlicher Vorschriften und Normen gelten. Dies bedeutet, daß die Mitgliedstaaten die in den anderen Mitgliedstaaten vorschriftsmäßig hergestellten und vermarkteten Lebensmittel auch in ihrem Hoheitsgebiet zulassen.

Beim innergemeinschaftlichen Handel mit Lebensmitteln, für die gemeinschaftsrechtliche Regelungen fehlen, kommt der Kennzeichnung der Produkte besondere Bedeutung zu, da der Verbraucher über die Art des Erzeugnisses angemessen unterrichtet werden muß. Vor allem durch die Verkehrsbezeichnung soll er in die Lage versetzt werden, die tatsächliche Art des Lebensmittels zu erkennen.

Nach Auffassung der Kommission soll der Importeur eines Lebensmittels grundsätzlich die Wahl haben zwischen der Beibehaltung der im Herstellungsmitgliedstaat angewendeten Verkehrsbezeichnung und der Führung der Bezeichnung, die im Einfuhrmitgliedstaat üblich ist, oder er kann beide Bezeichnungen nebeneinander verwenden.

3.5 Ausschüsse der Kommission und ihre Aufgaben

Die EG-Kommission hat verschiedene Ausschüsse eingesetzt, die sie zu Fragen im Lebensmittelbereich beraten.

3.5.1 Wissenschaftlicher Lebensmittelausschuß

Der Wissenschaftliche Lebensmittelausschuß wurde durch Beschluß der Kommission vom 16. April 1974 eingesetzt. Er besteht aus bis zu 15 Mitgliedern, hochqualifizierten Wissenschaftlerinnen und Wissenschaftlern auf den Gebieten der Medizin, der Ernährung, der Chemie, der Toxikologie,

der Biologie und anderer verwandter Fachrichtungen. Die Ausschußmitglieder werden von der Kommission für drei Jahre berufen. Das Mandat kann verlängert werden.
Der Wissenschaftliche Lebensmittelausschuß kann von der Kommission zu allen Fragen des Schutzes des menschlichen Lebens und der menschlichen Gesundheit im Lebensmittelbereich, insbesondere zu allen Fragen der Zusammensetzung und Behandlung von Lebensmitteln, der Verwendung von Lebensmittelzusatzstoffen und des Vorhandenseins von Kontaminanten gehört werden. Die Kommission kann z. B. den Wissenschaftlichen Lebensmittelausschuß konsultieren, wenn sie plant, Regelungen in bestimmten Bereichen zu erlassen oder zu ändern und zuvor Fragen wissenschaftlicher oder technischer Natur untersucht oder geklärt werden müssen.
Über die Ergebnisse der Beratungen des Wissenschaftlichen Lebensmittelausschusses werden Stellungnahmen für die Kommission erarbeitet. Stellungnahmen des Ausschusses liegen z. B. vor zu Säuglingsnahrung, zur Bewertung von Zusatzstoffen.

3.5.2 Beratender Lebensmittelausschuß

Der Beratende Lebensmittelausschuß wurde mit Beschluß der Kommission vom 26. Juni 1975 eingesetzt. Seine Satzung wurde durch Beschluß der Kommission vom 24. Oktober 1980 geändert.
Der Ausschuß besteht aus 10 ständigen Mitgliedern und 20 Sachverständigen, die sich auf die fünf Wirtschaftsgruppen verteilen, die die Landwirtschaft, den Handel, die Verbraucher, die Industrie und die Arbeitnehmer vertreten. Von der Kommission bestimmte Organisationen, die die einzelnen Wirtschaftsgruppen repräsentieren, z. B. der Europäische Gewerkschaftsbund (CES) für die Arbeitnehmer, die Union der Industrien der EWG (UNICE) für die Industrie, schlagen der Kommission jeweils vier Kandidaten verschiedener Staatsangehörigkeit vor, unter denen diese die ständigen Mitglieder auswählt. Die Mitglieder werden für drei Jahre ernannt. Eine Wiederernennung ist zulässig. Die Mitarbeit im Ausschuß wird nicht vergütet. Die genannten Organisationen bestellen je nach Sachgebiet die Sachverständigen, die die ständigen Mitglieder unterstützen.
Der Beratende Lebensmittelausschuß kann von der Kommission zu allen Fragen im Zusammenhang mit der Angleichung des Lebensmittelrechts konsultiert werden. Die Kommission kann den Ausschuß auffordern, Stellungnahmen der Berufs- und Verbraucherkreise zu Verordnungs- oder Richtlinienentwürfen, insbesondere zu deren wirtschaftlichen Auswirkungen, abzugeben.
Für die Prüfung technischer Fragen im Zusammenhang mit Regelungsentwürfen im Lebensmittelbereich kann der Ausschuß Arbeitsgruppen einsetzen.

3.5.3 Weitere Ausschüsse bei der Kommission mit Bedeutung für den Lebensmittelbereich

Der *Wissenschaftliche Veterinärausschuß*, der von der Kommission mit Beschluß vom 30. Juli 1981 eingesetzt wurde, besteht aus drei Untergruppen, die sich mit Fragen der Tiergesundheit, des Tierschutzes sowie mit Seuchen- und Hygienefragen befassen. Der Ausschuß besteht aus Wissenschaftlerinnen und Wissenschaftlern auf den Gebieten der Veterinärmedizin und der Mikrobiologie sowie ähnlicher Fachbereiche.

Der Wissenschaftliche Veterinärausschuß berät die Kommission u.a. in wissenschaftlichen und technischen Fragen im Bereich der Hygiene, Überwachung und Kontrolle der Erzeugung, Herstellung, Lagerung, des Transports und der Vermarktung von tierischen Lebensmitteln und Lebensmitteln tierischen Ursprungs. Die Kommission kann den Ausschuß mit der Prüfung solcher Fragen beauftragen, wenn sie z.B. rechtliche Maßnahmen in diesen Bereichen beabsichtigt.

Der *Wissenschaftliche Ausschuß für Schädlingsbekämpfungsmittel*, der von der Kommission mit Beschluß vom 21. April 1978 eingesetzt wurde, kann von der Kommission zu den wissenschaftlichen und technischen Fragen, die sich auf die Verwendung und das Inverkehrbringen von Schädlingsbekämpfungsmitteln sowie deren Rückstände beziehen, gehört werden. Der Ausschuß kann insbesondere mit Fragen befaßt werden, die die Wirksamkeit von Schädlingsbekämpfungsmitteln und ihre Unbedenklichkeit für die Gesundheit von Pflanzen, Menschen und Tieren und für die Umwelt betreffen. Der Ausschuß, der aus bis zu 15 Mitgliedern besteht, wird von der Kommission z.B. konsultiert, wenn sie Vorschriften über Rückstände von Schädlingsbekämpfungsmitteln auf und in Lebensmitteln zu erlassen beabsichtigt.

Der *Beratende Verbraucherausschuß* wurde von der Kommission am 25. September 1973 eingesetzt. Er hat die Aufgabe, die Interessen der Verbraucher bei der Kommission zu vertreten und die Kommission in allen Fragen der Planung und Durchführung der Politik und von Aktionen hinsichtlich des Schutzes und der Aufklärung der Verbraucher zu beraten. Er kann dies auf Aufforderung der Kommission oder aus eigener Initiative tun. Der Ausschuß besteht aus Vertretern der europäischen Verbraucherorganisationen, wie z.B. des Europäischen Büros der Verbraucherverbände (BEUC), sowie aus anderen Persönlichkeiten, die besondere Kenntnisse in Verbraucherangelegenheiten besitzen.

3.6 Prinzipien der Lebensmittelüberwachung in der EG

Voraussetzung für das Funktionieren des gemeinsamen Binnenmarktes im Lebensmittelbereich ist die Durchführung der amtlichen Lebensmittelüberwachung nach einheitlichen Grundsätzen in allen Mitgliedstaaten der Europäischen Gemeinschaft. Dementsprechend hatte die EG-Kommission in ihrer Mitteilung „Vollendung des Binnenmarkts: Das gemeinschaftliche Lebensmittelrecht" im Jahr 1985 (s. Kap. 3.4.4) dargelegt, daß sie für den Bereich der amtlichen Lebensmittelüberwachung gemeinschaftsrechtliche Vorschriften für notwendig erachtet, da die in den Mitgliedstaaten bestehenden Unterschiede in der Lebensmittelüberwachung den freien Warenverkehr beeinträchtigen können.

Im Jahr 1987 legte die Kommission den Vorschlag für eine *Richtlinie des Rates über die amtliche Lebensmittelüberwachung* vor, die am 14. Juni 1989 vom Rat beschlossen wurde (ABl. Nr. L 186 vom 30.6.1989, S. 23).

Die Richtlinie enthält allgemeine Grundsätze für die Durchführung der amtlichen Überwachung von Lebensmitteln, Lebensmittelzusätzen, Vitaminen, Mineralstoffen, Spurenelementen und anderen Zusatzstoffen, die als solche zum Verkauf bestimmt sind, sowie von Materialien und Gegenständen, die dazu bestimmt sind, mit Lebensmitteln in Berührung zu kommen (Artikel 1). Bei diesen Erzeugnissen sollen die Überwachungsbehörden prüfen, ob sie den Vorschriften entsprechen, die den Schutz der Gesundheit, die Sicherstellung eines redlichen Handelsverkehrs oder den Schutz der Verbraucherinteressen, einschließlich der Vorschriften über die Unterrichtung des Verbrauchers z. B. hinsichtlich der Kennzeichnung, bezwecken.

Nach der Richtlinie hat die Überwachung regelmäßig, darüber hinaus aber auch bei Verdacht der Nichteinhaltung der gesetzlichen Vorschriften, zu erfolgen. Sie ist auf allen Handelsstufen, also vom Hersteller bis zum Einzelhandel, durchzuführen (Artikel 4). Der Grundsatz, die Lebensmittelüberwachung durchgängig auf allen Handelsstufen durchzuführen, fand in der Bundesrepublik Deutschland bereits in der Vergangenheit Anwendung, da er im Lebensmittel- und Bedarfsgegenständegesetz verankert ist. Dagegen war es in einigen Mitgliedstaaten wegen der dort geltenden Rechtslage nicht möglich, den Hersteller Überwachungsmaßnahmen zu unterziehen.

Die Richtlinie bestimmt außerdem, daß die zum Versand in andere Mitgliedstaaten der Gemeinschaft bestimmten Lebensmittel mit der gleichen Sorgfalt überwacht werden wie diejenigen, die zur Vermarktung im eigenen Gebiet bestimmt sind (Artikel 2). Auch die zur Ausfuhr aus dem Gebiet der EG bestimmten Erzeugnisse dürfen nicht von einer angemessenen Überwachung ausgeschlossen werden, um sicherzustellen, daß die Überwachungsverfahren nicht umgangen werden (Artikel 3). Die Überwachung sollte grundsätzlich auf den im Herstellungsmitgliedstaat geltenden Bestimmungen basieren. Dies gilt nicht, wenn der Überwachungsbehörde glaubhaft gemacht worden ist, daß das betreffende Erzeugnis in einem anderen EG-Mitgliedstaat in den Verkehr gebracht werden soll und den dort geltenden Vorschriften entspricht.

Die Richtlinie definiert als Überwachungsmaßnahmen die Inspektion, die Probenahme und Analyse, die Hygieneuntersuchung des Personals, die Prüfung der Schrift- und Datenträger sowie die Untersuchung der ggf. vom Unternehmen eingerichteten Kontrollsysteme und der damit erzielten Ergebnisse. Die Überwachungsbehörden entscheiden, welche Tätigkeiten im Einzelfall ausgeübt werden (Artikel 5). Der Inspektion unterliegen Rohstoffe, Halb- und Enderzeugnisse, aber auch Betriebs- und Geschäftsräume, Produktions-, Verarbeitungs- und Behandlungsanlagen und deren Umgebung, Geräte, Materialien und Gegenstände, die mit Lebensmitteln in Berührung kommen, z. B. Verpackungen, Beförderungsmittel, Reinigungs- und Pflegemittel und -verfahren sowie Schädlingsbekämpfungsmittel, die z. B. in Lebensmittelverarbeitungsbetrieben eingesetzt werden (Artikel 6). Sowohl von den Lebensmitteln als auch von den Rohstoffen, den Halberzeugnissen, den Zusatzstoffen und technischen Hilfsstoffen, den Materialien und Gegenständen, die dazu bestimmt sind, mit Lebensmitteln in Berührung zu kommen, sowie den Reinigungs-, Pflege- und Schädlingsbekämpfungsmitteln, die in Lebensmittelbetrieben verwendet werden, können Proben zu Analysezwecken entnommen werden (Artikel 7 Abs. 1). Die Richtlinie bestimmt zwar nicht explizit das Zurücklassen einer Gegenprobe, räumt jedoch den Betroffenen das Recht ein, ein Gegengutachten einzuholen, wofür in der Regel eine Gegenprobe benötigt wird.

Nach der Richtlinie sollen die Analysen der entnommenen Proben von amtlichen Laboratorien vorgenommen werden. Den Mitgliedstaaten wird aber die Möglichkeit eingeräumt, auch andere Laboratorien, z. B. private Untersuchungseinrichtungen, für diese Analysen zuzulassen (Artikel 7 Abs. 2). Die Zulassung privater Untersuchungseinrichtungen war notwendig, da in einigen Mitgliedstaaten ein – wie z. B. in Deutschland – gewachsenes, amtliches System nicht vorhanden war.

Die Richtlinie stattet die mit der Überwachung beauftragten Personen mit angemessenen Befugnissen bei der Durchführung ihrer Überwachungstätigkeiten aus. Sie haben z. B. das Recht, geschäftliche Aufzeichnungen oder andere Schrift- und Datenträger einzusehen, Abschriften und Auszüge davon anzufertigen (Artikel 9), die genannten Inspektionen vorzunehmen und Proben zu ziehen (Artikel 11 Abs. 1). Die von der Überwachung betroffenen natürlichen oder juristischen Personen haben die Überwachungsmaßnahmen zu dulden und die mit der Überwachung beauftragten Personen bei der Erfüllung ihrer Aufgaben zu unterstützen (Artikel 11 Abs. 2). Die Richtlinie räumt den Betrieben das Recht ein, Rechtsmittel gegen die Überwachungsmaßnahmen einzulegen und schützt auch das Recht auf Betriebsgeheimnis (Artikel 12).

Nach der Richtlinie sind die Mitgliedstaaten verpflichtet, Vorausschätzungsprogramme aufzustellen, in denen die Art und die Häufigkeit der Überwachung festgelegt werden, die innerhalb eines bestimmten Zeitraums regelmäßig durchzuführen sind. Über die Durchführung dieser Programme mit Angaben über die Anzahl und Art der durchgeführten Maßnahmen und die Anzahl und Art der festgestellten Verstöße haben die Mitgliedstaaten der Kommission jährlich zu berichten. Die Kommission ihrerseits erarbeitet jährlich eine Empfehlung für ein koordiniertes Überwachungsprogramm für das folgende Jahr. Diese Bestimmung der Richtlinie soll jedoch im Jahr 1994 einer Überprüfung unterzogen werden.

Die wesentlichen Bestimmungen der Richtlinie über die amtliche Lebensmittelüberwachung sind im deutschen Recht durch die geltenden Überwachungsvorschriften, vor allem im Lebensmittel- und Bedarfsgegenständegesetz (s. Taschenbuch Bd. 1 Kap. 11.2.5), abgedeckt.

In den Erwägungsgründen zur Richtlinie über die amtliche Lebensmittelüberwachung ist ausgeführt, daß in einer ersten Phase die allgemeinen Grundsätze für die Durchführung der Überwachung harmonisiert werden sollen und zu einem späteren Zeitpunkt ergänzend dazu besondere Vorschriften erlassen werden können. Inzwischen hat die Kommission solche ergänzenden Vorschriften erarbeitet und dem Rat am 10. Februar 1992 einen *Vorschlag für eine*

Richtlinie des Rates über zusätzliche Maßnahmen im Bereich der amtlichen Lebensmittelüberwachung vorgelegt. Mit dieser Richtlinie soll gewährleistet werden, daß die Lebensmittelüberwachung durch qualifizierte Personen durchgeführt wird. Außerdem sollen Qualitätsnormen für Laboratorien festgelegt werden, die von den Mitgliedstaaten mit der Analytik beauftragt werden. Weiterhin enthält der Richtlinienvorschlag u. a. Bestimmungen für die Zusammenarbeit zwischen Beamten der Kommission und den zuständigen Behörden der Mitgliedstaaten bei der Durchführung der Überwachung und für die Amtshilfe zwischen den Mitgliedstaaten. Damit soll eine einheitliche Anwendung der Rechtsvorschriften für Lebensmittel sichergestellt werden. Auf detailliertere Vorschriften zur Durchführung der Überwachung wird die EG allerdings verzichten. In den Erwägungsgründen zur Richtlinie über die amtliche Lebensmittelüberwachung ist ausgeführt, daß den Mitgliedstaaten ein gewisses Maß an Freiheit für die Durchführung der Überwachung einzuräumen ist, damit nicht in Systeme eingegriffen wird, die sich bewährt haben und die den besonderen Verhältnissen jedes einzelnen Mitgliedstaates angepaßt sind.

3.7 Literatur

Weiterführende Literatur

1. Oppermann Th (1991) Europarecht. C. H. Beck, München
2. Grabitz E (1989) Kommentar zum EWG-Vertrag. (Losetextsammlung) C. H. Beck, München
3. Groeben, Thiesing, Ehlermann (1991) Kommentar zum EWG-Vertrag (4. Auflage) Nomos, Baden-Baden
4. Ausländisches Lebensmittelrecht EG-Vorschriften. (Textsammlung) Herausgeber Centrale Marketinggesellschaft der deutschen Landwirtschaft GmbH in Bonn. Behr, Hamburg
5. ABl. und BGBl. I
6. Zipfel
7. LRE
8. ZLR

4 Lebensmittelbedarfsgegenstände

H.-J. Dömling (*Beurteilungsgrundlagen*), P. Fecher (*Metalle, Silikatische Materialien*), G. Hermannsdörfer-Tröltzsch (*Papier, Karton und Pappe*), G. Blosczyk (*Kautschuk und Elastomere*), B. Reindl (*Kunststoffe*), Erlangen

4.1 Warengruppen

In diesem Kapitel werden die Bedarfsgegenstände behandelt, die in direktem Kontakt zu Lebensmitteln stehen. Wegen der großen Vielfalt an Produkten (z. B. Haushaltsgeräte, Verpackungsmaterialien, Transportgefäße) stehen hier nicht die Produkte, sondern die möglichen Werkstoffe im Vordergrund: Metalle Glas, Keramik, Email, Papier, Karton, Pappe, Kautschuk, Gummi und Kunststoffe.

4.2 Beurteilungsgrundlagen

4.2.1 Deutsche Rechtsvorschriften

Gegenstände mit Lebensmittelkontakt (Lebensmittelbedarfsgegenstände) sind die in § 5 (1) Nr. 1 des Lebensmittel- und Bedarfsgegenständegesetzes (LMBG) aufgeführten Bedarfsgegenstände. Dort sind Gegenstände genannt, die dazu bestimmt sind, bei dem Herstellen, Behandeln, Inverkehrbringen oder dem Verzehr von Lebensmitteln verwendet zu werden und dabei mit den Lebensmitteln in Berührung zu kommen oder auf diese einzuwirken. Dies können Maschinen für die Lebensmittelherstellung, Haushaltsgeräte, Verpackungsmaterialien, Transport- und Aufbewahrungsgefäße sein.
Gesetzliche Regelungen auf diesem Gebiet reichen bis ins letzte Jahrhundert zurück. Das am 22. März 1888 erlassene Gesetz, betreffend den Verkehr mit blei- und zinkhaltigen Gegenständen (Blei-Zinkgesetz, begrenzt noch heute den Bleigehalt von Eß, Trink- und Kochgeschirr.
Bedarfsgegenstände unterliegen den Bestimmungen der §§ 30 und 31 LMBG, die Verbote zum Schutz der Gesundheit (s. a. Taschenbuch Bd 1, Kap. 11.2.2) und Regelungen zum Übergang von Stoffen auf Lebensmittel enthalten.
Die Bedarfsgegenständeverordnung [1] dient der Umsetzung von 16 dort zitierten EG-Richtlinien zur Angleichung der Rechtsvorschriften der Mitgliedstaaten (siehe auch Kap. 3.4.2.1). Sie regelt die Beschaffenheit von Zellglasfolien und nennt diejenigen Monomeren und sonstigen Ausgangsstoffe, die für die Herstellung von Lebensmittelbedarfsgegenständen aus Kunststoff zugelassen sind sowie Beschränkungen hinsichtlich des höchstzulässigen Restgehaltes dieser Stoffe (QM) oder ihres spezifischen Migrationsgrenzwertes in Lebensmitteln und Lebensmittelsimulanzien (SML).

Weitere Anlagen führen Limitierungen für N-Nitrosamine und nitrosierbare Stoffe in Beruhigungs- und Flaschensaugern aus Elastomeren, für Vinylchlorid in Bedarfsgegenständen aus PVC und für die Blei- und Cadmiumabgabe aus Lebensmittelbedarfsgegenständen aus Keramik auf.

4.2.2 Richtlinien der EG

In der Richtlinie 89/109/EWG des Rates vom 21. Dezember 1988 zur Angleichung der Rechtsvorschriften der Mitgliedstaaten über Materialien und Gegenstände, die dazu bestimmt sind, mit Lebensmitteln in Berührung zu kommen [2], ist festgelegt, daß über Bedarfsgegenstände für Lebensmittelkontakt gemeinschaftliche Regelungen getroffen werden sollen.
Auf dem Gebiet der Kunststoffe hat die EG-Kommission bereits folgende Richtlinie erlassen:

- Richtlinie 90/128/EWG der Kommission vom 23. Februar 1990 über Materialien und Gegenstände aus Kunststoff, die dazu bestimmt sind, mit Lebensmitteln in Berührung zu kommen [3].

Diese Richtlinie enthält unter anderem eine Liste der Monomere und Ausgangsstoffe, die für bestimmte Kunststoffarten ausschließlich verwendet werden dürfen (Anhang II). Diese Vorschriften wurden in die Bedarfsgegenständeverordnung übernommen.
Die EG-Kommission beabsichtigt, weitergehende Regelungen auf dem Gebiet der Kunststoffe mit Lebensmittelkontakt zu treffen. Sie hat ihre Vorstellungen im folgenden Dokument niedergelegt:

- Draft Synoptic Document 5 on plastics materials and articles intended to come into contact with foodstuffs (updated to 1. August 1991) [21].

Es handelt sich um ein Arbeitspapier der EG-Kommission mit einer Sammlung von Monomeren und Additiven für Kunststoffe und deren toxikologischer Bewertung.

4.2.3 Standardisierung von Prüfverfahren

Die Verwirklichung des europäischen Binnenmarktes erfordert neben der Harmonisierung von Rechtsvorschriften auch die Standardisierung gebräuchlicher Prüfverfahren. Mit ihrer Ausarbeitung befaßt sich das Europäische Kommitee für Normung in Verbindung mit den nationalen Normungsinstituten, für Deutschland also dem DIN. Die Normungsgremien haben die Aufgabe, die in Richtlinien festgelegten grundlegenden Anforderungen durch Europäische Normen auszufüllen.
Das Technische Komitee (TC) 194 des CEN widmet sich Bedarfsgegenständen in Kontakt mit Lebensmitteln. Working Group 5 dieses Ausschusses behandelt „Methods of test for materials and articles in contact with foodstuffs". Dort sind ca. 30 Normungsvorhaben in Arbeit. Der Normenausschuß Materialprüfung (NMP) 896 „Bedarfsgegenstände in Kontakt mit Lebensmitteln" im DIN ist das deutsche Spiegelgremium.

CEN TC 172 normt Papierhalbstoff, Papier und Pappe, auch in Kontakt mit Lebensmitteln. Dessen Working Group 3 beschäftigt sich mit „Analytical methods for the assessment of paper and board in contact with foodstuffs". DIN NMP 421 stellt „Chemische und chemisch-technologische Prüfverfahren für Papier, Pappe und Zellstoff" auf.
CEN TC 252 (Artikel für Säuglinge und Kleinkinder) bearbeitet in Working group 5 das Thema „feeding, drinking, sucking and similar functions". Im Normenausschuß Gebrauchstauglichkeit und Hauswirtschaft (NGH) ist das entsprechende deutsche Spiegelgremium angesiedelt.
Neben diesen Ausschüssen können weitere TC's für die Normung von Lebensmittelbedarfsgegenständen verantwortlich sein.
Als weitere Gremien der EG-Kommission sind das Standing Committee for Food (SCF) und das Community Bureau of Reference (BCR) zu nennen.

4.2.4 Empfehlungen des Bundesgesundheitsamtes

Das Bundesgesundheitsamt veröffentlicht seit dem Jahre 1957 eine Reihe von Empfehlungen zur gesundheitlichen Beurteilung von Kunststoffen und anderen Polymeren im Rahmen des Lebensmittel- und Bedarfsgegenständegesetzes. Die Loseblattsammlung (Kunststoffe im Lebensmittelverkehr, Carl Heymanns Verlag KG, Köln, Berlin, Bonn, München) setzt sich aus einem Beurteilungs- und einem Untersuchungsteil zusammen. Sie behandelt in weiteren Kapiteln die Untersuchung von Papieren, Kartons und Pappen und die Beurteilung von nichtmetallischen Werkstoffen im Trinkwasserbereich. Die Positivlisten sind durch EG-Richtlinien und -Normen weitgehend überholt, während die Analysenvorschriften als bewährte Prüfmethoden anzusehen sind.

4.3 Warenkunde

4.3.1 Metalle

Werkstoffe aus Metallen sind für Bedarfsgegenstände weit verbreitet. Ihre Verwendung wird von den physikalischen Eigenschaften des Metalls, sowie von der chemischen Resistenz gegenüber Lebensmittelinhaltsstoffen bestimmt.

4.3.1.1 Aluminium

Im Kontakt mit Lebensmitteln wird Aluminium nur in reiner Form oder in Legierungen mit geringen Mengen an Mangan, Magnesium und/oder Kupfer (0,5 bis 5%) verwendet. Gesundheitlich bedenkliche Legierungsbestandteile wie z. B. Beryllium oder Blei kommen nicht zum Einsatz.
Die Beständigkeit von Aluminium gegenüber Lebensmittelinhaltsstoffen hat ihre Ursache in der festen und gut haftenden Oxidschicht, die durch spezielle Herstellungsarten (z. B. anodische Oxidation, „Eloxal-Verfahren") noch verstärkt und dabei gleichzeitig eingefärbt werden kann. Die Oxidschicht bildet sich auch bei mechanischer Beschädigung sehr schnell wieder nach. Sie ist in

einem pH-Bereich von 4,5 bis 8,5 weitestgehend unlöslich, jedoch wenig beständig gegenüber salzhaltigen oder stark säurehaltigen Lebensmitteln. Durch die Unbeständigkeit gegenüber Laugen verbietet sich z. B. der Einsatz von Backblechen aus Aluminium als Tauchmedium bei der Herstellung von Laugengebäck. Lokalelementbildung, die z. B. beim Kontakt von Speisen auf Edelstahlplatten mit Aluminiumfolie auftreten kann, führt zu Lochfraß und einem schnellen Auflösen der Folie.

Wegen seiner guten Wärmeleitfähigkeit wird Aluminium gerne als Werkstoff für Koch- und Backgeräte verwendet, wobei die Innenflächen meist mit fluorhaltigen Kunststoffen zur Verringerung der Hafteigenschaften beschichtet werden. Großvolumige Behälter (z. B. Bierfässer) werden bevorzugt aus Aluminium hergestellt, da es geruchsneutral ist und ein geringes spezifisches Gewicht besitzt. Neben dem breiten Verwendungsgebiet als Haushaltsfolie findet man im Geschirrbereich Aluminium nur noch bei Campingartikeln [4].

Ein Übergang von Aluminium auf Lebensmittel ist dann besonders signifikant, wenn der pH-Bereich der Kontaktzone eine Zerstörung der Oxidschicht ermöglicht (z. B. durch stark saure Lebensmittel). Allerdings gelten Aluminium und seine Verbindungen in einem weiten Konzentrationsbereich als nichttoxisch. Diese allgemein anerkannte Tatsache wird durch neuere Untersuchungen hinsichtlich der möglichen neurotoxischen Wirkung dieses Elements und des vermuteten Zusammenhangs mit der Alzheimer Krankheit in Frage gestellt. Eine ausführliche Betrachtung zu diesem Thema findet sich in [5].

Im Gegensatz zum Lebensmittelbereich werden bei technischen Produkten Elemente wie Blei, Cadmium und Beryllium dem Aluminium zulegiert. Im Zuge der Wiederverwendung von Rohstoffen kann es deshalb nicht ausgeschlossen werden, daß solche Aluminiumlegierungen bei Bedarfsgegenständen mitverwendet werden.

4.3.1.2 Nichtrostende Stähle

Um Eisen rostsicher zu machen, werden Chrom und/oder Nickel als Veredlungsstoffe zulegiert. Ab 12,5 % Chrom als Legierungsbestandteil erhält man eine deutliche Zunahme der Korrosionsbeständigkeit durch Ausbildung einer stabilen Chromoxidschicht auf der Oberfläche. Die Zusammensetzung der verschiedenen Legierungen ist in DIN 17440 [6] geregelt. Zur Kennzeichnung erhalten die Stähle charakteristische Werkstoffnummern.

Bezeichnung	Werkstoff-Nr.	Legierungsbestandteile	Eigenschaften
Chromstahl 13	1.4034	Cr 13,5 % C 0,45 %	härtbar, mäßige Korrosionsbeständigkeit
Chromnickelstahl 18/8	1.4301	CR 18 % Ni 9,5 % C < 0,08 %	gute Korrosionsbeständigkeit
Chromnickelstahl 18/10	1.4401	Cr 17,5 % Ni 11,5 % Mo 2,3 %	sehr gute Korrosionsbeständigkeit

Weitere Legierungsbestandteile sind Titan, Molybdän, Niob und Aluminium. Die Korrosionsbeständigkeit steigt mit zunehmendem Chrom- und Nickelgehalt. Stähle für Messerklingen sind rostanfälliger, da härtbare Qualitäten nur mit niedrigen Nickel- und Chromanteilen möglich sind. Eine gute Beständigkeit gegenüber chloridhaltigen Verbindungen und organischen Säuren (z. B. Essig-, Oxal-, Weinsäure) wird erst bei mindestens 2 % Molybdän und einer Erhöhung des Nickelanteils auf 11 % in der Legierung erreicht.

Die guten antikorrosiven Eigenschaften und vor allem die Vorteile in hygienischer Hinsicht, haben für eine weite Verbreitung dieses Werkstoffes bei z. B. Lagerbehältern, Töpfen, Bestecken usw. gesorgt. Ein Übergang von Chrom und Nickel auf Lebensmittel bewegt sich im μg/kg-Bereich und ist ohne gesundheitliche Bedeutung.

4.3.1.3 Zinn

Zinn wird in reiner Form als Überzugsmaterial für unedlere Metalle oder als Legierung mit härtenden Zusätzen von Antimon und Kupfer bei Zinngegenständen verwendet. Durch seine einfache Verarbeitbarkeit und den niedrigen Schmelzpunkt besitzt Zinn eine lange Tradition bei der Veredlung nicht korrosionsbeständiger Grundmaterialien [7].

Die häufigste Anwendungsform ist das Verzinnen von Eisenblechen und das Verarbeiten dieser „Weißbleche" zu Dosen. Das Verlöten der Naht ist eine heute kaum mehr angewandte Technik und war durch die Verwendung bleihaltiger Lote eine häufige Ursache für erhöhte Bleigehalte in eingedosten Lebensmitteln. Bei der modernen Dosenherstellung werden die Nähte verschweißt und zusätzlich noch durch Kunststoffstreifen abgedeckt. Je nach Typ des eingefüllten Lebensmittels erfolgt eine vollständige oder teilweise Lackierung des Zinnüberzugs, um nachteilige Beeinflussungen des Lebensmittels durch das Zinn (z. B. Verfärbungen, Farbverluste) zu verhindern. Viele Küchengeräte wie z. B. Siebe, Haushaltsmaschinen oder Pfannen erhalten als Korrosionsschutz eine Zinnauflage.

Zinn ist gegen schwache Säuren und Laugen beständig, reagiert aber mit starken Säuren oder Alkalien zu Stannaten. Dies beeinträchtigt den Geschmack stark saurer Lebensmittel. Weißblechdosen, die nach dem Öffnen teilweise gefüllt stehen gelassen werden, werden durch den Luftsauerstoff sehr schnell angegriffen, was zu einer erheblichen Zunahme des Zinngehalts im Lebensmittel führen kann. Die Reinigung verzinnter Gegenstände mit alkalischen Mitteln (z. B. in Spülmaschinen) führt zu einer Ablösung der Schutzschicht; fleckiges Aussehen und verstärkter Rostbefall sind die Folge.

Während Verzinnungen ausschließlich mit Reinzinn durchgeführt werden, muß dem Blei als möglichem Legierungsbestandteil bei Lotnähten, Zinngegenständen und auch bei feuerverzinnten Artikeln Beachtung geschenkt werden. Nach dem heute noch gültigen Blei-Zink-Gesetz von 1887 dürfen Zinngeräte bis zu 10 % Blei enthalten. Dagegen sind die technischen Regelwerke hinsichtlich der Legierungszusätze wesentlich verbraucherfreundlicher. Die DIN 17810, die seit 1980 in Zinnlegierungen für Zinngeräte maximal 0,5 % Blei vorsieht, wird künftig durch eine EG-einheitliche Regelung, die derzeit im Entwurf vorliegt, ersetzt [8]. Danach sind 7 verschiedene Legierungsarten mit unterschiedlichen Antimon-, Kupfer- und Silbergehalten definiert. Als gemeinsame Anforderungen gelten Maximalgehalte für Blei (0,25%), Wismut (0,5%) und Cadmium (0,05%).

4.3.1.4 Sonstige Werkstoffe aus Metall

Einen eingeschränkten Einsatzbereich auf dem Lebensmittelsektor haben Werkstoffe aus:
- Eisen (Verwendung z. B. für Bratpfannen),
- Kupfer und seinen Legierungen:
  - Bronze (Kupfer mit 10 bis 20% Zinn)
  - Messing (Kupfer mit 10 bis 40% Zink)
  - Neusilber, „Alpaka" (Kupfer mit 10 bis 25% Nickel und 10 bis 25% Zink)
- Silber (für Eßbestecke, mit 16% Kupfer legiert)
- Zink wird wegen seiner ungenügenden Korrosionsbeständigkeit nur noch bei Wasserrohren als Überzug verwendet.

Das Verchromen bzw. Vernickeln von Grundmaterialien wird vereinzelt durchgeführt. Die Beständigkeit gegenüber Lebensmittelinhaltsstoffen ist, neben dem chemischen Verhalten der äußeren Schicht, stark abhängig von der Porosität der Beschichtung. Dabei kann man erst bei Schichtdicken von über 20 μm von einer genügend dicken Schutzschicht ausgehen, bei der nur noch eine geringe Kontaktmöglichkeit des Basismaterials nach außen besteht.
Allen diesen Werkstoffen ist gemeinsam, daß sie hinsichtlich ihrer Korrosionseigenschaften bevorzugte und gleichzeitig beschränkte Einsatzgebiete im Kontakt mit Lebensmitteln aufweisen. Für eine universelle Verwendung sind sie nicht geeignet.

4.3.2 Silikatische Materialien

Unter diesen Begriff fallen Produkte mit einem silikatischen Grundgerüst (Glas, Keramik), sowie Gegenstände mit einem Überzug aus diesem Material (Email).

4.3.2.1 Glas

Glas ist ein Schmelzprodukt aus einer Mischung von SiO_2, CaO und Na_2O (Kalk-Natron-Silikatglas), das ohne Kristallisation erstarrt ist. Als glasbildende Stoffe wirken neben Siliziumoxid auch Bor- und Phosphoroxide. Die *Kalk-Natron-Silikatgläser* werden für Flach- und Hohlglasprodukte verwendet [9]. In Bereichen, wo eine hohe Temperaturwechselbeständigkeit gefordert wird, kommen *Borsilikatgläser* (z. B. Duran, Jenaer Glas) zum Einsatz. In *Kristallgläsern* ist das Calcium- und Natriumoxid durch Barium-, bzw. Zinkoxid und Kaliumoxid ersetzt. Einen noch höheren Brechungsindex erhält man durch Zusätze von Bleioxid zur Glasschmelze. Diese *Bleikristallgläser* werden in Schwefelsäure/Flußsäuregemischen nachbehandelt, damit die Oberfläche an

Blei verarmt, um so Übergänge dieses Elements auf Lebensmittel auf ein Mindestmaß zu beschränken.

Zur Gewichtsersparnis wird Hohlglas, insbesondere bei Einwegflaschen, mit sehr geringen Wandstärken hergestellt. Diese Gläser erfahren zur Verbesserung der Schlagfestigkeit eine Vergütung der Außenflächen mit Titan- oder Zinnoxiden (Heißvergütung) oder mit Polyethylen (Kaltvergütung).

Zusätze von dreiwertigen Chrom- oder von Eisenverbindungen zur Glasmasse bewirken eine Grün- bzw. Braunfärbung. Zum Zweck der Dekorierung erhalten Trinkgläser oft Bemalungen des Trinkrandes (z. B. Goldrand) oder es werden an den Außenflächen der Gläser farbige Motive aufgeschmolzen. Die hierfür verwendeten Pigmente ähneln den Dekorfarben, die bei Keramiken verwendet werden (siehe dort).

Altglas ist ein wichtiger Rohstoff. Das seit 1973 eingeführte Recyclingsystem führte bei der Glasherstellung inzwischen zu einer Wiederverwendungsrate von über 50 %

4.3.2.2 Keramik

Im Gegensatz zur technischen Keramik, die auf einem sehr vielfältigen Spektrum an Rohstoffen basiert, werden für Bedarfsgegenstände nur aus Tonmineralien hergestellte Produkte verwendet. Die Grundstoffe für solche keramische Materialien sind:
– Tonmineralien (Ton, Kaolin, Lehm),
– Magerungsmittel (Quarz, Sand),
– Flußmittel (Feldspat).

Diese Rohstoffe werden mit Wasser zu einer Suspension oder plastischen Masse, den sogenannten Schlicker, vermengt. Die Formgebung erfolgt per Hand bzw. maschinell oder z. B. bei Kannen durch Gießen des dünnflüssigen Schlickers in Gipsformen. Durch die hohe Porosität und Saugkraft des Gipsmodells wird das Wasser des Schlickers aufgenommen und es entsteht nach einer gewissen Standzeit eine keramische Rohform von definierter Wandstärke.

Nach der Trocknung erfolgt der erste Brennvorgang, der sogenannte *Rohbrand*, in Tunnelöfen bei 900 bis 1400 °C. Der dabei einhergehende Sintervorgang führt zu einer erhöhten Festigkeit des Produkts.

In Abhängigkeit von den Ausgangsprodukten und der Brenntemperatur entsteht als Rohprodukt der sogenannte Scherben, der anhand seiner Porosität und Färbung in folgende Kategorien eingeordnet werden kann:

Tongut (offenporig)		Tonzeug (dicht)	
900–1100 °C Irdengut (farbig)	1000–1200 °C Steingut (hell bis weiß)	1200 °C Steinzeug (farbig)	1200–1400 °C Porzellan (weiß)

Porzellan unterscheidet sich von den anderen keramischen Produkten durch seinen dichten und durchscheinenden Scherben. Man differenziert zwischen Hartporzellan (Brenntemperatur 1200 bis 1400 °C) und Weichporzellan (1000 bis 1200 °C). Knochenporzellan hat ein elfenbeinfarbenes Aussehen und enthält 20 bis 60 % Knochenasche als Sinterhilfsmittel. Ein weißer Scherben ist nur durch entsprechende Reinheit der Ausgangsmaterialien (besonders hinsichtlich Eisen) möglich.

Der nach dem ersten Brand entstandene rohe Scherben ist porös und zur Verwendung als Bedarfsgegenstand nicht ohne weiteres geeignet. In einem zweiten Produktionsschritt, dem *Glattbrand*, erhält der Gegenstand durch das Glasieren einen glasartigen und resistenten Überzug. Er wird dadurch für Flüssigkeiten und Gase undurchlässig. Die hierzu verwendete Glasur hat eine ähnliche Zusammensetzung wie Glas, weist aber in geschmolzenem Zustand eine höhere Viskosität auf (Alkali- und Erdalkalioxide sind zum Teil durch Aluminium-, Zink- oder Zirkonoxide ersetzt).

Wasserlösliche Glasurbestandteile müssen zusammen mit glasurbildenden Stoffen vorher gefrittet, d.h. durch Sintern in einen unlöslichen Zustand überführt werden. Anschließend wird die *Fritte* fein zermahlen und mit den restlichen Glasurbestandteilen in Wasser dispergiert. Das Aufbringen auf das poröse Rohmaterial erfolgt durch Eintauchen des Scherbens in diese Glasurmilch. Das Wasser wird vom Gegenstand aufgesaugt und die Glasur haftet als dünne Schicht auf dessen Oberfläche. Anschließend erfolgt der Glattbrand bei Temperaturen von 1200 bis 1400 °C. Durch Zusätze von Flußmitteln (Oxide von z. B. Bor, Barium, Blei, Lithium) zur Glasur kann die Temperatur des Glattbrandes herabgesetzt werden [10].

Eine Besonderheit stellt die *Salzglasur* dar, die häufig bei Steinzeugprodukten verwendet wird (z. B. Bunzlauer Steinzeug). Hier wird zum Ende des ersten Brennvorgangs Kochsalz in die Ofenatmosphäre eingesprüht. Dabei entsteht bei Temperaturen über 1100 °C Natriumoxid, das sich mit dem Scherben verbindet und einen mattglänzenden Überzug ergibt.

Wird das Erzeugnis zur Farbgebung dekoriert, d. h. mit farbigen Verzierungen versehen, ist im allgemeinen ein weiterer Brennvorgang, der sogenannte *Dekorbrand*, erforderlich. Für diese Dekoration werden temperaturbeständige anorganische Pigmente verwendet. Auch hier ist es notwendig, wasserlösliche Substanzen zusammen mit den glasartigen Stoffen vorher zu fritten, um sie unlöslich zu machen. Das Auftragen des Dekors auf das glasierte Produkt (Weißware) erfolgte früher durch Bemalen mit der Hand, heute werden hierfür verschiedene Druckarten oder Spritzverfahren eingesetzt.

Neben den reinen Oxiden für blaue (Kobalt), grüne (Chrom oder Kupfer) oder braune (Eisen, Mangan) Farben, verwendet man meist Mischkristalle (Spinelle) verschiedener Elemente, um unterschiedliche Farbtöne zu erhalten. Dabei kommen Verbindungen von Elementen wie z. B. Cadmium, Selen, Nickel, Zink, Praseodym, Uran, Vanadium zum Einsatz, die mit farblosen Zusätzen wie Barium- oder Strontiumoxid kombiniert werden, um verschiedene Farbnuancen zu erzielen [11]. Im Dekorbrand bei Temperaturen von 700 bis 1100 °C verschmilzt bzw. versintert der Dekor mit der Glasur.

Man unterscheidet verschiedene Arten den Dekor aufzubringen:

- *Aufglasurdekor:* Einbrenntemperaturen bei 700 bis 800 °C, sehr breite Farbpalette, nicht spülmaschinenfest,
- *Inglasurdekor:* Einbrenntemperaturen bei 800 bis 1000 °C, große Farbpalette, beständig bei maschinellem Spülen
- *Unterglasurdekor:* Die Farbpigmente werden vor dem Glasieren auf den rohen Scherben dekoriert und befinden sich unter der schützenden Glasur. Bei Einbrenntemperaturen bis zu 1400 °C sind nur noch bestimmte Farbgebungen möglich (blau, grün, braun, schwarz).

Werden die Pigmente in einer sehr geringen Schichtdicke (unter 0,1 µm) aufgebracht, so erhält man durch die dünne Oxidhaut einen irisierenden, glänzenden Überzug, den sogenannten Lüster.

4.3.2.3 Email

Im Lebensmittelbereich werden emaillierte Gegenstände vorwiegend für Töpfe, Pfannen, Wasserkessel und vereinzelt Küchengeräte verwendet. Dabei wird ausschließlich Eisen oder Aluminium als Grundmaterial eingesetzt. Für eine gute Haftung des glasartigen Überzugs muß zuerst ein *Grundemail* mit einem hohen Anteil an Nickel- oder Kobaltoxiden auf das Metallgeschirr aufgebracht werden. Der Emailschlicker (Anteigung der Emailgrundstoffe mit Wasser) wird dabei je nach Konsistenz durch Tauchen oder Spritzen oder auch trocken (pulverelektrostatisch) aufgetragen. Nach der Trocknung erfolgt der Einbrennvorgang bei Temperaturen bis maximal 900 °C.

Das *Deckemail* und dessen Einfärbung gibt dem Gegenstand den charakteristischen Glanz und seine Farbe. Um den Metallgrundkörper zu überdecken enthält es Zinn-, Cer- bzw. Titanoxide als Trübungsmittel. Die Einfärbung geschieht je nach Farbwunsch mit Pigmenten der Elemente Kobalt, Chrom, Eisen, Vanadium oder Praseodym [12]. Das Deckemail wird in einer Stärke von 0,1 bis 0,6 mm aufgetragen. Seine Zusammensetzung ist den Glasuren bei keramischen Gegenständen ähnlich, erfordert jedoch einen komplexeren Aufbau, da die Schmelztemperaturen deutlich niedriger liegen. Neben den Glasurgrundstoffen (SiO_2, Al_2O_3, P_2O_5) werden durch Zusätze von Fluoriden (z. B. CaF_2) oder Oxiden der Elemente Bor, Barium, Strontium und Zink Schmelztemperaturen von 600 bis 800 °C eingestellt. Bleihaltige Emails werden wegen des Übergangs von Blei auf Lebensmittel nicht mehr verwendet.

Durch geeignete Metallvorbehandlung (z. B. Chromatieren) ist es möglich, die Emaillierung in einem Arbeitsgang durchzuführen. Diese sogenannten *Einschicht-Emails* werden bevorzugt für kostengünstige Gegenstände verwendet.

4.3.2.4 Übergang von Inhaltsstoffen

Aus keramischen Materialien können durch saure Lebensmittelinhaltsstoffe (z. B. Citronensäure, Oxalsäure, Essigsäure) Bestandteile herausgelöst werden und auf Lebensmittel übergehen. Besonders der Abgabe von Schadstoffen aus

Glasuren (z. B. Blei, Barium, Bor oder Fluoride) und aus Dekoren (z. B. Cadmium, Antimon, Chrom, Nickel) ist dabei Beachtung zu schenken. Als Prüfverfahren hat sich weltweit der Kalttest mit 4%iger Essigsäure (24 Stunden bei Raumtemperatur) [13, 14] durchgesetzt. Neben der üblichen Prüfung der Innenflächen von Keramik- oder Emailgegenständen, ist die Ermittlung der Schadstoffabgaben, die von der Außenfläche eines Gegenstandes herrühren, dann von Bedeutung, wenn es sich um Trinkgefäße handelt. Da das Getränk über die Lippen auch mit der Außenfläche und mit dem dort häufig aufgebrachten Dekor in Berührung kommt (z. B. bei Trinkgläsern), muß eine sogenannte Trinkrandzone (2 cm vom oberen Rand) ebenfalls mit Essigsäure geprüft werden [13].

Grenzwerte für die Abgabe von Schadstoffen finden sich EG-einheitlich nur für die Elemente Blei und Cadmium bei Keramikgegenständen. Auf nationaler Ebene ist die DIN 51032 [15] zu nennen, die u. a. auch Grenzwerte für Trinkränder und Email enthält.

Im allgemeinen sind die Blei- und Cadmiumabgaben keramischer Gegenstände gering und Grenzwertüberschreitungen treten nur vereinzelt auf.

Durch ungeeignete Glasuren oder falsche Brenntemperaturen können jedoch säureinstabile Silikatgerüste entstehen, die erhebliche Mengen der verschiedenen Glasur- bzw. Dekorinhaltsstoffe an die Essigsäure abgeben. Bei beschädigten Emailschichten tritt nicht nur eine deutliche Korrosion des Grundmaterials (z. B. Eisen) auf, sondern es ist auch ein Übergang des Haftmittels (Chrom- oder Nickelverbindungen) auf das Lebensmittel möglich.

4.3.3 Papier, Karton und Pappe

4.3.3.1 Definitionen

1 Definition nach DIN 6730 [16]

Papier:
Flächiger, im wesentlichen aus Fasern meist pflanzlicher Herkunft bestehender Werkstoff, der durch Entwässerung einer Faserstoffaufschwemmung auf einem Sieb gebildet wird. Dabei entsteht ein Faserfilz, der anschließend verdichtet und getrocknet wird.
Flächenbezogene Masse ≤ 225 g/m^2

Karton:
Fertigung, analog Papier, immer als endlose Bahn; steifer als Papier und wird im allgemeinen aus hochwertigeren Stoffen hergestellt als Pappe. Die Benennung Karton ist nur im deutschen Sprachgebrauch üblich.
Flächenbezogene Masse $= 150-600$ g/m^2

Pappe:
Oberbegriff für Vollpappe oder Wellpappe.

Vollpappe:
Massive Pappe (im Gegensatz zu Wellpappe), einlagig und gegautscht, auch für zusammengeklebte, beklebte, imprägnierte oder beschichtete Pappen ohne

Rücksicht darauf, ob sie als Maschinenpappen oder Wickelpappen hergestellt
sind.
Flächenbezogene Masse > 225 g/m²
Wellpappe:
Pappe aus einer oder mehreren Lagen eines gewellten Papiers, das auf eine Lage
oder zwischen mehreren Lagen eines anderen Papiers oder einer anderen Pappe
geklebt ist.

Weitere Papiersorten, die als Lebensmittelbedarfsgegenstände von Bedeutung
sind:

Echt Pergament (vegetabilisches Pergament):
Mit Hilfe von Chemikalien (im allgemeinen durch Schwefelsäure) weitgehend
fettdicht und naßfest gemachtes Zellstoffpapier.

Pergamentersatz:
Holzfreies Papier, das durch entsprechende Mahlung und/oder Zusatz von
Hilfsmitteln zum Halbstoff und/oder durch Behandlung in der Papiermaschine
bezüglich der Fettdichtigkeit ähnliche Eigenschaften wie Echt Pergament
erhalten hat.

Pergamin:
Hochsatiniertes, aus stark gemahlenem Zellstoff mit oder ohne Zusatz von
Hilfsmitteln hergestelltes, weitgehend fettdichtes Papier, im allgemeinen mit
hoher Transparenz – soweit nicht gefärbt oder opak.

Fettdichtes Papier:
Papier, das gegen das Durchdringen von Fetten und Ölen den Anforderungen
entsprechend widerstandsfähig ist.

Filtrierpapier (Filterpapier):
Ungeleimtes holzfreies Papier, auch mit Hadernzusatz, zum Abscheiden von
Teilchen aus Flüssigkeiten oder Gasen mit guter Durchlässigkeit für Flüssig-
keiten und Gase.

2 Definition entsprechend dem Verwendungszweck
(vgl. Empfehlung XXXVI der Kunststoffkommission des BGA) [17]

Papiere, Kartons und Pappen für den Lebensmittelkontakt:
Papiere, die z. B. beim Verpacken mit Lebensmitteln in direkte Berührung
kommen oder auf diese einwirken, wie Papiertüten, Pappteller etc.

Koch- und Heißfilterpapiere und Filterschichten:
Papiere, die bestimmungsgemäß einer Heißextraktion unterworfen werden wie
Kochbeutel, Teebeutel, Kaffeefilter.

Papiere, Kartons und Pappen für Backzwecke:
Papiere, die beim Backen mit Lebensmitteln in Berührung kommen und unter
Berücksichtigung der vorgesehenen Erhitzungsdauer einer Temperatur von
mind. 220 °C ohne Zersetzung standhalten.

4.3.3.2 Papierherstellung

1 Fabrikationsgang

Zum Herstellen von Papier und Pappe werden hauptsächlich Zellstoff und Holzschliffasern, zum Teil auch aus Altpapier, verwendet. Die Ausgangsmaterialien werden in einem Stofflöser in Wasser suspendiert und mit einem Rotor durchwirbelt. Der Stoff wird somit gleichzeitig vorsortiert und zerfasert. Nach einem Verdünnungsschritt werden Verunreinigungen abgeschieden und entfernt. Von den Vorratsbütten kommend werden die einzelnen Komponenten (wie Faserstoff, Füllstoffe, Zusatzstoffe) in der Mischbütte miteinander vermischt. Der so erhaltene Endstoff gelangt damit in die Maschinenbütte. Nach einer weiteren Verdünnung und Naßreinigung geht der Stoff auf die Papiermaschine, die aus Siebpartie, Pressenpartie, Trockenpartie und Aufrollung besteht. Erst bei Trockengehalten von 80 % aufwärts verbinden sich die OH-Gruppen der Cellulose über Wasserstoffbrücken, was zu einer Verhärtung und Versteifung des Fasergefüges führt. Anschließend kann die Papierbahn noch oberflächenveredelt und/oder ausgerüstet werden.

Abbildung 1 zeigt den schematischen Fabrikationsgang der Papierherstellung.

2 Faserrohstoffe

Holzschliff (mechanisch aufbereitet):
Hierbei werden entrindete Holzstämme oder Holzschnitzel durch rotierende Schleifsteine oder Mahlscheiben, oder gegebenenfalls auch unter Dampfdruck zerfasert.

Zellstoff (chemisch aufbereitet):
Es wird hauptsächlich in Sulfat- und Sulfit-Zellstoff unterschieden, wobei es sich bei dem Sulfatverfahren um einen alkalischen und bei dem Sulfitverfahren um einen sauren Aufschluß des Holzes handelt.

Altpapier:
Altpapier ist inzwischen zum mengenmäßig bedeutendsten Faserrohstoff geworden. Für Lebensmittelverpackungen dürfen jedoch nur bestimmte Papiersorten von definierter Qualität verwendet werden.

3 Füllstoffe

Füllstoffe dienen zur Verbesserung von z. B. Glätte und Bedruckbarkeit des Papiers. Es handelt sich hauptsächlich um Kaoline, Kreide, Titandioxid, Talkum. Für Papiere in Kontakt mit Lebensmitteln sind nur wasserunlösliche und gesundheitlich unbedenkliche Mineralstoffe geeignet.

4 Fabrikationshilfsstoffe und Papierveredelungsstoffe

Es wird eine Übersicht über die wichtigsten Papierhilfsmittel gegeben.

Leimstoffe:
Ein Zusatz von Leimstoffen setzt die Benetzbarkeit und Durchdringung des Papiers mit Wasser herab (Masseleimung) und dient außerdem der Gefügever-

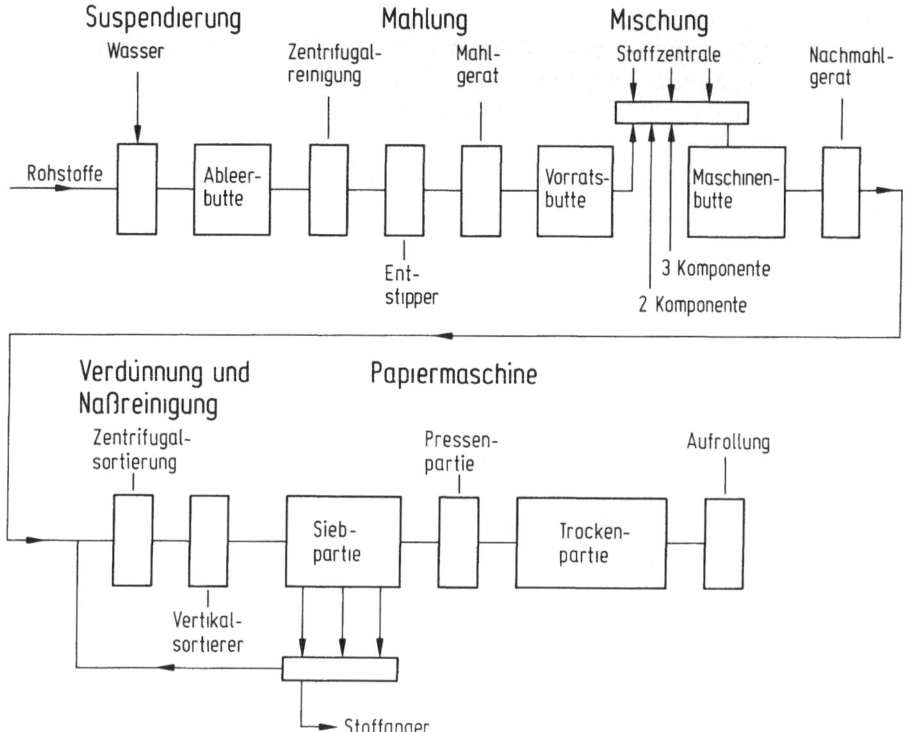

Abb. 1. Fabrikationsgang der Papierherstellung

festigung des herzustellenden Papiers und der Erhöhung der Oberflächenfestigkeit (Oberflächenleimung).

Zur Masseleimung werden hauptsächlich Kolophoniumprodukte, Dialkyldiketene, Polymere aus Styrol, Maleïnsäure, Acrylsäure u. a. verwendet.

Als Mittel für die Oberflächenleimung werden insbesondere Stärke und Stärkederivate, Tierleim, Kaseïn, Wachs und Paraffin, Celluloseäther und Polymerisate auf Acrylester- und Styrolbasis eingesetzt.

Retentionsmittel und Entwässerungsbeschleuniger:

Retentionsmittel und Entwässerungsbeschleuniger haben die Aufgabe, die Faser-, Leim- und Füllstoffretention auf dem Papiermaschinensieb zu erhöhen. Sie bewirken eine Erhöhung der Entwässerungsgeschwindigkeit auf dem Sieb und in den Naßpressen und eine schnellere Trocknung in der Trockenpartie.

Dispergiermittel:

Dispergiermittel sollen Ablagerungen im Wasserkreislaufsystem verhindern (z. B. Zellstoffharz, Erdalkali- und Aluminiumsalze von Fett- und Harzsäuren).

Schaumverhütungsmittel:
Schaumverhütungsmittel sind Mittel zur Vermeidung und Zerstörung von
Oberflächenschaum bei der Papierherstellung und zur Entfernung störender
Lufteinschlüsse innerhalb der Papierstoffsuspension. Man verwendet tensidar-
tige, nichtschäumende, fettähnliche Substanzen; sie verändern die Oberflä-
chenspannung an der Grenzfläche Stoff/Wasser/Luft.

Schleimverhinderungsmittel:
In einer Papierfabrik herrschen gute Wachstumsbedingungen für Bakterien,
Pilze, Hefen durch ein großes Nährstoffangebot und einen hohen Kontamina-
tionsgrad der Ausgangsmaterialien. Besonders durch Mikroorganismen, die
Schleim bilden, können Produktionsstörungen auftreten.
Agglomerationen dieser Mikroorganismen können zu Schleimflecken im oder
auf dem Papier, zu einem Abreißen der Papierbahn im Naßteil der Papiermaschine, bis zu einem Stillstand der Maschinen führen. Insbesondere Clostridien
und sulfatreduzierende Bakterien verursachen einen unangenehmen Geruch
des Papiers (Buttersäure, H_2S) und Korrosionen innerhalb der Papierfabrik.
Schleimverhinderungsmittel werden deshalb zur Inhibierung des Wachstums
oder zur Abtötung von Bakterien und Pilzen im Wasserkreislauf der Papiermaschine zugegeben.

Außerdem werden in immer größerem Umfang an Packstoffe und vorgefertigte
Verpackungen Anforderungen hinsichtlich der mikrobiologischen Beschaffenheit gestellt (möglichst keimfreie Verpackung um eine Rekontamination des
Füllgutes zu vermeiden).
Die eingesetzten Biozide sind sehr unterschiedlich in ihrer chemischen Struktur. Es handelt sich z. B. um aliphatische Dithiocarbamate und Thiuramdisulfi-
de, Methylenbisthiocyanat, Bromhydroxyacetophenon, Peroxide, Formalde-
hydabspalter, Heterocyclen wie 5-Chlor-2-methyl-4-isothiazolin-3-on und
2-Methyl-4-isothiazolin-3-on und andere mehr.

Konservierungsstoffe:
Es dürfen nur Rohstoffe und Additive konserviert werden. Vom Verpackungsmaterial darf keine konservierende Wirkung ausgehen.

Naßverfestigungsmittel:
Sie verbessern die mechanische Festigkeit von nassen Papieren und Karton.
Verwendet werden hauptsächlich Melamin-Formaldehyd- und Harnstoff-
Formaldehyd-Verbindungen, sowie vernetzte kationische Polyalkylenamine.
Die Naßverfestigungsmittel reagieren im Papier bei Trocknung und Lagerung
noch chemisch unter Vernetzung weiter und erhöhen auch deutlich die
Trockenfestigkeitswerte von Papier und Karton.
Für den Spezialeffekt einer temporären Naßfestigkeit (z. B. in Hygienepapie-
ren) kann Glyoxal eingesetzt werden.

Feuchthaltemittel:
Feuchthaltemittel, wie z. B. Glycerin, Harnstoff, Sorbit, Saccharose, Glucose
nehmen Feuchtigkeit aus der Luft auf und verhindern so ein Austrocknen der
Cellulosefaser. Sie haben nur Bedeutung bei Echt Pergament oder Pergament-
ersatzpapieren, die sonst leicht spröde werden.

Hydrophobiermittel:
Zur Herstellung wasserabweisender Papiere werden meist Paraffindispersionen auf die Oberfläche aufgetragen. Wasserabweisende Eigenschaften werden auch mit Chrom(III)-Komplexen erreicht.

Oleophobiermittel:
Fett- und öldichte Papiere und Kartons erhält man z. B. mit Fluorverbindungen vom Typ Ammonium-bis(N-äthyl-2-perfluoralkyl-sulfonamidoäthyl)-phosphat.

4.3.4 Kautschuk und Elastomere

Seit den ersten gesicherten Berichten über die Verwendung eines hochelastischen Materials, caoutchuc genannt, durch die amerikanischen Mayas hat die Kautschukanwendung eine lange und stete Aufwärtsentwicklung genommen. Alle Erzeugnisse, Regenplanen wie Wasserflaschen, Schuhe wie elastische Bänder, wiesen jedoch drei entscheidende Nachteile auf, die eine Anwendung auf breiter Basis unmöglich machten: Das Material war klebrig und wurde bei warmer Witterung noch klebriger; bei Kälte wurde es zunehmend steifer und bei Frost schließlich verlor es seine Elastizität völlig; nach längerer Lagerzeit war es unbrauchbar. Erst die Entdeckung der Vulkanisation durch Goodyear brachte eine Lösung dieser Probleme: Die Vernetzung der klebrigen Masse durch Schwefel und Metall schuf den Gummi. Innerhalb kurzer Zeit wurde Kautschuk auf vielen Gebieten erfolgreich eingesetzt, eine Vielzahl von Patenten und Erfindungen kam auf den Markt, angetrieben vor allem von den – bereits zur damaligen Zeit – hohen Ansprüchen der Kraftfahrzeugbauer. Der durch den wachsenden Verbrauch einsetzenden Verknappung des Naturprodukts Kautschuk versuchte man bereits zu Anfang dieses Jahrhunderts mit Synthesekautschuk zu begegnen. Von Standard-Synthesekautschuken gelangte man über Silikonkautschuk in den vierziger Jahren zu der heute üblichen breiten Palette von Kautschuk-Sorten, zu der in letzter Zeit noch die thermoplastischen Elastomere dazukamen.

4.3.4.1 Naturkautschuk (NR)

Naturkautschuk, aus dem Pflanzensaft „Latex" der kautschukführenden Pflanzen gewonnen, besteht aus linear angeordnetem *cis*-1,4-Polyisopren mit einer durchschnittlichen Molmasse von 200 000 bis 400 000. Der kleinere Teil des Latex wird als solcher verarbeitet, der größere Teil zu Festkautschuk aufgearbeitet. Naturkautschuk wird hierbei nach Koagulation und Trocknung des Latex durch die sogenannte Mastikation die Festigkeit und Konfektionsklebrigkeit verliehen, die zur Verarbeitung notwendig ist. Der Übergang vom plastischen in den elastomeren „Gummi"-Zustand, die Vulkanisation, erfolgt dann durch Schwefelvernetzung der linearen Molekülstruktur. Zu allen Arbeitsgängen und zur Erzielung verschiedenartiger Eigenschaften sind eine Reihe von Chemikalien und Zuschlagstoffen erforderlich. In der Empfehlung XXI der Kunststoffkommission des Bundesgesundheitsamtes „Bedarfsgegenstände auf Basis von Natur- und Synthesekautschuk" ist die Palette der einschlägigen Chemikalientypen anschaulich dargestellt. Mastiziermittel wie Pentachlorthiophenol und Zink-Seifen werden verwendet, zur Vulkanisation dienen meist Schwefel und die sogenannten Vulkanisationsbeschleuniger. Zur Entfaltung deren voller Wirksamkeit werden Metalloxide, meist Zinkoxid, zugesetzt. Die Haupt-Klassen der Beschleuniger sind die Thiazolbeschleuniger (wichtigster Vertreter 2-Mercaptobenzothiazol) und die Thiurame und Di-thiocarbamate (wichtigste Vertreter Tetramethyl(ethyl)thiurammono(di)sulfid und Zink-dialkyldithiocarbamate). Nach Bedarf werden die Beschleunigersy-steme aktiviert zum Beispiel mit Fettsäuren oder Triethanolamin, oder die ganze Vulkanisation verzögert, zum Beispiel mit Phthalsäureanhydrid. Sub-stanzen auf Amin- oder Phenolbasis werden als Alterungsschutz, also Schutz gegen Oxidation, Metalle, Licht, Ozon etc. eingesetzt. Aktive Füllstoffe werden zur Verstärkung bestimmter Eigenschaften, zum Beispiel der Zugfestigkeit, eingesetzt; zur Verbesserung von Verarbeitungseigenschaften, Farbe etc. dienen inaktive Füllstoffe. Weichmacher, meist auf Mineralölbasis, und andere Verarbeitungshilfen dienen zur besseren Verarbeitung der Kautschuk-Mi-schungen und sorgen für eine gute Verteilung der zugesetzten Chemikalien. Die kombinierten technologischen Eigenschaften des Naturkautschuk machen ihn für eine Reihe von Anwendungen für Lebensmittelbedarfsgegenstände nahezu unentbehrlich. Diese Eigenschaften sind hohe Elastizität, verbunden mit hoher Zugfestigkeit, sehr gute dynamische Eigenschaften und Kälteflexibi-lität. Hauptanwendungen sind u. a. Ernährungs- und Beruhigungssauger, Luftballone und andere Spielwaren, Handschuhe, und aus dem Medicalpro-duktebereich Kondome und Katheter.

4.3.4.2 Synthesekautschuk

Auch Monoolefine, konjugierte Diene und andere Ausgangsstoffe lassen sich zu Elastomeren vernetzen. Durch Polymerisation, Polyaddition oder Polykon-densation werden gezielt sowohl Massenprodukte als auch Spezialkautschuke hergestellt.

1 Nitrilkautschuk (Acrylnitril-Butadien-Kautschuk, NBR)

Aus Butadien und Acrylnitril läßt sich durch Copolymerisation ein Elastomer gewinnen, das neben guten mechanischen Eigenschaften eine ausgezeichnete Beständigkeit gegen Öle und Fette (für gewerbliche Anwendung auch Kraft-stoffe) und Wärme aufweist. Diese Eigenschaften sind bei Lebensmittelbe-darfsgegenständen sehr erwünscht im Bereich Dichtringe, Ventile und Mem-branen, zum Beispiel für Dampfdrucktöpfe. An Chemikalien benötigt Nitril-kautschuk eine höhere Dosierung an Beschleunigern als NR und eine geringere Schwefelmenge bei etwa gleicher Dosierung an Zinkoxid. Mit hoher Dosierung an Schwefel kann Hartgummi hergestellt werden.

2 Styrol-Butadien-Kautschuk (SBR)

Das Copolymerisat aus Butadien und Styrol ist ein universell anwendbarer Kautschuktyp, dessen Hauptbedeutung in der Reifenproduktion für Pkw liegt.

Zur Vulkanisation benötigt SBR etwa die gleichen Chemikalien wie Nitrilkautschuk. Da nicht mastiziert werden muß, spielt die Weichmacherdosierung eine wichtige Rolle. Im Vergleich zu Naturkautschuk sind erheblich größere Mengen an Weichmacher(n) erforderlich. Für Lebensmittelbedarfsgegenstände werden meist Paraffinöle verwendet. Eine Vielzahl von Lebensmittelbedarfsgegenständen wird teilweise oder ganz aus Styrol-Butadien-Kautschuk hergestellt, zum Beispiel Flaschenverschlüsse und Teigschaber.

Eine Besonderheit bei Styrol-Butadien-Kautschuk sind sogenannte Blockpolymere, die aus Butadien- und Styrol-Sequenzen aufgebaut sind und bei Raumtemperatur durch teilweise kristalline Ordnung physikalisch vernetzt sind. Derartige Copolymerisate stellen thermoplastische Elastomere dar (siehe Kap. 4.3.4.3).

3 Butadien-Kautschuk (BR)

Das Polymerisat von Butadien mit Natrium schuf den bekanntesten Kautschuknamen „Buna". Butadien-Kautschuk ist schwierig zu verarbeiten und wird daher meist im Gemisch mit Natur- oder Styrol-Butadien-Kautschuk eingesetzt. Der Bedarf an Schwefel zur Vulkanisation ist geringer als bei Naturkautschuk, als Beschleuniger dienen vor allem Sulfenamide. Alterungsschutzmittel, Weichmacher und Füllstoffe werden wie bei Nitrilkautschuk eingesetzt. Der hohe Abriebwiderstand und die gute Kälteflexibilität machen Butadienkautschuk zum Beispiel für PKW-Winterreifen interessant. Anwendungen im Lebensmittel/Haushalt/Medizin-Sektor sind allenfalls Wärmflaschen und Schuhsohlen.

4 Chloropren-Kautschuk (CR)

Die Polymerisation von 2-Chlorbutadien ergibt einen Kautschuk, der sich durch Festigkeit, hohe Elastizität und günstiges Brandschutzverhalten auszeichnet. Die Vulkanisation erfolgt meist nicht mit Schwefel, sondern mit Metalloxiden wie Magnesium-, Zink- oder Bleioxid.

5 Butylkautschuk (IIR)

Das Copolymerisat aus Isobutylen mit kleinen Mengen Isopren, sozusagen vulkanisierbares Polyisobutylen, wird Butylkautschuk genannt. IIR ist nur sehr langsam und schwer vulkanisierbar und erfordert großen Aufwand. Die Polymerisation erfolgt in Lösungsmittel mit Aluminiumkatalysator bei tiefen Temperaturen. Neben den üblichen Vulkanisationssystemen (Thiurame, Thiazole, Dithiocarbamate, Zinkoxid) ist hier die Verwendung von Chinondioxim in Gegenwart von Bleiverbindungen und die Vernetzung mit Phenol-Formaldehyd-Harz von Bedeutung. Als Vorzüge weist Butylkautschuk eine hervorragende Resistenz gegen eine Reihe von Chemikalien und Wasser auf und ist extrem wenig durchlässig für Gas. Diese Eigenschaften machen Butylkautschuk interessant für technische Anwendungsgebiete, Autoschläuche, Kabelisolationen etc. Für Lebensmittel-Bedarfsgegenstände ist Butylkautschuk dort bedeutend, wo Dampfschläuche und Förderbänder für heiße Lebensmittel eingesetzt werden.

6 Ethylen-Propylen-Kautschuk (EP(D)M)

Copolymere aus Ethylen und Propylen, deren Moleküle vollständig gesättigt sind (EPM), werden mit Peroxiden, zum Beispiel Dicumylperoxid, vernetzt. Terpolymere aus Ethylen und Propylen, deren Moleküle Doppelbindungen enthalten, werden mit Schwefel vernetzt (EPDM). Normalerweise genügt ein einzelner Beschleuniger nicht zur Vulkanisation von EPDM. Es werden mehrere Beschleuniger, zum Beispiel Thiazole, Dithiocarbamate und Thiurame, kombiniert, um eine ausreichende Vulkanisationsgeschwindigkeit und Vernetzung zu erreichen. EPM benötigt meist keine Alterungsschutzmittel, für EPDM kommen oft Phenylendiamine zum Einsatz, die allerdings eine Verfärbung des Endprodukts bewirken. Beide Kautschuke ergeben Elastomere mit guter Wärme-, Wetter-, Ozon- und Alterungsbeständigkeit, Kälteflexibilität und Beständigkeit gegen manche nichtölhaltigen Chemikalien. Sie sind gut vulkanisierbar und praktikabel in der Verarbeitung, wobei die schwefelvernetzten bessere Festigkeitseigenschaften aufweisen. Wenn jedoch Beständigkeit gegen Druck und Wärme gefordert ist, ist man auch bei Ethylen-Propylen-Kautschuk auf peroxidische Vernetzung angewiesen. Die Anwendung liegt überwiegend im technischen Bereich, Profile, Kabel etc., bei Lebensmittel-Bedarfsgegenständen vor allem dort, wo Beständigkeit gegen Heißluft gefordert ist.

7 Silikonkautschuk (Q)

Die Kettenstruktur von Silikonkautschuk besteht nicht aus Kohlenwasserstoffen, sondern aus Sauerstoff- und Siliziumatomen. Da die Silizium-Sauerstoff-Bindung eine weit höhere Bindungsenergie aufweist als die Kohlenstoff-Kohlenstoff-Bindung, ist Silikonkautschuk eine hervorragend hitzebeständige Verbindung.

Silikonkautschuk wird üblicherweise aus Dimethyldichlorsilan hergestellt. Nach Kondensation entsteht ein Gemisch von Oligodimethylsiloxanen, die mit Katalysatoren bei höheren Temperaturen zu Polymeren kondensiert werden. Es entstehen Produkte mit Molekularmassen von 300 000 bis 700 000 (heiß vulkanisierbar) bzw. 10 000 bis 100 000 (kalt vulkanisierbar). Polysiloxane, die aus verschiedenen Siloxan-Polymerblöcken aufgebaut sind, haben die Eigenschaften thermoplastischer Elastomere (siehe Kap. 4.3.4.3). Homopolymeres Dimethylpolysiloxan (MQ) ist eine viskose Flüssigkeit, die erst nach Vernetzung elastische Eigenschaften besitzt. MQ enthält keine ungesättigten Strukturen, muß daher bei der Heißvulkanisation peroxidisch vernetzt werden. In der Regel kommen Substanzen wie Dibenzoylperoxid o. ä. in Silikonölen zum Einsatz. Bei der Kaltvernetzung werden Dihydroxipolysiloxane bei Raumtemperaturen unter Einsatz von Katalysatoren endständig vernetzt. Der Einsatz von aktiven Füllstoffen, etwa auf Kieselsäurebasis, ist dringend erforderlich, da Silikonkautschuk allein keine meßbare Zugfestigkeit aufweist. Als Weichmacher dienen meist Silikonöle, selbst ein Zusatz von Silikonkautschuk ohne Füllstoff hat weichmachende Eigenschaften. Alterungsschutzmittel sind nicht erforderlich, als Stabilisatoren dienen meist anorganische Pigmente.

Die positiven Eigenschaften von Silikonkautschuk sind in erster Linie die Hitzebeständigkeit und eine außerordentliche Beständigkeit gegen Ozon, Wetter und Alterung. Mit einer Gebrauchstemperatur von bis zu 225 °C ist Silikonkautschuk unerreicht. Weitere gute Eigenschaften sind elektrische Isolierung, Brandverhalten und Strahlenbeständigkeit. Dagegen sind die Festigkeitseigenschaften von Silikonkautschuk, vor allem der Weiterreißwiderstand, deutlich niedriger als bei anderen Kautschuken. Die relativ leichte mechanische Verletzbarkeit ist zum Beispiel der Grund dafür, daß einige europäische Länder Beruhigungssauger aus Silikonkautschuk für Kleinkinder mit Zähnen ablehnen. Der weitere Anwendungsbereich des Silikonkautschuks ist groß. In der Lebensmittelbranche zum Beispiel die genannten Sauger, hitzebeständige Beschichtungen in Bäckereien, Getränkeschläuche; in der Medizin Transfusionsschläuche, Handschuhe, Leitungen für Herzschrittmacher und Herzklappen. In der gesamten Elektrotechnik, Textilindustrie, im Fahrzeug- und Maschinenbau und der Kabelindustrie wird der doch relativ teure Spezialkautschuk in einer Vielzahl von Anwendungen dort eingesetzt, wo seine interessanten Eigenschaften von Nutzen sind.

8 Sonstige Kautschuke

An sonstigen Kautschuken von Bedeutung sind zu nennen Isoprenkautschuk (IR), halogenierte Copolymere aus Isopren und Isobutylen (CIIR, BIIR), Ethylen-Vinylacetat-Copolymere (EAM), chloriertes Polyethylen (CM), Acrylatkautschuk (ACM), Fluorkautschuk (FKM) und Urethankautschuk (AU).

4.3.4.3 Thermoplastische Elastomere (TPE)

Als Kautschuke werden üblicherweise die Gemische an Ausgangsprodukten bezeichnet, die vernetzbar sind. Die vernetzten hochelastischen Endprodukte nennt man Elastomere oder Weichgummi oder einfach Gummi. Oft werden die Begriffe Elastomer, Kautschuk und Gummi synonym verwendet. Physikalisch betrachtet sind kautschukelastische Stoffe, die noch keine fixierte Struktur aufweisen, plastisch vollständig verformbar. Gummielastische Stoffe dagegen sind weitmaschig dreidimensional strukturfixiert, eine Strukturveränderung ist nur unter Zerstörung möglich, etwa durch Alterung. Duromere letztendlich sind engmaschig vernetzt und nahezu starr in ihrer Struktur, zum Beispiel Hartgummi, Thermoelaste. Die Grenzstrukturen also sind die Plastomere und die Duromere, die Elastomere nehmen eine Zwischenstellung ein. Zwischen allen drei Strukturen gibt es Übergänge. Kombiniert man in einem Polymer Segmente mit hoher Dehnbarkeit (elastischer Anteil) mit Segmenten geringer Dehnbarkeit (thermoplastischer Anteil), dann liegt ein sogenanntes thermoplastisches Elastomer vor. Demzufolge sind thermoplastische Elastomere meist Blockpolymere aus weichen und harten Blöcken. Beide Blocktypen sind miteinander nicht verträglich. Der harte Blockanteil bildet physikalische Vernetzungen, die bei höheren Temperaturen schmelzen: Das Material wird plastisch verformbar, es ist verarbeitbar. Bei Temperaturrückgang erhält das thermoplastische Elastomer seine ursprüngliche Elastizität wieder.

Erstmalig erkannt wurden die thermoplastischen Eigenschaften bei Polyur-
ethanen, später bei Styrol-Butadien-Blockcopolymerisaten. In der Regel erfolgt die Herstellung in Lösungsmitteln durch anionische Polymerisation mit
Katalysatoren. Durch genaue Steuerung der Polymerisation können Produkte
mit genau definierten Eigenschaften erzeugt werden. Alterungsschutzmittel
sind erforderlich, Weichmacher und Füllstoffe können enthalten sein.

Ein Produkt, Kraton G® der Firma Shell, ist derzeit als potentieller Ersatz für
eine Reihe von Kautschuktypen besonders im Gespräch. Es handelt sich um
ein gesättigtes Styrol-Ethylen-Butylen-Styrol-Copolymer, das mittlerweile auf
dem Gebiet der Lebensmittelbedarfsgegenstände für Verpackungsmaterial,
Schläuche und Spielzeug Anwendung findet. Die ersten Ernährungssauger aus
Kraton G® sind in der Erprobungsphase. In der Medizintechnik wird das
Material als potentieller Ersatz für den teureren Silikonkautschuk betrachtet.

4.3.5 Kunststoffe

Kunststoffe sind künstlich hergestellte Materialien. Sie dienten in ihrer
Anfangszeit um 1900 als Ersatz für natürliche Werkstoffe, die durch äußere
Einflüsse (z. B. Krieg) knapp geworden waren. So wurde z. B. aus Milcheiweiß
Kunsthorn hergestellt. Aus natürlichen Makromolekülen wurden vor allem
Cellulose und Baumharze gewonnen, die in neue Stoffe wie z. B. Celluloid aus
Cellulosenitrat und Campher umgewandelt wurden.

Mit Beginn der verstärkten Erdölverarbeitung standen neue organische
Verbindungen zur Herstellung von Kunststoffen in großer Menge zur Verfügung und die großtechnische Umsetzung reaktiver Moleküle nahm zu (1935 bis
1950). Im Zuge dieser Entwicklung wurden Kunststoffe zu äußerst leistungsfä-
higen Werkstoffen entwickelt und ersetzen heute in vielen Anwendungsfällen
andere Stoffe.

An Kunststoffen wurden 1990 weltweit etwa 100 Millionen Tonnen, 1984 in
Europa 18 Millionen Tonnen hergestellt. Etwa 7 % der Kunststoffe werden für
Verpackung verwendet, ein maßgeblicher Anteil davon zum Verpacken von
Lebensmitteln. An Additiven wurden 1991 etwa 1,3 Millionen Tonnen
verarbeitet.

Der Begriff Kunststoffe umfaßt heute organische Materialien, die in ihren
wesentlichen Bestandteilen aus Makromolekülen aufgebaut sind und die durch
Abwandlung von Naturprodukten oder durch chemische Synthese von
überwiegend aus Erdgas, Erdöl oder Kohle gewonnenen Grundstoffen entstehen.

4.3.5.1 Herstellung

Zum Aufbau von Makromolekülen sind Moleküle mit reaktionsfähigen
Stoffen, sog. Monomere, notwendig. Zur Reaktion der Monomere mit
gleichartigen oder artverwandten Molekülen stehen als Reaktionen zur
Verfügung:
- die Polymerisation: chemische Reaktionen durch Aufspaltung der chemischen Doppelbindung im Molekül unter Valenzbindung zum Nachbarmole-

kül und Fortsetzung der Kette bis zum Kettenabbruch (Beispiel: Ethylen, Vinylchlorid, Styrol).
– die Polykondensation: chemische Reaktion unter Abspaltung von niedermolekularen Reaktions-Nebenprodukten wie Wasser, Salzsäure u. ä. Stoffe (Beispiel: Caprolactam).
– die Polyaddition: chemische Reaktion unter verschiedenartigen Molekülbausteinen, die reaktionsfähige Atomgruppen besitzen. Es entsteht kein Spaltprodukt. Es wandern nur Wasserstoffatome innerhalb der Molekülgruppen und hinterlassen bindungsbereite freie Valenzen (Beispiel: Isocyanat mit Diolen).

Die Polymerisation kann beispielsweise in der Schmelze, in der Lösung (auch als Suspension) oder an der Grenzfläche von Lösungen ablaufen. Die für die Reaktionen benötigte Energie wird in Form von Strahlung, insbesondere UV-Licht, und/oder Wärme zugeführt. Die Reaktion kann durch den Einsatz von Katalysatoren ermöglicht und gelenkt werden. Homomere Polymere entstehen, wenn nur gleichartige Monomere bei der Reaktion anwesend sind. Bei der Verkettung von zwei oder mehr verschiedenartigen Monomeren spricht man von Copolymeren. Werden mehrere Polymere zusammengeschmolzen, so entstehen Mischpolymere oder Polymerblends.
Die Festigkeit der Kunststoffe (und anderer nichtmetallischer Werkstoffe) wird durch die makromolekulare Struktur hervorgerufen. Die makromolekularen Stoffe unterscheiden sich durch folgende Faktoren:
– Art und Anordnung der an ihrem Aufbau beteiligten Atome ($\cong$ chemischer Aufbau),
– Gestalt der Makromoleküle,
– Größe der Makromoleküle,
– Ordnung der Makromoleküle untereinander.

Die Makromoleküle weisen Molekülgewichte von ca. 8000 bis 6 000 000 g/mol auf und bestehen aus sehr großen linear aneinandergereihten Molekülketten. Diese Ketten können wie in einem Wattebausch in völliger Unordnung ineinander verknäult sein oder in Teilbereichen gehäuft, stabförmig nebeneinander liegen. Den ersten Zustand nennt man amorph. Amorphe Kunststoffe sind glasartig, transparent und meist spröde. Im zweiten Fall spricht man von teilkristallinen Kunststoffen, die opak und durchschimmernd, aber wärmebeständiger sind als amorphe Kunststoffe.
Einige Monomere können wegen seitenständiger Gruppen (z. B. $-CH_3$ im Polypropylen) die Polymerkette in mehreren räumlichen (sterischen) Stellungen fortführen. Falls dies in immer gleicher Weise geschieht, spricht man von isotaktischen, sonst von ataktischen, räumlich ungeordneten, bzw. syndiotaktischen, regelmäßig abwechselnd in entgegengesetzter Richtung angeordneten Polymeren.
Die Ordnung der Molekülketten teilt Kunststoffe
– in Kunststoffe mit kettenförmig eindimensional oder strauchähnlich verzweigten aufgebauten Makromolekülen. Durch Erwärmen lassen sie sich in den plastischen Zustand bringen und heißen daher Thermoplaste; und

Tabelle 1. Einige wichtige Kunststoffe: Name, Abkürzungen, Grundbausteine (Abk. nach ISO 472 bzw. DIN 7728)

Thermoplaste		
Polyethylen niederer Dichte	LDPE	Ethylen
Polyethylen hoher Dichte	HDPE	Ethylen
Polypropylen	PP	Propylen
Polystyrol	PS	Styrol
Styrolacrylnitril	SAN	Styrol, Acrylnitril
Acrylnitril-Butadien- Styrol-Copolymer	ABS	Acrylnitril Styrol, Butadien
Polyvinylchlorid	PVC	Vinylchlorid
Polyvinylidenchlorid	PVDC	Vinylidenchlorid
Polytetrafluorethylen	PTFE	Tetrafluorethylen
Polyoxymethylen	POM	Formaldehyd
Polyphenylenoxid	PPO	2,6-Dimethylphenol
Polymethacrylsäureester	PMMA	Methacrylsäuremethylester
Polycarbonat	PC	Dipenole, Phosgen
Polyethylenterephthalat	PETP	Terephthalsäuredimethylester, Ethylenglykol
Celluloseacetat	CA	Cellulose, Säureanhydride
Polyamid 6	PA 6	e-Caprolactam
Polyacrylnitril	PAN	Acrylnitril
Polyurethan	PUR, TPU	Diisocyanate, Diole
Duroplaste		
Phenolformaldehyd-Harz	PF	Phenol, Formaldehyd
Melamin-Formaldehyd-Harz	MF	Melamin, Formaldehyd
Ungesättigte Polyester-Harze	UP	Styrol, ungesättigte lineare Polyester

– in Kunststoffe mit räumlich verknüpften Makromolekülen. Neben Elastomeren sind dies die Duroplasten, die über ihre dreidimensionale Vernetzung ein unlösbares starres Raumnetz bilden und nicht mehr plastisch formbar sind.

Einige wichtige Kunststoffarten werden mit ihren gebräuchlichen Abkürzungen und ihren Monomeren in Tabelle 1 vorgestellt.

4.3.5.2 Verarbeitung

Kunststoffe liegen als Ausgangsmaterial in Pulverform, als Granulat, z. T. auch als Flüssigkeit vor. Durch Bearbeitung werden sie zu Halbzeugen oder Fertigerzeugnissen weiterverarbeitet. Wichtige Formgebungsprozesse für Lebensmittelbedarfsgegenstände sind:

– Extrudieren (vgl. Abbildung 2): Ein kontinuierliches Verfahren für Thermoplaste zur Herstellung überwiegend von Halbzeugen (Platten, Stäbe), z. T. Fertigerzeugnisse wie Schläuche, Trinkhalme u. ä. In einem beheizten Zylinder dreht sich eine Schnecke, welche die Formmasse zu einem Ausgang fördert, verdichtet und plastifiziert (aufschmilzt) und homogenisiert. Vor

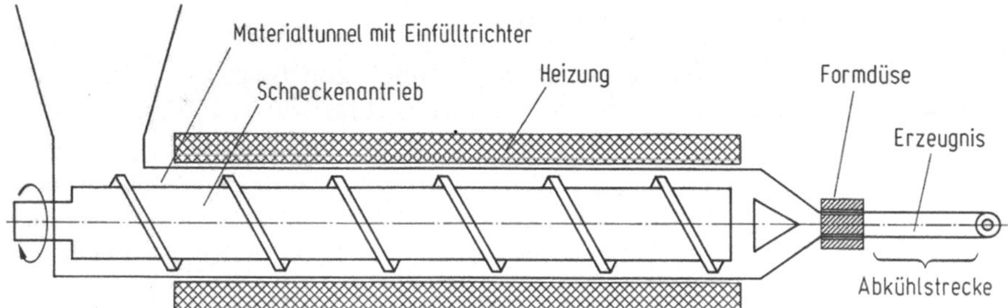

Abb. 2. Extruder-Schema

dem Schneckenzylinder ist ein formgebendes Werkzeug gesetzt. Dieses gibt der durch eine Düse plastisch austretenden Masse die gewünschte Form. Durch Abkühlen bleibt die Form im Gegenstand bestehen. Eine Spezialanwendung ist das Folienblasen aus einem Extruder mit ringförmiger Düse.

— Spritzgießen: Ein stückorientiertes Verfahren zur Herstellung von fertigen Gegenständen oder Teilen davon. Ähnlich wie beim Extrudieren wird die Formmasse erwärmt. Von der modifizierten Extrusionseinheit mit Schnekkenplastifizierung wird portionsweise eine Schließeinheit mit Formmasse versorgt. Die Schließeinheit öffnet und schließt das mindestens zweiteilige Werkzeug, in dessen Hohlraum die plastische Masse vom Schneckenkolben der Spritzeinheit über das Angußsystem eingespritzt wird. Nach Abkühlen wird das fertige Teil ausgestoßen. Eine Abwandlung davon ist das Spritzpressen, das für duroplastische Materialien verwendet wird.

— Extrusionsblasformen: Ein stückorientiertes Verfahren zur Herstellung von Hohlkörpern aus Thermoplasten. Ein Extruder drückt schubweise einen fast plastischen Schlauch in ein zweiteiliges Hohlwerkzeug. Durch das Schließen des Werkzeugs wird der Schlauch oben und unten luftdicht abgequetscht. Eingeblasene Luft drückt ihn dann an die abkühlenden Innenwände des Werkzeugs und formt ihn so zum Hohlkörper.

— Kalandrieren: Ein kontinuierliches Verfahren zur Herstellung von Folien überwiegend aus PVC in einer Art Riesenmangel. PVC wird dabei im plastischen Zustand zwischen zwei oder mehreren Walzen zu einem endlosen Folienband breitgewalzt.

— Schäumen: In physikalischen Verfahren wird Gas, meist Luft oder in Form von schnell verdampfenden Lösemittel, in den flüssigen Kunststoff eingebracht. In chemischen Verfahren werden bei der Herstellung der Grundmasse sich zersetzende Treibmittel zugesetzt. Durch den Erstarrungsvorgang werden die Gasbläschen in der Gerüstsubstanz fixiert und verleihen nun so der Masse eine geringere Dichte.

Spezielle Formgebungsverfahren sind Warmformen und Tiefziehen (z. B. von Halbzeugplatten oder -folien) und Gießen (z. B. von glasfaserverstärkten Geweben zum Behälterbau).

4.3.5.3 Beeinflussung der Eigenschaften

Die einzelnen Kunststoffe weisen unterschiedlich günstige physikalische und chemische Eigenschaften auf. Sie haben in der Regel für sich allein nicht die hinsichtlich Verarbeitung, Gebrauch und Stabilität benötigten Eigenschaften, sondern sind oft spröde, lichtempfindlich, wärmeunbeständig, hydrolyseanfällig, gas- oder wasserdampfdurchlässig. Durch Zugabe weiterer Stoffe, nämlich sog. Additive und Verarbeitungshilfsstoffe, werden die gewünschten Eigenschaften eingestellt und die Verarbeitung gewährleistet („Compoundierung"). Typische Zusatz- und Hilfsstoffegruppen [32] sind:

1 Weichmacher

Harte und spröde Kunststoffe können durch Weichmachung in ihrer Flexibilität, Dehnbarkeit, Weichheit und Verarbeitbarkeit günstig beeinflußt werden. Neben der sog. inneren weichmachenden Wirkung (durch Copolymerisation mit geeigneten anderen Monomeren) werden bei der äußeren Weichmachung niedermolekulare Stoffe zugesetzt. Insbesondere Thermoplaste, die einen ausgesprochenen Dipolcharakter haben, wie z. B. PVC, lassen sich mit bestimmten Esterverbindungen, die ebenso einen Dipol im Molekül aufweisen, weich einstellen. Weichmachermoleküle zwischen den Polymerketten vermindern dabei die Nebenvalenzkräfte des starren Molekülgefüges. In vielen anderen Applikationen werden Weichmacher in geringen Mengen zum Einarbeiten anderer Additive verwendet.
Man unterscheidet die niederviskosen „Monomer"-weichmacher (z. B. Di-2-ethylhexylphthalat, Acetyltributylcitrat) und die hochviskosen Polymerweichmacher (z. B. Polyester aus Adipinsäure mit Butandiol).

2 Stabilisatoren

Wärme, energiereiche Lichtstrahlung (UV-Licht), Luftsauerstoff sowie Feuchtigkeit schädigen polymere Werkstoffe derart, daß ein Kettenabbau stattfindet, wodurch die mechanischen Eigenschaften sich erheblich verschlechtern. Der Zusatz von Stoffen dieser Additivgruppe soll die Stabilität verbessern und ist zur Erhöhung der Verarbeitungsstabilität und der Lebensdauer nötig. Die wichtigsten Stabilisatorsubstanzen sind Antioxidantien und UV-Stabilisatoren als Untergruppen, Bleiverbindungen, Metallseifen und Organozinnverbindungen.
Weitere Gruppen wie Metalldesaktivatoren oder Biostabilisatoren werden nicht in direkt mit Lebensmitteln in Berührung stehenden Kunststoffen eingesetzt.

Antioxidantien:
Diese Untergruppe umfaßt Additive, die zum Schutz gegen thermische Alterungserscheinungen, gegen den Oxidationseffekt und damit verbundene Veränderungen an den Polymeren und der Verringerung der Gebrauchseigenschaften dienen. Beispiele dafür sind sterisch gehinderte Phenole, Thioester und Organophosphite.

UV-Stabilisatoren:
Diese Untergruppe wird zur Minderung des lichtinduzierten Kunststoffabbaus eingesetzt. Sie umfaßt UV-Absorber, Quencher, Hydroperoxidzersetzer, Radikalfänger, Benzophenone, Benzotriazole.

3 Gleitmittel

Sie erniedrigen die innere und äußere Reibung von Kunststoffen. Innere Gleitmittel (engl. lubricants) verbessern die Fließfähigkeit bei der Schmelze und sind z. B. niedermolekulare Glycerinester oder Metallseifen. Als äußere Gleitmittel (slip-agents) werden meist Wachse und höhere Fettsäuren herangezogen. Sie sind als dünner Oberflächenfilm Trennmittel an der Phasengrenzfläche und reduzieren z. B. den Reibungskoeffizienten zwischen zwei Folienoberflächen.

4 Füllstoffe und Verstärkungsmittel

Unter Füllstoffen versteht man Zuschlagstoffe in fester Form, die das Eigenschaftsbild der Kunststoffe in vielerlei Weise beeinflussen.
Sie können nicht nur Kunststoffe durch Gewichts- und Volumenvergrößerung strecken und verbilligen. Mit Füllstoffen lassen sich auch die mechanischen Eigenschaften verbessern. Üblicherweise werden eingesetzt Kreide, Dolomit, Kaolin, Talkum, Quarzmehl und Glimmer, Textilglasfaser und Kohlenstoff-Faser.

5 Antistatika

Sie erniedrigen den elektrischen Oberflächenwiderstand von Kunststoffen und leiten die Reibungselektrizität schneller ab. Sie können als innere oder äußere Antistatika die statische Aufladung vermindern. Verwendet werden z. B. Polyglykole wie Polyethylenglykol und Fettsäurepolyglykolester.

6 Treibmittel

Zum Herstellen geschäumter Kunststoffe können physikalische oder chemische Treibmittel entweder bei der Kunststoffherstellung zugesetzt oder während des Verformungsvorganges wirksam werden. Physikalische Treibmittel sind niedrigsiedende Flüssigkeiten, die bei Temperaturerhöhung in den gasförmigen Zustand übergehen und das Polymere aufschäumen (z. B. Pentan). Chemische Treibmittel zersetzen sich bei erhöhter Temperatur zu meist gasförmigen Produkten. Typische Vertreter sind z. B. organische Peroxide oder Stickstoffverbindungen wie Azodicarbonamid.

7 Brandschutzausrüstung

Zur flammwidrigen Ausstattung brennbarer Polymere sind Zusätze gebräuchlich. Sie wirken durch Unterdrückung der Bildung brennbarer Gase oder durch Förderung der Bildung nicht brennbarer Gase. Halogenverbindungen des Chlors und des Broms zeigen eine derartige Wirkung. Daneben werden auch Phosphorverbindungen wie Ammoniumpolyphosphate, Hydroxide wie Alu-

Tabelle 2. Typische Einsatzgebiete von Additiven und Verarbeitungshilfsstoffen in einigen Massenkunststoffen

Stoffgruppe	Polymere
Katalysatoren, Initiatoren (Reste und Zersetzungsprodukte)	PVC, PE, PP, PS
Emulgatoren und Suspensionsmittel	PVC, PE, PP, PS
Schutzkolloide	PVC
Fällungsmittel (Reste)	PVC, PS
Stabilisatoren	PVC, PE, PP
– Antioxidantien	PE, PP, PS
– UV-Stabilisatoren	PS
– Metalldesaktivatoren	PE, PP
– Biostabilisatoren	PA, PE, PP
Formtrennmittel	PS, Duroplaste
Gleitmittel	PVC, PE, PP, PS, Duroplaste
Weichmacher	PVC, Duroplaste
Treibmittel	PVC, PE, PP, Duroplaste
Lösemittel	PS
Antiblockmittel	PE, PP
Schlagzähigkeitsverbesserer	PVC, PP, PS
Füllmittel, Verstärkungsmittel	PVC, PE, PP, PS, Duroplaste
Keimbildner	PE
Haftvermittler	PE, PP, Duroplaste
Antistatika	PE, PP, PS, Duroplaste
optische Aufheller	PS
pH-Regler	PE, PP
Flammschutzmittel	PE, PP, PS, Duroplaste
Farbmittel	PVC, PE, PP, PS, Duroplaste

miniumhydroxid und Magnesiumhydroxid sowie als synergistische Verstärkung zu den Halogenverbindungen Antimontrioxid verwendet.

8 Organische Peroxide

Diese Stoffklasse setzt man ein, um lineare Kettenmoleküle zu vernetzen. Ein häufig benutztes Peroxid ist das Benzoylperoxid.

9 Schutzkolloide

Diese Stoffe dienen zur Verhinderung des Zusammenklebens von Kunststoffpartikeln während des Polymerisationsvorganges, insbesondere bei der Suspensionspolymerisation. Von den naturbelassenen Kolloiden verwendet man Stärke, Traganth und Gelatine und von den abgewandelten Naturprodukten Hydroxyethylcellulose und Carboxymethylcellulose. Synthetische Kolloide sind Polyvinylpyrrolidon und Methacrylester.

Mit Hilfe dieser und weiterer hier nicht erwähnter Stoffgruppen ist es möglich, einen für einen Einsatzzweck ausgewählten Kunststoff mit einem umfangreichen, ausreichenden Eigenschaftsprofil auszurüsten. Über die Verwendung einzelner Additivgruppen bei einzelnen Kunststoffen informiert Tabelle 2. Der

Zusatz dieser Stoffe ist für die Kunststoffarten und Additivgruppen sehr verschieden. Überwiegend werden ca. 0,2 bis 5 % je Additiv, für Weichmacher oder Füllstoffen bis 50 % zugesetzt.

4.3.5.4 Farbmittel

Die Farbmittel zählen nicht direkt zu den Additiven, da sie keinen technologischen Effekt aufweisen. Sie sind jedoch der Vollzähligkeit wegen zu erwähnen. Farbmittel sind lösliche Farbstoffe, aber auch unlösliche anorganische und organische Pigmente, die zum Einfärben von Kunststoffen benutzt werden. Üblicherweise werden Pigmente so fest in die Kunststoffmasse von Erzeugnissen eingebettet, daß sie beim Kontakt nicht aus dem Material herausgelöst werden. Bei unsachgemäßer Verwendung von löslichen Farbmitteln dagegen besteht durchaus das Risiko, daß diese aus dem Kunststoff herausgelöst werden können.
Anorganische Pigmente haben im allgemeinen keine hohe Farbstärke, sind dafür aber sehr deckkräftig und thermostabil. Beispiele dafür sind Titanweiß, Eisenoxidrot, Kobaltblau, Eisenoxidbraun. Organische Pigmente sind meist mit Metallionen umgesetzte (= verlackte) Farbstoffe, die für Verarbeitung und Gebrauchsdauer optimiert sind. Beispiele für organische Pigmente sind Pigmentgelb 1 (= 2,4-Dinitro-1-hydroxynaphthalin-7-sulfonsäure) und Pigmentblau 15 (= Kupferphthaloxyanin).

4.3.5.5 Verwendung

Grundsätzlich muß sich der Bedarfsgegenstand für die vorgesehene Verwendung eignen, d. h. in lebensmittelchemischer Sicht vorrangig die physiologische Unbedenklichkeit sowie die mengenmäßige Minimierung evtl. migrierender Stoffe aufweisen.
Maßgebliche Kriterien sind weiterhin:
- die mechanische Festigkeit,
- das Temperaturverhalten,
- die chemische Inertheit,
- die hygienischen Anforderungen,
- die Durchlässigkeit bei Folienanwendungen.

Die Eignung ist somit eine Summe der Eigenschaften des Bedarfsgegenstandes, des betreffenden Lebensmittels sowie deren gegenseitige Abstimmung. Es ist daher nötig, die für Lebensmittelbedarfsgegenstände vorgesehenen Kunststoffe an den Einsatzzweck anzupassen. Dieses Maßschneidern erfordert ein Optimieren an den maßgeblichen Stellgliedern, den Kunststoffen, den Additiven, den Hilfsstoffen sowie der Verarbeitung. Die Fülle der Möglichkeiten ergibt eine reichhaltige Palette der Modifikationsoptionen. In Tabelle 3 werden beispielhaft einige Anwendungsgebiete von Kunststoffen aufgelistet. In Tabel-

Tabelle 3. Beispiele für Lebensmittelbedarfsgegenstände aus Kunststoff

Kunststoffart	Anwendungsfeld
Massenkunststoffe	
PE	Flasche, Tank, beschichtete Verpackungspapiere, Eimer Schüssel, Siebe, Folie
PP	Hohlkörper, folie, Mikrowellenverpackungsfolie
PS	Becher, Einmalbesteck, Dosenbehälter, Eierbecher, Salzstreuer, Einwegverpackungen
PVC	
Hart-PVC:	Trinkwasserrohre, Verpackungsbecher
Weich-PVC:	Weichfolie, Verpackungsschläuche
Weitere erwähnenswerte Thermoplasten für Lebensmittelbedarfsgegenstände sind:	
ABS	Haushaltsgeräte
PC	Eßgeschirr, Kaffeemaschine, Babyflasche
PETP	Flasche, Folie, Verbundfolie, Küchengeräte, Mikrowellengeschirr
PA	Verpackungsfolie, Bratfolie, Kunstdarm
CA	Verpackungsfolie, Trinkhalm
PMMA	Rohre für Bier, Milch, Süßmost
Spezialkunststoffe oder -modifikationen:	
EPS (expandiertes PS)	Fleischportionsverpackung
PSU (Polysulfon)	Sterilisationsbehälter, Melkanlagen, Mikrowellengeschirr
sulfoniertes PS	Ionenaustauscher
Für Lebensmittelbedarfsgegenstände wesentliche Duroplasten:	
PF	Geschirr
MF	Geschirr, Schneidebrettchen
UP	Tank, Lagerberhälter

le 3 unberücksichtigt blieben die steigende Bedeutung physikalischer Polymermodifikationen sowie von Polymerblends.

Die Einsatzgebiete lassen sich einteilen in:

- Verpackung:
  Die Barriereeigenschaften und die Abpacktechnik stehen hier im Vordergrund [19]. Neben billigen einschichtigen Folien kommen verstärkt Multilaminate bzw. coextruduierte Mehrschicht-Hohlkörper zum Einsatz. Ein Beispiel für einen derartigen Aufbau mit Ethylenvinylalkohol (EVOH) zeigt Abbildung 3. Die Herstellung des Bedarfsgegenstandes erfolgt industriell oft zur Vermeidung der Sterilisation inline (z. B. Tiefziehen eines Yoghurtbechers direkt beim Abfüllprozeß). Temperaturbeständigkeit wird benötigt zum Heißeinfüllen von Lebensmittel, bzw. Bruchfestigkeit und Schlagzähigkeit bei Tiefkühlverpackungen.

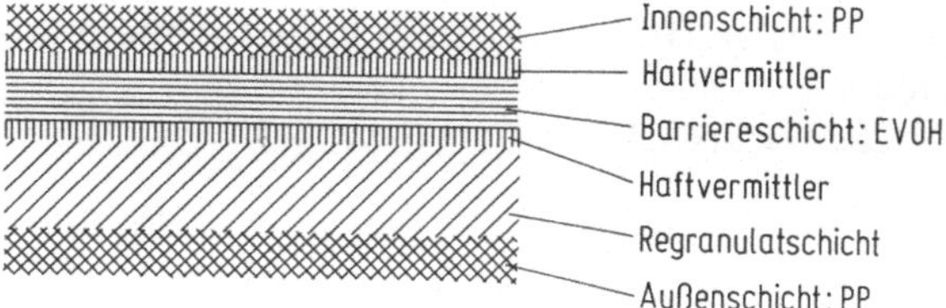

Abb. 3. Querschnitt einer 6-Schicht-Coextrusions-Flaschenwand

Abb. 4. Symbol für Lebensmittel-Bedarfsgegenstände

- Geschirr:
  Während bei der Verpackung von Lebensmittel heute noch der Einweggebrauch überwiegt, ist Geschirr weitgehend für den Mehrfachgebrauch vorgesehen. Einfache Formen sind Schüssel oder Ausstechformen. Hochwertig sind z. B. Mikrowellengeschirre, z. T. bis 260 °C.

- Haushaltsgeräte:
  Dazu sind Kunststoffe im universellen Einsatz wie auch in der Metallsubstitution in mechanischen Teilen wie Sahnespritztüllen oder Teesieben. Aufgrund der Isoliereigenschaften von Kunststoffen werden sie in elektrischen Haushaltsgeräten von Küchenrührgeräten bis Kaffeemaschinen, z. B. aus 30 % glasfaserverstärktem PA und 20 % mineralgefülltem PE, herangezogen. Für Heißteile kommen hitzebeständige Teile z. B. aus Polyethersulfon zum Einsatz.
  Teile von Geschirr und Haushaltsgeräten, die mit Lebensmittel in Kontakt kommen sollen, sind u. a. mit dem dafür vorgesehenen Symbol gekennzeichnet (vgl. Abb. 4).

- Industrielle Einsatzzwecke:
  Beispiele sind Kunststoffe in Maschinen, Rührern, Förderbändern, Formen, Faser- und Filteranwendungen bis zu großvolumigen glasfasergebundenen UP-Behältnissen.

- Werkstoffverbunde:
  Mit anderen Werkstoffen werden Kunststoffe zu Verbundsystemen verarbeitet. Typische Applikationen sind:
  - kaschiertes Papier für Einweggeschirr oder Backpapier,
  - Multiverbund (Papier, Aluminiumfolie, Kunststoff) als Getränkebehältnisse,
  - Antihaft-ausgerüstete, mit hitzebeständigen Kunststoffen beschichtete Pfannen und Bleche,

– Innenlackierungen in Dosen aus verzinnten Weißblech oder Aluminium
  zur Korrosionsvermeidung,
– Kunststoffschaum in Flaschenkronkorken.

Verbunde mit Elastomeren und Thermoplastische Elastomere s. unter Kautschuk und Elastomere.

4.3.5.6 Gesundheitliche Bewertung

Prinzipiell könnten Schädigungen der menschlichen Gesundheit in erster Linie hervorgerufen werden aus den Ausgangsverbindungen der Polymere, den Additiven, sowie Resten an Hilfsstoffen. Die Polymere selbst sind in stofflicher Hinsicht nicht gefährlich, da sie im Magen-Darm-Trakt nicht abbaubar sind. Physikalische Auswirkungen, z. B. in Form von Fasern, werden hier nicht betrachtet.

Zum Schutz des Verbrauchers sind Beschränkungen der Globalmigration wie auch der spezifischen Migration hinsichtlich einzelner Stoffe zu beachten. Nach derzeitigem Stand sind die toxikologisch bewerteten Positivlisten mit den zugehörigen Einschränkungen in der Bedarfsgegenstände-V [1], in der zugehörigen EG-Richtlinie [3] und in deren Vorstufen [21] maßgeblich. Wesentlich ist dabei erneut die Eignung des Bedarfsgegenstandes für den vorgesehenen Einsatzzweck. So ist eine für saure Lebensmittel (z. B. Essig) vorgesehene Kunststoffflasche möglicherweise nicht für ein fettiges Lebensmittel wie Öl (sog. Fettigkeit von Lebensmittel) geeignet, da z. B. die Grenzwerte für die Global- oder der spezifischen Migration aufgrund der stärkeren „extraktiven" Wirkung auf unpolare Verbindungen nicht eingehalten werden können. Der Bedarfsgegenstand selbst darf keine Einflüsse (z. B. durch Konservierungsstoffe oder Antioxidantien) auf das Lebensmittel ausüben.

Unter den gesundheitlich relevanten Monomeren [1] sind Vinylchlorid, Acrylnitril, Styrol und Formaldehyd die bekanntesten. Unter den Katalysatoren und Initiatoren sind z. B. Aluminium- und Titanoxide als mögliche Migranten zu bezeichnen. Aus der Kenntnis der üblichen, kunststoffspezifischen Polymerisationstypen und der nachgeschalteten Aufarbeitung kann man auf Reste der Monomere und Begleitstoffe schließen. Während der Verarbeitung ist die Entstehung neuer Monomere durch Abbau des Polymeren zu vermeiden [20]. Von den Additiven sind insbesondere die Weichmacher, hier vor allem die überwiegend eingesetzten Phthalate, die Gleitmittel sowie einige Stabilisatoren wie Bisphenol A migrationsempfindlich. Ihre Höchstgrenzen in der Migration zur Vermeidung von gesundheitlichen Schädigungen ergeben sich aus den Globalmigrations- bzw. spezifischen Migrationshöchstmengen (Liste in [21]). Von den Hilfsstoffen sind Reste an Lösemittel, Vernetzer und Haftvermittler (z. B. Isophoron, Monochlorbenzol, primäre aromatische Amine, Schwermetalle) vorrangig zu beachten.

Es darf jedoch nicht unberücksichtigt bleiben, daß die Mehrzahl der eingesetzten Verbindungen technische Produkte sind, die auch Verunreinigungen (flüchtige Stoffe in Weichmachern, Ethylbenzol in Styrol) aufweisen können. Weiterhin geht bei organischen Synthesen der Reaktionsablauf nicht immer

Abb. 5. Symbole für Kunststoffkennzeichnung

mit einer vollständigen Umsetzung einher, so daß beispielsweise neben Makromolekülen auch Oligomere entstehen. Soweit diese Stoffe zu gesundheitlichen Schädigungen durch Lebensmittelbedarfsgegenstände führen können, werden sie in weiteren Listen der EG erfaßt und toxikologisch bewertet.

4.3.5.7 Kunststoff und Umwelt

Bedarfsgegenstände aus Kunststoff, insbesondere Lebensmittelverpackungen, stehen derzeit zur umweltschonenden Verwertung zur Diskussion. Die Sorge für eine vernünftige rationale Verwendung der natürlichen Resourcen erfordert nach Jahren des expansiven Gebrauches an schnellverschleißenden Gütern eine Überprüfung des Handelns. Neben den unbestrittenen und z. T. unverzichtbaren Vorteilen des Einsatzes von Kunststoffen für Lebensmittelbedarfsgegenstände bedarf es der Aufstellung einer Ökobilanz für ihren Einsatz im Vergleich mit anderen Werkstoffen.
Bei einem Nebeneinander von Einweg- und Mehrwegverpackungen ist auch bei Kunststoffen ein sinnvolles Nutzen von stofflicher, chemischer und thermischer Wiederverwertung nötig [18]. Hier sind bisher nur Anfangserfolge sichtbar (z. B. stofflich: Sammeln von PETP-Flaschen und PETP-Recycling, chemisch: Depolymerisation von PETP zum Monomer und erneute Polymerisation). Die maßgeschneiderte Verwendung unter der Vielzahl an Kunststoffen, Additiven und ihrer Kombinationen sowie evtl. mit Lebensmittel verunreinigter Bedarfsgegenstände lassen Materialrecycling für den zweiten Einsatzzweck z. B. als Lebensmittelverpackung nur unter einschränkenden Bedingungen zu. Hier sind weitere Überlegungen zum sortenreinen Erfassen der Kunststoffe (vgl. Abb. 5 als Sammelzeichen) sowie der Aufarbeitung und Nutzung von unbestimmten Polymerblends bzw. von Verbundwerkstoffen (aus Sammelaktionen) voranzubringen. Ansätze dazu existieren in Form von Kunststoffsammelbehältern bzw. des sog. dualen Systems in Deutschland. Weitere Ansatzmöglichkeiten ergeben sich aus der Verwendung von biologisch abbaubaren Kunststoffen (z. B. Polyhydroxybutyrat), die z. Zt. in der ersten Markterprobung sind.

4.4 Analytische Verfahren

4.4.1 Metalle und silikatische Materialien

Zur Untersuchung von Bedarfsgegenständen aus Keramik stehen die amtlichen Analysenverfahren nach § 35 LMBG B 80.03-1 (Prüfmethode mit

4%iger Essigsäure) und B 80.03-2 (Flammen-Atomabsorption) zur Verfügung [14].

Bei vielen Inhalts- und Zusatzstoffen ist der Sachverständige gezwungen, auf nicht-amtliche Untersuchungsmethoden zurückzugreifen, um z. B. Übergänge auf Lebensmittel nachzuweisen.

Bei der Bestimmung *anorganischer Inhaltsstoffe* wird neben der Atomabsorption und Voltammetrie vor allem das Verfahren der Atomemissionsspektroskopie mit induktiv gekoppeltem Plasma (ICP-AES) eingesetzt. Es bietet als simultanes Meßverfahren die Möglichkeit Metalle, Halbmetalle und Nichtmetalle mit guter Empfindlichkeit und guter Präzision zu erfassen [22].

4.4.2 Papier, Karton und Pappe

Eine Sammlung von Methoden zur Untersuchung von Papier und Pappe ist in den BGA-Empfehlungen [23] zu finden bzw. wurde vom Verband Deutscher Papierfabriken [24] herausgegeben. Umfangreiche chemische und mikrobiologische Verfahren zur Prüfung von Papier, Pappe, Zellstoff und Holzstoff sind in [25] zusammengestellt.

Zahlreiche Prüfvorschriften sind auch in nationalen und internationalen Normen, wie z. B. DIN- und DIN-ISO-Normen, sowie in nationalen Regelwerken von Fachverbänden, wissenschaftlichen Vereinen, Instituten, wie z. B. Zellcheming-Merkblättern, TAPPI- und ASTM-Regelwerken, veröffentlicht.

Zellcheming   = Verein der Zellstoff- und Papierchemiker und -ingenieure
TAPPI   = Technical Association of the Pulp and Paper Industry
ASTM   = American Society for Testing and Materials

4.4.3 Kautschuk und Elastomere

§ 35:
- Bestimmung von primären aromatischen Aminen in (Prüf)-Lebensmitteln.
- Bestimmung von monomerem Acrylnitril in (Prüf)-Lebensmitteln.
- Bestimmung des von Bedarfsgegenständen in Lebensmittel übergegangenen Vinylchlorids (Umsetzung der EG-Richtlinie 81/432/EWG).
- Bestimmung des Gehalts an Vinylchlorid-Monomer in Bedarfsgegenständen (Umsetzung der EG-Richtlinie 80/766/EWG).
- Bestimmung von monomerem Acrylnitril in Polymerisaten.

Empfehlung XV Teil B der BGA-Kunststoffkommission „Untersuchung von Bedarfsgegenständen aus Silikon"

Empfehlung XXI Teil B der BGA-Kunststoffkommission „Untersuchung von Bedarfsgegenständen aus Gummi"

Bestimmung von Nitrosaminen in bestimmten Bedarfsgegenständen (Babysaugern; amtliche Methode zur Nitrosamin-Bedarfsgegenstände-Verordnung)

KTW-Empfehlung Teil 1.3.13 „Gummi aus Natur- und Synthesekautschuk" (für Bedarfsgegenstände im Trinkwasserbereich)

Für einige Bestimmungen von Kautschuk-Zuschlagstoffen und Vulkanisationsnebenprodukten sind keine (praktikablen) Methoden veröffentlicht bzw.

als anerkannt eingeführt. Arbeitsgruppen wie zum Beispiel der Arbeitskreis „Gummi" des Bundesgesundheitsamtes und einzelne, spezialisiert arbeitende Untersuchungsämter wie die CLUA Stuttgart, das LUA Erlangen und das RI Utrecht/NL haben daher Methoden entwickelt. Ein Ausschnitt:

D. v. Battum, J. v. Lierop, Food additives and contaminants *5*, 381 (1985)

G. Blosczyk, H.-J. Dömling, Lebensmittelchemie u. gerichtl. Chemie *36*, 90 (1982)

CLUA Stuttgart, U. Rüdt, G. Steiner, Bestimmung von 2-Mercaptobenzothiazol, unveröffentlichte Methode.

LUA Erlangen, G. Blosczyk, Bestimmung von primären Aminen in Migraten, unveröffentlichte Methode.

LUA Erlangen, G. Blosczyk, Bestimmung von 2-Mercaptobenzothiazol, unveröffentlichte Methode.

G. Blosczyk, Deutsche Lebensmittel-Rundschau *81*, 322 (1985)

Arbeitskreis „Gummi" der Kunststoffkommission des Bundesgesundheitsamtes, Bestimmung sekundärer Amine, unveröffentlichte Methode.

LUA Erlangen, G. Blosczyk, Bestimmung von Antioxidantien und Beschleunigern, unveröffentlichte Methode.

4.4.4 Kunststoffe

Eine vollständige Beschreibung der chemischen Kunststoffanalytik erscheint durch die hohe Dynamik mit ständigen Produktneuerungen z. Z. nicht machbar. Ansätze zu einer umfassenden Analytik bieten [26−29] sowie die BGA-Empfehlungen.

Grundsätzlich sind Materialidentifizierungen zur Kunststoffanalyse bei Lebensmittelbedarfsgegenständen aus Kunststoffen nötig. Dazu zählen relativ einfache Vorproben wie Dichtebestimmung, Löslichkeit, Brand- und Geruchsprobe [30]. Daneben sind verstärkt aufwendigere Verfahren wie IR, FTIR, Mikroskopie-FTIR, Pyrolyse-GC und MS einzusetzen. Die Analyse der Additive benötigt neben photometrischen Methoden vor allem Dünnschichtchromatographie, HPLC, GC, GC-MS. Eine standardisierte Analytik entsprechend den EG-Anforderungen (umgesetzt z. B. in [1]) ist überwiegend auf stoffspezifischen Einzelnachweisen aufgebaut. Sie befindet sich derzeit im Aufbau [31].

Literatur

1. Bedarfsgegenständeverordnung vom 10. April 1992 (BGBl I S 866)
2. Richtlinie 89/109/EWG des Rates vom 21. Dezember 1988 (ABl Nr L 40 vom 11.2.89, S 38, berichtigt im ABl Nr L 347 vom 23.11.89, S 37)
3. Richtlinie 90/128/EWG der Kommission vom 23. Februar 1990 (ABl Nr L 75 vom 21.3.90, S 19, berichtigt im ABl Nr L 349 vom 13.12.90, S 26)
4. Aluminium-Zentrale Düsseldorf (1988) Aluminium Taschenbuch. (14. Aufl.) Aluminium-Verlag, Düsseldorf
5. Schmidt EHF, Grunow W (1991) Toxikologische Beurteilung von Bedarfsgegenständen aus Aluminium. Bundesgesundhbl 12:557−564

6. DIN 17440 (1985) Nichtrostende Stähle
7. Müller BF (1975) Zinn Taschenbuch. Metallverlag, Berlin
8. Entwurf DIN EN 611, Teil 1 (1992) Technische Lieferbedingungen für Zinnlegierungen für Zinngeräte
9. Illig H-J (1983) ABC Glas. VEB-Verlag, Leipzig
10. Henschkel H, Henschkel G, Muche K (1990) ABC Keramik. VEB-Verlag, Leipzig
11. Lehnhäuser W (1973) Glasuren und ihre Farben. Knapp, Düsseldorf
12. Dietzel AH (1981) Emaillierung. Springer, Berlin Heidelberg New York
13. DIN 51031 (1986) Bestimmung der Abgabe von Blei und Cadmium aus Bedarfsgegenständen mit silicatischer Oberfläche
14. AS 35 (1985) B 80.03
15. DIN 51032 (1986) Grenzwerte für die Abgabe von Blei und Cadmium aus Bedarfsgegenständen
16. Norm DIN 6730: Papier und Pappe, Begriffe. Beuth, Berlin
17. Franck R, Wieczorek H (1992) Empfehlung XXXVI, XXXVI/1, XXXVI/2. In: Kunststoffe im Lebensmittelverkehr (Teil A) Franck R, Wieczorek H (Hrsg) Carl Heymanns, Köln Berlin Bonn München
18. Menges G, Michaeli W, Bittner M (1991) Recycling von Kunststoffen. München
19. Crosby NT (1981) Food Packaging Materials. London
20. Kirchner K (1987) Chemical Reactions in Plastic Processing. München
21. Document V der EG-Kommission III/3141/89-EN (Rev. 5) LR/LR
22. Hoffmann H-J, Röhl R (1985) In: Analytiker-Taschenbuch (Band 5) Fresenius W (Hrsg) Springer, Berlin Heidelberg New York
23. Franck R, Wieczorek H (1992) Untersuchung von Papier, Karton und Pappe. In: Kunststoffe im Lebensmittelverkehr (Teil B). Franck R, Wieczorek H (Hrsg) Carl Heymanns, Köln Berlin Bonn München
24. Goltze E (1977–1991) Untersuchungen von Papieren, Kartons und Pappen für Lebensmittelverpackungen. Verband Deutscher Papierfabriken (Hrsg) Göttingen
25. Krause Th (1991) Chemische und mikrobiologische Verfahren. In: Prüfung von Papier, Pappe, Zellstoff und Holzstoff. Franke W (Hrsg) Springer Berlin Heidelberg
26. Becker GW, Braun D (Hrsg) (1975–1985) Kunststoff-Handbuch, Bd 1–11
27. Encyclopedia of Polymer Science and Engineering (1985–1989) New York
28. Ullmann's Encyclopedia of Industrial Chemistry (5. Auflage) (1985–1992) VCH, Weinheim
29. Hummel DO (1990) Atlas der Polymer- und Kunststoffanalyse. (Bd 1–4) Weinheim
30. Braun D (1986) Erkennen von Kunststoffen. München
31. AS 35, Band II/i
32. Gächter R., Müller H (1989) Kunststoffadditive, München

Weiterführende Literatur: Papier, Karton und Pappe

Arbeitgeberverände der Schweizerischen und Deutschen Papierindustrie (Hrsg) (1983) Papiermacherhandbuch. Dr. Curt Haefner, Heidelberg
Handbuch der Papier- und Pappenfabrikation (Papierlexikon in 2 Bänden) (1971) Dr. Martin Sändig, Walluf
Römpp Chemie Lexikon (Bd 4) (1991) Georg Thieme, Stuttgart New York
Ullmanns Encyklopädie der technischen Chemie (Bd 17) (1979) Verlag Chemie, Weinheim New York

Weiterführende Literatur: Kautschuk und Elastomere

Hofmann W (1965) Vulkanisation & Vulkanisationshilfsmittel. Verlag Berliner Union, Stuttgart
Heinisch K (1977) Kautschuk-Lexikon. A Gentner, Stuttgart
Kleemann W (1982) Mischungen für die Elastverarbeitung. VEB Deutscher Verlag für Grundstoffindustrie, Leipzig

Hofmann W (1985) Kautschuk und Elastomere. Kunststoffe 74:V–XV und dort zitierte
    Literatur
Lüpfert S (1990) Rohstoffe in der Gummiindustrie mit Blick auf die deutsche und die
    europäische Gesetzgebung. Kautschuk + Gummi, Kunststoffe 43:780–789
Chu C (1988) Modern Analytical Methods Used in the Rubber Industry – The Polysar
    Experience. Kautschuk + Gummi, Kunststoffe 41:33–39
Mersch F, Zimmer B (1986) Analysis of Rubber Vulcanizates by Advanced Chemical
    Techniques. Kautschuk + Gummi, Kunststoffe 39:427–432

5 Sonstige Bedarfsgegenstände

H. Block, Kiel (*Reinigungs- und Pflegemittel, Haushaltschemikalien, Gegenstände mit Schleimhaut- und Körperkontakt*)
J. Ertelt, B. Nackunstz, Hamburg (*Spielwaren, Scherzartikel, Gegenstände zur Körperpflege*)

5.1 Warengruppen

In diesem Kapitel werden die Bedarfsgegenstände behandelt, die nicht im direkten Kontakt zu Lebensmitteln (Lebensmittelbedarfsgegenstände siehe Kapitel 4), kosmetischen Mitteln und Tabakerzeugnissen stehen. Als solche können gem. § 5(1) Nr. 3 bis 9 LMBG bezeichnet werden:

Gegenstände mit Schleimhaut oder Körperkontakt, Gegenstände zur Körperpflege, Spielwaren und Scherzartikel, Reinigungs- und Pflegemittel, Haushaltschemikalien.

Bedarfsgegenstände in direktem Kontakt zu kosmetischen Mitteln oder Tabakerzeugnissen unterscheiden sich hinsichtlich der verwendeten *Werkstoffe* nicht wesentlich von den Lebensmittelbedarfsgegenständen. Informationen zu den Werkstoffen können dem Kapitel 4 entnommen werden.

5.2 Beurteilungsgrundlagen

5.2.1 Allgemeine Rechtsvorschriften

Bedarfsgegenstände sind im § 5 des Lebensmittel- und Bedarfsgegenständegesetzes (LMBG) definiert (siehe dazu auch Kapitel 4.2). Nach § 30 LMBG dürfen Bedarfsgegenstände nicht derart hergestellt und behandelt werden, daß sie bei bestimmungsgemäßem oder vorauszusehendem Gebrauch geeignet sind, die Gesundheit durch ihre Zusammensetzung zu schädigen.
Neben dem LMBG stehen allgemein zur Beurteilung u. a. folgende Rechtsnormen in den jeweils z. Zt. gültigen Fassungen [1] zur Verfügung:
- Chemikaliengesetz in der Neufassung vom 14. 3. 90,
- Wasch- und Reinigungsmittelgesetz (WRMG) vom 20. 8. 75,
- Gerätesicherheitsgesetz vom 24. 6. 68,
- Blei- und Zinkgesetz vom 25. 6. 1887,
- Farbengesetz vom 5. 7. 1887;

- Bedarfsgegenständeverordnung vom 18. 4. 92 [2],
- Gefahrstoffverordnung (Gef. Stoff V) vom 26. 8. 86 [3],
- Verordnung über die Sicherheit von Spielzeug vom 21. 12. 89 [4];

- Richtlinie des Rates zur Angleichung der Rechtsvorschriften der Mitgliedstaaten über die Sicherheit von Spielzeug (88/378/EWG) [5],
- Richtlinie des Rates über die allgemeine Produktsicherheit (92/59/EWG) [6].

5.2.2 Spielwaren und Scherzartikel

Die nationalen Rechtsvorschriften gelten für die gesamte Produktpalette und schließen Spiele für Erwachsene mit ein; die EG-Richtlinie (88/378/EWG) bezieht sich nur auf Spielwaren für Kinder bis zu 14 Jahren. In diesen Regelungen finden sich umfangreiche allgemeine Anforderungen an die Zusammensetzung und Gestaltung von Spielwaren, es fehlen aber vielfach rechtlich verbindliche Regelungen für einzelne Spielwaren-Gruppen. Die 47. Empfehlung der Kunststoff-Kommission des BGA (Spielwaren aus Kunststoffen und anderen Polymeren sowie aus Papier, Karton und Pappe) führt zahlreiche Anforderungen an die Zusammensetzung auf, bei deren Einhaltung ein Spielzeug als gesundheitlich unbedenklich angesehen werden kann. Diese Anforderungen können aber nur als Empfehlungen an die Hersteller angesehen werden, es fehlt ihnen die Rechtsverbindlichkeit. Für das begrenzte Gebiet der Fingermalfarben existiert eine freiwillige Vereinbarung mehrerer Industrieverbände [7], in der Anforderungen an die Kennzeichnung und Zusammensetzung dieser Produkte genannt werden.

Bedarfsgegenstände-Verordnung [2]

Mit der Bedarfsgegenstände-Verordnung wurden eine Reihe von Einzelverordnungen für den gesamten Bereich der Bedarfsgegenstände zu einer Verordnung zusammengefaßt und zahlreiche EG-Verordnungen in nationales Recht umgesetzt. Die für Spielwaren und Scherzartikel geltenden Regelungen sind folgende:

§ 3: Stoffe, die beim Herstellen und Behandeln nicht verwendet werden dürfen
  – Pulver aus einigen alkaloidhaltigen Pflanzen, Holzstaub, Benzidin und o-Nitrobenzaldehyd zur Herstellung von Niespulver
  – Ammoniumsulfid-Verbindungen zur Herstellung von Stinkbomben
  – flüchtige Ester der Bromessigsäure zur Herstellung von Tränengas
  – drei Flammschutzmittel für Textilien zur Herstellung von Spieltieren und Puppen
  – flüssige Stoffe und Zubereitungen, die nach der Gefahrstoff-Verordnung als gefährlich oder krebserregend eingestuft sind, zur Herstellung von Scherzspielen

§ 6: Festsetzung von Höchstmengen
  – max. 1 mg monomeres Vinylchlorid/kg für Spielwaren aus Vinylchloridpolymerisaten (PVC u. a.)
  – max. 5 mg frei verfügbares Benzol/kg des Gewichts der Spielware

§ 11: Untersuchungsverfahren
  – Bestimmung des Vinylchloridgehaltes bei Bedarfsgegenständen aus Vinylchloridpolymerisaten [8]

Gerätesicherheits-Gesetz

Dieses Gesetz gilt für technische Arbeitsmittel, wie z. B. Werkzeuge, Fördereinrichtungen, Arbeitsgeräte und -maschinen. Den Arbeitsmitteln werden aber

u. a. Sport- und Bastelgeräte und Spielzeug gleichgestellt. Während die Regelung des LMBG zum Schutz der Gesundheit sich auf Gefährdungen bezieht, die durch die Zusammensetzung der Produkte verursacht werden, müssen technische Arbeitsmittel so beschaffen sein, daß Benutzer oder Dritte bei der bestimmungsgemäßen Verwendung gegen Gefahren aller Art für Leben und Gesundheit geschützt sind.

Die Verordnung über die Sicherheit von Spielzeug [4] regelt das Inverkehrbringen von Spielzeug, welches von Kindern im Alter bis zu 14 Jahren zum Spielen verwendet wird. Danach muß Spielzeug den wesentlichen Sicherheitsanforderungen der EG Spielzeug-Richtlinie entsprechen. Als äußeres Zeichen, daß Spielzeug die Sicherheitsanforderungen erfüllt, muß das EG-Zeichen in Form der Buchstaben CE durch den Hersteller angebracht werden.

47. Empfehlung der Kunststoff-Kommission des BGA „Spielwaren aus Kunststoffen und anderen Polymeren sowie aus Papier, Karton und Pappe"

Die Empfehlung gilt sowohl für Spielwaren, die dazu bestimmt sind, in den Mund genommen zu werden, als auch für Spielwaren, die von Kleinkindern erfahrungsgemäß in den Mund genommen werden. Ferner gilt sie für Scherzimitationen von Lebensmitteln, die zum Kauen oder Schmecken bestimmt sind. Die Empfehlung wird in nächster Zeit aufgehoben werden, da sie weitergehende Anforderungen an die Sicherheit von Spielzeug stellt als die EG-Spielzeug-Richtlinie.
- Restgehalte an flüchtigen Stoffen, wie Lösungsmitteln, sind soweit wie möglich aus den Spielwaren zu entfernen.
- Von Spielwaren aus Papier, Karton und Pappe darf bei vorauszusehendem Gebrauch kein optischer Aufheller in den Mund, auf die Schleimhäute oder auf die Haut übergehen. Der Test erfolgt nach DIN 53991.
- Weichmacherhaltige Kunststoffe dürfen nur zur Herstellung von Spielwaren verwendet werden, die nicht verschluckt werden können und die außerdem so fest sind, daß ein Abbeißen oder Abreißen kleinerer, verschluckbarer Teile unmöglich ist. Für Scherzimitationen von Lebensmitteln, die zum Kauen oder Schmecken bestimmt sind, dürfen weichmacherhaltige Kunststoffe nicht verwendet werden.

Freiwillige Vereinbarung für Fingermalfarben [7]

Die Vereinbarung nennt folgende Punkte:
- Kennzeichnung: „Nicht geeignet für Kinder unter 3 Jahren."
- kein Süßen oder Aromatisieren der Produkte zur Vermeidung der Verwechselbarkeit mit Lebensmitteln.
- Zusatz von Bitterstoffen, um ein Verschlucken merklicher Mengen zu verhindern
- Beschränkung der verwendbaren Farbstoffe und Konservierungsmittel,
- Festlegung von Höchstwerten für lösliche Schwermetalle und primäre aromatische Amine

EG Spielzeug Richtlinie [5]

Artikel 1 definiert den Anwendungsbereich:

> „Diese Richtlinie findet Anwendung auf Spielzeug. Als Spielzeug gelten alle Erzeugnisse, die dazu gestaltet oder offensichtlich bestimmt sind, von Kindern im Alter bis zu 14 Jahren zum Spielen verwendet zu werden.
>
> Die in Anhang I aufgeführten Erzeugnisse gelten nicht als Spielzeug im Sinne dieser Richtlinie."

Zu diesen Erzeugnissen zählen u. a. Sportgeräte und Fahrräder, maßstabs- und originalgetreue Kleinmodelle für erwachsene Sammler, Druckluftwaffen, Schleudern und Feuerwerkskörper, Videospiele, die mit einer Nennspannung von mehr als 24 V betrieben werden. Auch Spielzeugdampfmaschinen fallen nicht unter die Regelungen der EG-Richtlinie, obwohl das Wort „Spielzeug" in der Produktbezeichnung enthalten ist.

Oberstes Ziel dieser Richtlinie ist analog zu § 30 LMBG der Schutz der Gesundheit. So darf Spielzeug nur dann in den Verkehr gebracht werden, wenn es die Sicherheit und/oder Gesundheit von Benutzern oder Dritten unter Berücksichtigung des üblichen Verhaltens von Kindern nicht gefährdet. Die in der Richtlinie festgelegten Voraussetzungen für die Sicherheit und Gesundheit müssen über die normale Nutzungsdauer erfüllt werden.

Im Anhang II werden die wesentlichen Sicherheitsanforderungen für Spielzeug aufgeführt. Danach darf das bei dem Gebrauch eines Spielzeugs bestehende Risiko der Fähigkeit des Benutzers und gegebenenfalls der Aufsichtsperson nicht unangemessen sein. Nach diesem Grundsatz sollte wenn nötig ein Mindestalter für den Benutzer des Spielzeugs angegeben werden.

Risiken, die bei dem Gebrauch von Spielzeug auftreten, können durch physikalische, mechanische oder chemische Merkmale verursacht werden. Daher werden zunächst in einem Abschnitt „Physikalische und mechanische Merkmale" Anforderungen an die äußere Beschaffenheit des Spielzeugs genannt. Weiterhin darf Spielzeug in der Umgebung des Kindes kein gefährliches entflammbares oder explosives Element darstellen.

Im Abschnitt „Chemische Merkmale" werden die Anforderungen an die Zusammensetzung aufgeführt. Danach ist Spielzeug so zu gestalten, daß es bei dem Gebrauch gesundheitlich unbedenklich ist bzw. keine Körperschäden verursachen kann, wenn es verschluckt oder eingeatmet wird oder mit der Haut, den Schleimhäuten und den Augen in Berührung kommt. Es werden Höchstmengen an Schwermetallgehalten festgelegt, die beim Umgang mit Spielzeug biologisch maximal verfügbar sein dürfen. Unter Bio-Verfügbarkeit dieser Stoffe ist der lösliche Extrakt zu verstehen, der von toxikologischer Bedeutung ist. Ferner darf Spielzeug keine gefährlichen Stoffe oder Zubereitungen in solchen Mengen enthalten, die für Kinder beim Gebrauch des Spielzeugs bedenklich sind.

Weiterhin werden Anforderungen an die elektrischen Eigenschaften und nicht näher ausgeführte Hygiene- und Reinheitsanforderungen genannt. Radioaktive Elemente oder Stoffe dürfen in Spielwaren nicht enthalten sein.

Für bestimmtes Spielzeug werden in Anhang IV Gefahrenhinweise und Gebrauchsvorschriften zur Verringerung der möglichen Gefahren genannt:
- „Nicht für Kinder unter 36 Monaten geeignet",
- „Achtung! Benutzung unter Aufsicht von Erwachsenen." für funktionelles und chemisches Spielzeug.
- „Achtung! Nur im flachen Wasser unter Aufsicht verwenden." für Wasserspielzeug.

5.2.3 Reinigungs- und Pflegemittel, Haushaltschemikalien

Eine umfassende näher ausführende Rechtsvorgabe, wie sie z. B. mit der Kosmetik-V [1] für Kosmetika vorhanden ist, gibt es für diesen Bereich nicht. Deshalb muß zur Beurteilung häufig auch auf Nebengesetze und -verordnungen, Vereinbarungen, Empfehlungen und sonstige Regelungen zurückgegriffen werden.
Als wichtige Beurteilungsgrundlagen sind anzuführen:

Lebensmittel- und Bedarfsgegenständegesetz

Das LMBG nennt im Sinne des Verbraucherschutzes zwei wichtige Vorgaben in Bezug auf die angesprochenen Erzeugnisse. So dürfen sie mit Lebensmittel durch den Verbraucher, insbesondere durch Kinder, nicht verwechselbar sein (§ 8 Nr. 3) und – damit verbunden – eine Gefährdung der Gesundheit hervorrufen. Demnach ist es verboten, z. B. Geschirrspülmittel so anzubieten, daß Kleinkinder Gefahr laufen können, das Produkt mit Zitronenlimonade zu verwechseln.
Die eigentlich wichtige, allumfassende Rechtsvorgabe für Bedarfsgegenstände, § 30 LMBG, ist auch hier anzuführen: Danach dürfen auch Haushaltschemikalien, Reinigungs- und Pflege- und Desinfektionsmittel der hier beschriebenen Art bei bestimmungsgemäßem oder vorhersehbarem Gebrauch nicht geeignet sein, die Gesundheit durch ihre stoffliche Zusammensetzung, insbesondere durch toxikologisch wirksame Stoffe zu schädigen.
Die Frage der Gesundheitsschädlichkeit ist nach diesem Wortlaut vor allem aufgrund der chemischen Zusammensetzung zu beurteilen. Interpretierend können hier die Gefahrstoffverordnung (s. u.) wie auch Empfehlungen, Vereinbarungen und sonstige Regelungen von Industrie und Herstellern herangezogen werden (s. u.).

Bedarfsgegenständeverordnung (BG-V) [2]

Die Bedarfsgegenständeverordnung vom 10. April 1992 berücksichtigt den hier angesprochenen Bereich bis auf eine Ausnahme nicht: Für Imprägnierungsmittel in Aerosolpackungen für Leder- und Textilerzeugnisse, die für den häuslichen Bedarf bestimmt sind, ausgenommen solche, die Schäume erzeugen, wird in Anlage 7 zu § 9 dieser VO ein ausführlicher Warnhinweis als Produktkennzeichnung mit vorgeschrieben.
Dieser Warnhinweis signalisiert u. a., das Erzeugnis nur im Freien oder bei guter Belüftung für nur wenige Sekunden anzuwenden und es von Kindern

fernzuhalten. In der Vergangenheit war es aus nicht eindeutig geklärten
Gründen bei dieser Erzeugnisgruppe zu Gesundheitsschäden durch Einatmen
gekommen.

Gefahrstoffverordnung [3]

Die auf dem Chemikaliengesetz basierende Gefahrstoffverordnung ist ursprünglich für den Gewerbe- und Industriebereich gedacht gewesen (darum
auch der seinerzeitige Name „Verordnung über gefährliche Arbeitsstoffe").
Zunehmend werden hier auch Bestimmungen und Vorgaben zum Schutze des
Privatverbrauchers integriert. Nicht in allen Fällen bisher befriedigend gelöst
ist die Abbildung des jeweils unterschiedlich anzusetzenden Sicherheitsniveaus
bei gefährlichen Stoffen und Zubereitungen für
- den Bereich der Gewerbetreibenden (Sachkenntnis, Unterrichtungspflicht
  etc. voraussetzbar) und für
- den Bereich des Privatverbrauchers.

Im wesentlichen enthält die Gefahrstoffverordnung im hier interessierenden
Sinne:
- Vorgaben zur geeigneten Verpackung gefährlicher Stoffe und Zubereitungen
  (§ 3).
  So muß die Verpackung zum Beispiel ausreichend stabil beschaffen sein und
  darf keine verharmlosenden Angaben, wie „Nicht giftig" oder „Nicht
  gesundheitsschädlich" etc. aufweisen.
- Vorgaben zur Einstufung und Kennzeichnung von Stoffen und Zubereitun-
  gen (§ 4).
  Je nach Einstufung der Gefährlichkeit sind hier die Aufführung eines
  Warnsymboles, die Gefahrenbezeichnung und die zugehörigen Warn- und
  Sicherheitshinweise (R/S-Sätze) deutlich sichtbar zur Kennzeichnung vorgeschrieben.
- das Verbot, Wasch-, Pflege- und Reinigungsmittel mit einem Gehalt von
  mehr als 0,2 Gew% Formaldehyd in den Verkehr zu bringen (§ 9 (5))
- Vorgaben für die Kennzeichnung von Aerosolpackungen (§ 6 (3))
  So muß u. a. jede Aerosolpackung mit folgendem Warnhinweis versehen
  sein: „Behälter steht unter Druck. Vor Sonnenbestrahlung und Temperatur
  über 50 °C schützen. Auch nach Gebrauch nicht gewaltsam öffnen oder
  verbrennen."

Vom Sinn und Zweck her entspricht die Gefahrstoffverordnung den Richtlinien 67/548/EWG über die Einstufung, Verpackung und Kennzeichnung
gefährlicher Stoffe sowie 88/379/EWG für die Einstufung, Verpackung und
Kennzeichnung gefährlicher Zubereitungen, wobei der Modus der Berech-
nung, wie eine in Frage stehende Zubereitung aufgrund der Einzelkomponenten einzustufen ist, sich von dem der Gefahrstoffverordnung etwas unterscheidet. Zudem nennen diese beiden EG-Richtlinien Kriterien für Erzeugnisse, die
in kindersicheren Packungen und mit einem für Blinde fühlbaren Zeichen
versehen sein müssen.

Abb. 1. Gefahrensymbole und Gefahrenbezeichnungen aus der Gefahrstoffverordnung

Die Forderung nach einem kindersicheren Verschluß und einem fühlbaren Warnzeichen greift die Richtlinie 90/35/EWG auf. Danach wird ein kindersicherer Verschluß bei allen Behältern von Zubereitungen verlangt, die im Einzelhandel für jedermann erhältlich sind und nach der Zubereitungsrichtlinie 88/379/EWG als sehr giftig, giftig oder ätzend gekennzeichnet sind. Ein fühlbares Warnzeichen wird bei Zubereitungen verlangt, die entsprechend erhältlich sind und nach der vorgenannten Zubereitungsrichtlinie als mindergiftig, hoch- oder leichtentzündlich einzustufen sind. Zur Überprüfung, ob ein Verschlußsystem als kindersicher anzusehen ist, kann der sogenannte „Kindertest" mit Kindern im Alter von 42 bis 51 Monaten herangezogen werden. Dieser Test ist in der DIN-Norm 55559 genau beschrieben und als ISO-Norm vorgeschlagen. Für die Gestaltung eines fühlbaren Warnzeichens ist ein CEN-Normentwurf pr EN 272 von 10/87 (gleichseitiges Dreieck, Seitenlänge 18 mm mit erhabenen Seitenkanten) bekannt.
Bis zur vollendeten Umsetzung dieser Vorgaben in nationales Recht werden die Vorgaben hinsichtlich eines kindersicheren Verschlußsystemes bei Haushaltschemikalien in der BRD in einer freiwilligen Vereinbarung verschiedener Industrieverbände geregelt (s. u.).

Empfehlungen, Freiwillige Vereinbarungen

Um Rechtsunsicherheiten hinsichtlich der Interpretation einer möglichen Gesundheitsgefährdung durch bestimmte Erzeugnisse/Haushaltschemikalien vermeiden zu helfen, bestehen seitens verschiedener Industrieverbände Empfehlungen und freiwillige Vereinbarungen, welchen Vorgaben diese Erzeugnisse genügen sollen. Als wichtige Industrieverbände sind hier zu nennen
– Industrieverband Körperpflege- und Waschmittel e.V. (IKW)
– Industrieverband Putz- und Pflegemittel e.V. (IPP), beide Frankfurt/Main.

Soweit produktbezogen, wird bei dem jeweiligen Erzeugnis auf diese Vorgaben näher eingegangen. Von übergeordneter Bedeutung sind vor allem anzuführen:

Freiwillige Vereinbarung über die Verwendung kindergesicherter Packungen

Nach dieser Vereinbarung sind Erzeugnisse, die die hier genannten Bedingungen für giftig und ätzend erfüllen, in Packungen mit kindersicheren Verschlußsystemen anzubieten unter zusätzlicher Kennzeichnung mit dem Warnhinweis „Von Kindern fernhalten". Als ätzend gelten dabei Erzeugnisse mit einem pH unter 1,5 oder über 12,0.

Freiwillige Vereinbarung über hypochlorithaltige Haushaltsreiniger

Vor allem in Verbindung mit sauren Sanitärreinigern waren hypochlorithaltige Reinigungsmittel – bedingt durch mißbräuchliche Anwendung – in der Vergangenheit an Unglücksfällen im Haushalt beteiligt (Chlorgasabspaltung). Um weitere Unglücksfälle vermeiden zu helfen, wurde von Herstellerseite eine diesbezügliche Vereinbarung getroffen.
Danach ist für hypochlorithaltige Haushaltsreiniger mit einem Gehalt von mehr als 10 g/kg Hypochlorit, berechnet als Aktivchlor u. a. folgendes festgelegt:
Kein Anwendungshinweis zur Reinigung von Toilettenbecken etc. Deutlicher Warnhinweis, das Erzeugnis nie mit anderen, sauren Reinigern zu verwenden mit der Angabe „Es können gefährliche Dämpfe (Chlor) entstehen". Beschränkung des Aktivchlorgehaltes auf max. 5 Gew% bei vorgegebener Alkalireserve. Zudem müssen diese Erzeugnisse in kindersicheren Packungen mit dem Hinweis, sie von Kinderhänden fernzuhalten, vertrieben werden.

WRMG nebst zugehörige Rechtsvorgaben

Das Gesetz über die Umweltverträglichkeit von Wasch- und Reinigungsmitteln (WRMG) [1] basiert auf dem Wasserhaushaltsgesetz und verfolgt primär Ziele des Umweltschutzes (Minimierung der Gewässerverschmutzung). Dem selben Anliegen dienen zwei Ausführungsverordnungen zu diesem Gesetz: „Verordnung über die Abbaubarkeit anionischer und nichtionischer grenzflächenaktiver Stoffe" (TensidV) und die „Phosphathöchstmengenverordnung", in der Vorgaben für den zulässigen Gehalt an Phosphat in Waschmitteln u. a. genannt sind. Unter humantoxikologischen Gesichtspunkten sind diese Rechtsvorschriften wenig relevant. Erwähnt sei noch eine Empfehlung der EG-Kommission über die Kennzeichnung von Wasch- und Reinigungsmitteln, die

Vorgaben für die Angabe der enthaltenen Inhaltsstoffe nennt. Neben dem aufklärenden Effekt zum Zwecke eines umweltbewußten Verhaltens können diese Angaben für überempfindliche Personen als ein Hinweis zum vorsichtigen Umgang mit dem jeweiligen Erzeugnis dienen.

5.3 Warenkunde

5.3.1 Gegenstände mit Schleimhautkontakt

Gegenstände, die dazu bestimmt sind, mit den Schleimhäuten des Mundes in Berührung zu kommen, sind vom Gesetzgeber ausdrücklich und gesondert als Bedarfsgegenstände definiert (§ 5(1) Nr. 3 LMBG). Sie bedürfen hinsichtlich der stofflichen Zusammensetzung wegen des in der Regel intensiven Kontaktes mit den Schleimhäuten – verbunden mit der ständigen Anwesenheit von Speichelflüssigkeit – einer besonderen Beachtung. Als Beispiele seien angeführt:
- Beruhigungs- und Flaschensauger für Kleinstkinder,
- Luftballons (Spielware),
- Mundstücke von Musikinstrumenten etc.,
- Zigarettenspitzen und Zigarrenmundstücke etc.

Ärztliche Instrumente, wie zahnärztliches Gerät, Fieberthermometer etc. zählen nicht zu dieser Gruppe, ebensowenig wie den Arzneimitteln gleichgestellte Erzeugnisse (Zahnprothesen, Haftpulver und -cremes zum Festhalten derselben).
Die genannten Beispiele zeigen, daß von der jeweiligen Matrix her die unterschiedlichsten Materialien und Hauptkomponenten zu erwarten sind – zumal hier auch der Bereich der Babyspielwaren etc. zu berücksichtigen ist. Wichtig sind bei letztgenannten Gegenständen die Erzeugnisse aus Kautschuk-Elastomeren. Vermehrt wird für den Bereich der Babygreifware auch wieder Holz, meist farbig bemalt und lasiert, eingesetzt. In den Grenzbereich zu Spielwaren lassen sich Babyrasseln und sonstiges Klappergerät einstufen, teilweise auch aus Metall gefertigt.
Weitergehende Informationen zu den einzelnen Werkstoffen sind u.a. im Kapitel 5.3.3 „Spielwaren und Scherzartikel" zu finden. Die rechtliche Situation ist ähnlich gelagert und im Kapitel 5.2.2 ausführlich kommentiert.

Beispiele

Beißringe, Beruhigungs- und Flaschensauger aus Kautschuk-Elastomeren
Je nach Produktionsbedingungen können in diesen Erzeugnissen migrierfähige, nitrosierfähige Stoffe enthalten sein. Die BG-V gibt daher maximal zulässige Migrationswerte von 0,01 mg/kg Elastomeranteil für *N*-Nitrosamine und von 0,2 mg/kg Elastomeranteil an nitrosierbaren Stoffen – bestimmt als *N*-Nitrosamine – an, wobei die Migrationsbedingungen vorgegeben sind.

Holzspielzeug für Babies („Grabbelware")
Da auch diese Gegenstände gerne zum Mund geführt und gelutscht werden, ist
es besonders wichtig, hier die Schweiß- und Speichelechtheit als ein Kriterium
für den potentiellen Übergang von Stoffen zu überprüfen. Die Prüfung erfolgt
gemäß der amtlichen Sammlung von Prüfungsverfahren nach § 35 LMBG
(ASU) Nr. B 82.10-1 und entspricht der Prüfung nach DIN 53160.

Babyrasseln etc., teilweise aus Metall
Bei diesen Erzeugnissen ist wegen der Gefahr des In-den-Mund-Nehmens auf
besonders gute Metallverarbeitung zu achten. Auf das Gerätesicherheitsgesetz
und die „Verordnung über die Sicherheit von Spielzeug" wird hingewiesen (s.
Spielwaren-Kapitel). Desgleichen ist auch hier die Schweiß- und Speichel-
echtheitsprüfung von Bedeutung.

5.3.2 Gegenstände zur Körperpflege

Neben dem reichhaltigen Angebot an kosmetischen Mitteln zur Körperpflege
werden noch zahlreiche Gegenstände im Handel angeboten, die ebenfalls zur
Körperpflege benutzt werden. Während die Körperpflegemittel, die bei der
Anwendung verbraucht werden, den Regelungen der Kosmetik-Verordnung
unterliegen (s. Kap. 6), werden die Gegenstände zur Körperpflege im § 5(1) 4
LMBG den Bedarfsgegenständen zugeordnet. Zu diesem Bereich der Bedarfs-
gegenstände zählen z. B. die Produkte:
- Kämme, Haar- und Bartbürsten,
- Badeschwämme,
- Schmink- und Rasierpinsel,
- Gegenstände für die Maniküre: Nagelfeile, -schere,
- Lockenwickler,
- Massagebänder, -handschuhe,
- Papiertücher,
- Hygieneartikel: Toilettenpapier, Watte, Tampons

Gegenstände zur Zahn- und Mundpflege, wie z. B. Zahnbürsten oder Zahnsto-
cher sind ebenfalls Bedarfsgegenstände, sie werden aber den Bedarfsgegenstän-
den mit Schleimhautkontakt zugeordnet.
Die allgemeine Forderung des § 30 LMBG zum Schutz der Gesundheit der
Verbraucher ist auch auf die Gegenstände zur Körperpflege anzuwenden.
Beanstandungen dieser Produkte nach § 30 LMBG sind selten. Bei Pinseln oder
Bürsten aus Naturhaaren oder -borsten kann es zu Verbraucherklagen
kommen, wenn diese Produkte zur Konservierung während des Transports mit
Naphthalin behandelt werden. Naphthalin wurde früher als Hauptkomponen-
te von Mottenpulver eingesetzt und ist auch heute noch vielen Verbrauchern als
typischer „Mottenkugel-Geruch" bekannt. Da es leicht flüchtig und sehr
geruchsintensiv ist, werden schon Spuren von Naphthalin geruchlich wahrgenommen. Der analytische Nachweis und die quantitative Bestimmung des
Naphthalins erfolgt nach Extraktion mit Cyclohexan und anschließender
Gaschromatographie. Die ermittelten Gehalte liegen in der Regel unter 0,1 %,

eine Gesundheitsgefährdung kann aus diesen Gehalten nicht abgeleitet werden.

5.3.3 Spielwaren und Scherzartikel

5.3.3.1 Allgemeines

Spielwaren und Scherzartikel zählen laut Definition zu den Bedarfsgegenständen (§ 5 (1) 5 LMBG). Zu den Spielwaren zählen alle Erzeugnisse, die als solche zum Zweck der Unterhaltung und Belustigung nicht nur allgemein handelsüblich sind, sondern auch vom Hersteller oder Verkäufer zu diesem Zweck bestimmt sind. Ein belehrender Zweck neben dem rein spielerischen ändert den Charakter nicht [9]. Auch Radiergummis aus weichmacherhaltigen Kunststoffen in Form von Süßwaren oder Lippenstiften mit starkem Fruchtaroma zählen zu den Spielwaren, weil ihre Zweckbestimmung aufgrund ihrer Aufmachung, Farbe und ihres Fruchtaromas mehr in der Belustigung, im Spiel und der Unterhaltung als im Radieren liegt [10].

Zu den Scherzartikeln zählen Gegenstände oder Mittel, deren Verwendung Heiterkeit und Vergnügen bereiten soll, auch wenn ihr Aussehen, Geruch und ihre Eigenschaften im Gegensatz zu ihrer Verwendungseigenschaft steht, wie z.B. mit Essig gefüllte Scherzpralinen, Bierpulver, Zauberzucker, aber auch Juck- und Niespulver, Stinkbomben und Tränengas.

5.3.3.2 Werkstoffe und Zusammensetzung [11]

Spielwaren und Scherzartikel bestehen nicht nur aus einem Werkstoff, sondern sie werden im allgemeinen aus mehreren Werkstoffen gefertigt. Scherzartikel können auch Mittel sein, die Lebensmittel-Zusatzstoffe enthalten. Unterteilt man Spielwaren nach dem Hauptwerkstoff, aus denen sie zusammengesetzt sind, so kann man unterscheiden zwischen Spielwaren aus:
- Kunststoff,
- Holz,
- Papier, Pappe, Karton,
- Metall und -legierungen,
- Keramische Massen, Emaille, Glas,
- Textilien, Pelze, Leder.

Je nach Art der verwendeten Materialien kann es beim unsachgemäßen Gebrauch von Spielwaren zu einer akuten oder chronischen Gefährdung der Gesundheit kommen. Als besonders wichtig ist hierbei der Übergang von gesundheitlich relevanten Stoffen auf den spielenden Menschen aus dem Inneren von Materialien durch die Oberfläche oder direkt von dieser infolge Verschluckens, Einatmens oder Berührung mit der Haut zu betrachten. Dabei kann es sich um Risiken einer plötzlichen oder chronischen Vergiftung, einer ätzenden und reizenden Wirkung sowie krebsfördernden Eigenschaften von Bestandteilen der Spielwaren handeln.

Nachfolgend soll eine Übersicht über wichtige Inhaltsstoffe gegeben werden.

5.3.3.3 Kunststoffe

Kunststoffe eignen sich hervorragend für manche Spielsachen, besteht doch die Möglichkeit, sie fast unbegrenzt zu formen und zu färben. Dabei ist die Verwendung von Kunststoffen für Spielwaren hauptsächlich auf Massenkunststoffe begrenzt. Von großer Bedeutung sind die Thermoplaste Polyvinylchlorid, Polyethylen, Polypropylen, Polystyrol und Celluloseester und Elastomere wie beispielsweise Isoprenkautschuk, Styrol-Butadienkautschuk und Butadienkautschuk. Übergänge von Monomeren aus Kunststoffen können nicht ausgeschlossen werden, es soll aber nicht näher auf diese Problematik eingegangen werden (siehe dazu auch Kap. 4.3.5.6).

Zusatz- und Hilfsstoffe für Thermoplaste (siehe auch Kap. 4.3.5.3)

Weichmacher wie Di-2-ethylhexylphthalat oder Acetyltributylcitrat und der Polymerweichmacher Polyester aus Adipinsäure mit Butandiol vermindern bei den Polymerketten die Nebenvalenzkräfte des starren Molekülgefüges.

Stabilisatoren sollen gegen Wärme und Licht schützen bzw. dem Kettenabbau des Kunststoffs entgegenwirken. Die wichtigsten Stabilisatoren sind Bleiverbindungen, Metallseifen, Organozinnverbindungen, organische Stickstoffverbindungen, Organophosphite, Antioxidantien und UV-Absorber.

Gleitmittel dienen dem Erniedrigen der inneren und äußeren Reibung von Kunststoffschmelzen. Innere Gleitmittel sind z. B. niedermolekulare Glycerinester oder Metallseifen. Als äußere Gleitmittel werden meist Wachse und höhere Fettsäuren herangezogen.

Zum Einfärben von Kunststoffen werden unlösliche anorganische *Farbpigmente*, die im allgemeinen keine hohe Farbstärke haben, dafür aber sehr deckfähig sind, benutzt. Aber es werden auch lösliche organische Pigmente verwendet. Die Erfahrung hat gezeigt, daß unlösliche Pigmente so fest in die Kunststoffmasse eingebettet sind, daß sie beim Kontakt (z. B. In-die-Hände-Nehmen des Spielzeugs) nicht aus dem Material herausgelöst werden. Bei unsachgemäßer Verwendung von löslichen Farbmitteln dagegen besteht durchaus die Gefahr, daß diese aus dem Kunststoff herausgelöst werden.

Als Beispiele sollen die anorganischen Pigmente Titanweiß, Zinkweiß, Chromgelb, Nickeltitangelb, Molybdatrot, Eisenoxidrot, Ultramarinblau, Kobaltblau, Chromgrün, Eisenoxidbraun und die organischen Pigmente 2,4-Dinitro-1-hydroxynaphthalin-7-sulfonsäure (Pigmentgelb 1) und Kupferphthalocyanin (Pigmentblau 15) genannt werden.

Füllstoffe dienen nicht nur dazu, Kunststoffe durch Gewichts- und Volumenvergrößerung zu strecken und zu verbilligen, sondern mit Füllstoffen lassen sich auch die mechanischen Eigenschaften verbessern. Üblicherweise werden Kreide Dolomit, Kaolin, Talkum, Quarzmehl und Glimmer zugesetzt.

Antistatika erniedrigen den elektrischen Oberflächenwiderstand von Kunststoffen und leiten die Reibungselektrizität schneller ab. Es werden u. a. Polyethylenglykol und Fettsäurepolyglykolester eingesetzt. Das sind chemische Verbindungen, die aus den Kunststoffen an die Oberfläche wandern und aus der Luft Feuchtigkeit aufnehmen. Der Feuchtigkeitsfilm verhindert dann eine elektrische Aufladung durch Elektrizitätsableitung.

Bei den *flammhemmenden Zusätzen* zeigen Halogenverbindungen des Chlors und des Broms eine derartige Wirkung. Daneben werden auch Phosphorverbindungen und Aluminiumhydroxid sowie als synergistische Verstärkung zu den Halogenverbindungen Antimontrioxid verwendet. *Organische Peroxide* setzt man ein, um lineare Kettenmoleküle zu vernetzen. Ein häufig benutztes Peroxid ist das Benzoylperoxid. Von den naturbelassenen Kolloiden verwendet man als Schutzkolloide Stärke, Traganth und Gelatine, von den abgewandelten Naturprodukten Hydroxyethylcellulose und Carboxymethylcellulose. Synthetische Kolloide sind z. B. Polyvinylpyrrolidon und Methacrylester.

Zusatz- und Hilfsstoffe für Elastomere

Rohkautschukmassen haben im thermoplastischen Zustand sehr hohe Viskositäten. Zur Erniedrigung setzt man als *Mastiziermittel* sauerstoffaktivierende Chemikalien zu, die aus kompliziert aufgebauten organischen Metallkomplexverbindungen bestehen.

Für die Kautschukvernetzung ist der Schwefel verantwortlich. Er bildet die Brücken zwischen den Polymerketten. Dabei werden auch schwefelhaltige *Vernetzungsmittel* wie Thiuramsulfide, die bei den Vulkanisationstemperaturen den Schwefel freisetzen, eingesetzt. Da Schwefel im Kautschuk sehr träge reagiert und Gummiprodukte mit weniger guten Eigenschaften entstehen lassen würde, werden immer *Vulkanisationsbeschleuniger* verwendet, z. B. Dithiokarbamate, Thiazole, Xanthogenate und Thioharnstoffe.

Als *Weichmacher* kommen Mineralöle, tierische und pflanzliche Fette, Öle und Harze, ebenso Di-2-ethylhexylphthalat und Polymerester zum Einsatz.

Der Abbau der Makromoleküle findet unter Beteiligung des Luftsauerstoffs, energiereichem UV-Licht und auch durch die Kautschukgifte Kupfer und Mangan statt. Die bekanntesten antioxidativ wirkenden *Alterungsschutzmittel* sind Phenol- und Hydrochinon-Derivate. Zinkstearat eignet sich besonders gut als *Trennmittel*.

Um die Produkte vor Fäulnisbakterien oder Schimmelpilze zu schützen, werden *Fungizide* zugesetzt. Man verwendet die bekannten Konservierungsstoffe Benzoesäure und Sorbinsäure, aber auch Dichlorcyanursäure sowie Natriumacetessigester.

5.3.3.4 Holz

Holzspielwaren (Bauklötze aus Holz, Holzkonstruktionsmaterial, Holztiere, Holzperlen) stellt man aus Nadelhölzern (Tanne, Kiefer) und Laubhölzern (Buche, Pappel, Linde, Ulme) her. Zur Verschönerung der Oberfläche werden diese Hölzer einer chemischen Oberflächenbehandlung unterworfen. Dieses Verfahren schließt mehrere Arbeitsgänge ein, die je nach Holzart auch nur einzeln zur Anwendung gelangen können.

Welche chemischen Stoffe dabei hauptsächlich eine Rolle spielen, soll nachfolgend aufgeführt werden.

Zum *Entharzen und Entfetten* benutzt man Lösungsmittel und verseifbare Stoffe, zum Kitten Gluten- oder Caseinleime, sowie Celluloseester, zum Bleichen und Entflecken Wasserstoffperoxid, Natriumsulfit und Chlorlaugen. Vielfältig sind auch die beim *Beizen und Färben* eingesetzten Produkte. Chemische Holzbeizen werden mit Ammoniumhydroxid, Kaliumbichromat, Kupfer- und Nickelsalzen durchgeführt. Bei den *Farbstoff-Holzbeizen* kann es sich um Farbstofflösungen in Wasser, Alkohol oder Terpentinöl-Firnis und bei den *Pigment-Holzbeizen* um Anreibungen feiner, unlöslicher Pigmente in Terpentin- oder Leinöl oder Leimlösungen handeln. *Grundieren* wird mit wäßrigen Leimlösungen oder Nitrocelluloselacken vorgenommen.
Für Spielwaren ist oft eine höheren Ansprüchen genügende Ausstattung erforderlich. Das geschieht mit Lacken, die geschlossene und harte Filme bilden. Lacke gelangen sowohl als Klarlack als auch in gefärbter Form zur Anwendung. Die wichtigsten Stoffe werden im folgenden genannt:
Nitrocellulose-Lacke mit Lösungen von Cellulosenitraten, meist kombiniert mit Harzen und Weichmachern, *Lacke aus Celluloseestern organischer Säuren* als Celluloseacetat-Typen mit 38 % Acetylgruppen, *Alkydharzlacke* als Reaktionsprodukte aus mehrwertigen Alkoholen, Glycerin, mehrbasischen Säuren wie Phthal- oder Adipinsäure, vorwiegend mit Fettsäuren aus Lein- und Rizinusöl, *ungesättigte Polyesterharz-Lacke* aus Dialkoholen wie z. B. Ethylenharzglykolen und ungesättigten Dicarbonsäuren und *Epoxidharz-Lacke*, vernetzt mit Polyamiden oder -aminen.
Für Lacke verwendete Komponenten lassen sich in *flüchtige Bestandteile* Lösemittel (Ester, Ketone, Glykole, Benzin, Alkohole), und *nichtflüchtige Bestandteile* Filmbildner (Nitrocellulose, ungesättigte Polyesterharze, Epoxidharze), Harze (Alkydharz, Acrylharz, Weichmacher), Hilfsstoffe (Trockenstoffe, Beschleuniger, Verlaufmittel, Mattierungsmittel) und Pigmente für Buntfarben Bleichromat, -antimonat (gelb-rot), Kobaltoxidfarben (blau) und Scheelsches Grün, Schweinfurther Grün (grün) einteilen.

5.3.3.5 Papier, Pappe (siehe auch Kap. 4.3.3.2)

Als Papierrohstoffe werden *Faserstoffe* (natürliche und synthetische Fasern auf Cellulosebasis, Fasern aus Hochpolymeren, Holzschliff, Fasern aus Altpapier) und *Füllstoffe* (Calcium-, Magnesiumcarbonat, Siliciumdioxid, Calciumsulfat, Titandioxid) verwendet.
Als *Fabrikationshilfsstoffe* werden Leimstoffe (Casein- und Tierleim, Stärke, Alginate, Paraffin- und Kunststoffdispersionen), Fällungs- und Fixiermittel (Aluminiumsulfat, Tannin, Kondensationsprodukte von Harnstoff und Melamin mit Formaldehyd), Dispergiermittel (Polyvinylpyrrolidon, Polyphosphat) und Schleimbekämpfungsmittel (Pentachlorphenol, Natriumchlorit, Natriumperoxid und -hydrogensulfit) eingesetzt. Als *Papierveredlungsstoffe* werden Naßverfestigungsmittel (Harnstoff-Formaldehydharze und -Melaminharze), Feuchthaltemittel (Glycerin, Polyethylenglykol, Harnstoff, Sorbit, Natriumchlorid), optische Aufheller (sulfonierte Stilbenderivate) und Beschichtungsstoffe (Kunststoffe wie Folien, Schmelzen, Lacke, Dispersionen) verwen-

det. Bei Karton und Pappe unterscheidet man zwischen durchgearbeiteten und mehrlagigen Materialien. Die durchgearbeiteten Sorten bestehen aus nur einer Fasersorte, z. B. aus Zellstoff, die mehrlagigen aus mehreren zusammengegautschten Lagen mit oft unterschiedlichen Faserstoffmischungen aus Zellstoff, Holzschliff und Altpapier.

5.3.3.6 Metall und -legierungen (siehe auch Kap. 4.3.1)

Eisenmetalle und Nichteisenmetalle sind Werkstoffe für Spielwaren. Bei *unlegiertem Stahl* handelt es sich um eine Eisen-Kohlenstoff-Legierung mit 1,7% Kohlenstoff und Begleiter wie Silicium, Mangan, Phosphor und Schwefel; *hochlegierter Stahl* mit mindestens 12% Chrom ist rost- und säurebeständig.
Verzinkter Stahl ist gewöhnlich eine Zinkauflage auf Feinblech; *Hartchromüberzug* auf Stahl, Gußeisen oder Zink. „Zinnsoldaten", die oft bis zu 40% Blei enthalten, können aus einer *Zinn-Bleilegierung* bestehen.

5.3.3.7 Keramische Massen, Emaille, Glas (siehe auch Kap. 4.3.2)

Bei keramischen Massen unterscheidet man zwischen Unterglas- und *Aufglasdekor*. Unterglasdekore können keine giftigen Schwermetalle abgeben, denn auf das mit Farbmitteln bemalte Geschirr wird hinterher eine farblose Glasur aufgebracht, die unlöslich ist. Anders ist es bei Aufglasdekor. Hier werden die Farbpigmente in die Glasur mit sog. Flußmitteln (überwiegend bleihaltig) eingeschmolzen. Die Wahl des Flußmittels ist abhängig von den einzelnen Farbstoffoxiden, nicht jedes ist dafür geeignet. Die Erfahrung hat gezeigt, daß Aufglasdekore mit den Farben grün, orange und rot bedenklich sind, weil sie eine erhöhte Blei- und Cadmiumlässigkeit aufweisen können.
Grundstoffe für *keramische Massen* sind Ton (Kaolin), Mennige und Sand. Bei *Emaille* wird Metall, besonders Eisen und Gußeisen, mit einer Glasur versehen. Es handelt sich um nicht völlig klar geschmolzene Gläser auf der Basis von Quarz, Feldspat und Borax, denen Metalloxide wie Titan-, Nickel-, Kobalt- und Zinnoxide zugesetzt sind. *Glas* wird aus einem Gemisch von Glasbildnern, Flußmitteln und Stabilisatoren erschmolzen. Neben Quarzsand sind die weiteren Glasbildner Boroxid und Phosphorpentoxid zu nennen.

5.3.3.8 Textilien, Pelze, Leder (siehe auch Kap. 5.3.4.2 und 5.3.4.3)

Für Spielwaren verwendete Textilien, Pelze und Leder können pflanzlicher, tierischer und synthetischer Herkunft sein. *Textile Faserstoffe* (Naturfaserstoffe wie Baumwolle aus Cellulosefasern, tierische Fasern aus Kamel-, Mohair- und Schafwolle) und cellulosehaltige Web- und Wirkware werden meist mit Ausrüstungsmitteln behandelt. Unter diesem Begriff fallen beispielsweise Bügelfrei-, Knitterfrei- und Wash-and-Wear-Ausrüstungen. Wichtige Vernetzer sind *N*-Hydroxymethyl- (Fachjargon *N*-Methylol-) und *N*-Methoxymethyl-Verbindungen. Diese werden durch Reaktion von Verbindungen, die primäre oder sekundäre Aminogruppen enthalten, mit Formaldehyd hergestellt.

Synthetische Polymere, z. B. Polypropylenfasern, werden als *Chemiefaserstoffe* eingesetzt. Pelze werden mit oxidablen Fetten, z. B. Tran oder mit Chromsalzen nachgegerbt. Auch die Formaldehydgerbung ist üblich. *Pelzfarbstoffe* sind Oxidationsfarbstoffe, z. B. *p*-Phenylendiamin, Brenzkatechin, Aminophenol, Dispersionsfarben wie Azo- und Anthrachinonfarbstoffe, oder Metallkomplex-Farbstoffe. *Synthetische Pelze* bestehen vornehmlich aus Polyamid- und Polyacrylnitrilfasern.

Die Herstellung von *Leder* beansprucht die Arbeitsgänge Gerben, Imprägnieren, Fetten und Färben. Gerben wird mit pflanzlichen Gerbstoffen, Alaun, Kochsalz und Chromsalzen praktiziert. Imprägnieren ist Tauchen in Lösungen von synthetischen Harzen. Das Fetten geschieht durch Abölen mit Tran; gefärbt wird mit basischen Farbstoffen, die an der Oberfläche fixieren oder anionischen Farbstoffen, die durchfärben. Kunstleder besteht aus Polyvinylchlorid oder aus Lederabfällen, denen Kunstharze zugesetzt sind.

5.3.3.9 Ausgewählte Beispiele

Radiergummi
weichgemachtes Polyvinylchlorid, Dibutylphthalat, Di-2-ethylhexylphthalat, Trikresylphosphat, Weichmacher 30–50%.

Figürlich gestaltet, größtenteils fruchtig aromatisierte Radiergummis aus Südostasien, z. B. in Form von Stieleis, Schokoladenriegeln, Tierfiguren oder Lippenstiften werden von Kindern als Spielwaren benutzt. Besonders Kleinkinder können diese mit im Handel befindlichen Süßwarenkomprimaten verwechseln und damit verleitet werden, die Figuren in den Mund zu nehmen, daran zu lutschen und darauf zu kauen. Bei dem Kunststoff mit dem hohen Weichmacheranteil lassen sich Teile abbrechen oder abbeißen, die auch verschluckt werden können. Es muß angenommen werden, daß verschluckte Teile solcher weichmacherhaltigen Gegenstände lebensgefährliche Darmverletzungen hervorrufen, da der Weichmacher aus dem Kunststoff auswandert und dann hart und scharfkantig wird [12].

Leuchtfiguren
Polyvinylchlorid. 6–10% Di-2-ethylhexylphthalat, und/oder Diisononylphthalat. Enthalten keine phosphoreszierenden Leuchtstoffe; Nachleuchten durch sog. Lenard-Phosphore, das sind zur Lumineszenz befähigte Stoffe wie lichtempfindliches Zinksulfid sowie Spuren von Kupfer als Aktivator.

Wegen des niedrigen Weichmacheranteils ist es allgemein unmöglich, kleinere Stücke abzubeißen oder abzubrechen.

Knetmassen
Plastilin auf Wachs-Öl-Basis mit Füllstoffen und Farbmitteln; Modellierwachs Wachskombinationen; Modelliermasse aus gefärbtem PVC-Pulver, angeteigt mit 12,5–30% Di-2-ethylhexylphthalat oder polymeren Phthalaten

Plastilin und Modellierwachse sind für Kinder bestimmt, sie enthalten nämlich keine Weichmacher, Modelliermassen mit Weichmachern werden überwiegend von Erwachsenen zum Modellieren von aushärtbaren kunstgewerblichen Gegenständen verwendet. Zur Sicherung des Gesundheitsschutzes, besonders bei Kindern, wird auf der Packung der folgende Warnhinweis angebracht:

„Kein Kinderspielzeug! Gefahr von Gesundheitsschäden beim Verschlucken und beim Einatmen von Dämpfen."

Blaseballmassen
Polyvinylacetat und Farbstoffe, gelöst in Ethylacetat und/oder Aceton (hergestellt als Coprodukt bei der Phenolherstellung), kann noch Reste an Benzol enthalten.

Die Bestimmung kann über die Headspace-Gaschromatographie erfolgen [13].

Schmelzgranulat aus Polystyrol
Polystyrol. Beim Schmelzen bei 200 °C entstehen depolymerisierte Abbauprodukte in der Gasphase.

Aus polystyrolhaltigem Schmelzgranulat für Dekorgegenstände (bei vorauszusehendem Gebrauch auch als Spielware zu betrachten) können bei unsachgemäßem Schmelzen größere Mengen an höhermolekularen Styrolen und Monostyrol abgegeben werden. Nach der 47. Empfehlung der Kunststoff-Kommission des BGA sollen die Packungen und Gebrauchsanweisungen mit dem Hinweis versehen sein:

> „Nicht überhitzen! Schmilzt bei 180–200 °C. Nur in gut belüfteten Räumen und nicht längere Zeit erhitzen (Höchstens 25 Minuten). Dämpfe nicht einatmen!"

Holzspielwaren
Zweikomponentenlacke: Ungesättigtes Polyesterharz, Epoxidharz. Buntpigmente: Eisenoxid, Chromoxid, Bleichromat, Erdalkalichromate, Cadmiumsulfid.

Bemalte und buntlackierte Holzspielwaren dürfen nach dem Prüfverfahren zur Beurteilung der Sicherheit von Spielwaren (DIN EN 71 Teil 3) bestimmte Grenzwerte für die gesundheitlich bedenklichen Elemente Antimon, Arsen, Barium, Cadmium, Chrom, Blei und Quecksilber nicht überschreiten (siehe Kapitel 5.4.1).

Emaillepulver
30–60 % Bleichromat, Arsen bis 5 %, Cadmium bis 1 %.

Emaillepulver zum Basteln und für Hobbyartikel sind Spielwaren [14]. Die festgestellten Schwermetalle bergen für den menschlichen Körper gesundheitliche Gefahren. Es ist vorhersehbar, daß besonders Kinder beim Hantieren mit dem Emaillepulver Teile davon in den Mund bekommen können und dann verschlucken.

Fingermalfarben
Organische Farbstoffe. Farbpigmente: Die Schwermetallgehalte liegen nach Untersuchungen z.B. bei Blei zwischen 0,1–5 mg/kg, Cadmium 0,02–0,5 mg/kg, Quecksilber 0–0,06 mg/kg, Kupfer 9–800 mg/kg, Zink 3–10 mg/kg und Nickel und Chrom bei 1 mg/kg. Konservierungsstoffe, Bitterstoffe.

Die freiwillige Vereinbarung der Industrie über die Herstellung und das Inverkehrbringen von Fingermalfarben schreibt den deutlichen Hinweis „Nicht geeignet für Kinder unter 3 Jahren." auf dem Behältnis vor. Als Färbemittel kommen in erster Linie Lebensmittelfarbstoffe in Betracht. Für die verwendeten Farbpigmente wurden Maximalwerte festgelegt. Zur Konservierung sind die für Lebensmittel zugelassenen Konservierungsstoffe zu verwenden.

Lederarbeiten (Chromleder)
Chromgehalt im Leder 20–40 g/kg. Chromlässigkeit aus Leder 20–200 mg/kg.

Das heute übliche Verfahren zur Chromgerbung des Leders ist das „Einbadverfahren" mit Chrom-III-salzen. Chromreste auf der Oberfläche von Leder sind zu erwarten. Eine Aussage über den Chrom-Übergang aus Leder auf die feuchte Haut bei Hautkontakt ergibt sich nach 2stündiger Extraktion bei 40 °C mit einer Prüflösung für die Schweißechtheit. Hierbei werden im allgemeinen keine Chrom-VI-ionen (Chromatverbindungen) gefunden, was nur auf die Anwesenheit von Chrom-III-ionen schließen läßt. Chrom-VI-verbindungen gelten in der Fachliteratur im Gegensatz zu Chrom-III-verbindungen bei direkter Berührung mit der unverletzten Haut nicht als akut toxisch.

Scherzpralinen
Mit Paraffin (Erstarrungstemperatur 50–62 °C). Alkalisch oder sauer reagierende Verunreinigungen.

Scherzpralinen (Hohlkörper aus Paraffin, innen Senf oder Salz, mit Kakaoüberzug) erfüllen die Anforderungen für Paraffin Solidum nach DAB 9.

Zauberzucker
Zuckerstück (handelsübliches Format) mit Einschlußfiguren.

Die Figuren bestehen aus dem Kunststoff Polyethylen und schwimmen infolge niedriger Dichte auf allen Getränken. Sie sind nur wenige Milligramm schwer und tauchen in die Oberfläche der Flüssigkeit fast ein. Dabei schwimmen sie „gleitend" und können durch die geringen Luftbewegungen, die beim Trinken entstehen, sehr leicht in den Mund gelangen.

Bierpulver
Natriumcarbonat, Weinsäure, Eiweißpulver, gelber Farbstoff E 110

Vom gesundheitlichen Standpunkt bestehen keine Bedenken, wenn die Inhaltsstoffe den Reinheitsanforderungen von Lebensmittelzusatzstoffen entsprechen. Die Deklaration der wichtigsten Zutaten ist für den Verbraucher wünschenswert.

Niespulver
Pulver aus Panamarinde, Schwarzer, Grüner und Weißer Nieswurz, Holzstaub, Benzidin, *o*-Dianisidin, *o*-Nitrobenzaldehyd, Pfeffer.

Alle mit Ausnahme von Pfeffer aufgeführten Stoffe sind krebserregend und verboten (s. auch Anlage 1 zur Bedarfsgegenstände-V).

5.3.4 Gegenstände mit Körperkontakt

5.3.4.1 Allgemeines

Als Gegenstände, die dazu bestimmt sind, nicht nur vorübergehend mit dem menschlichen Körper in Berührung zu kommen und die daher als Bedarfsgegenstände im Sinne des § 5(1) Nr. 6 LMBG anzusprechen sind, können beispielhaft angeführt werden:
Bekleidungsgegenstände, Bettwäsche, Masken, Perücken, Armbänder, Brillengestelle.
Der zwar zweckbestimmte, aber nur flüchtige Körperkontakt ist hier demnach ebensowenig gemeint, wie die nur indirekte Berührungsmöglichkeit. Eine so gewählte Definition läßt im Grenzbereich viel Interpretationsspielraum zu (z. B. Geldbörse, Autopolster, Tischdecken), der sich im Zweifelsfall daran ausrichten sollte, ob von dem fraglichen Gegenstand bei einer unzweckmäßigen stofflichen Beschaffenheit gesundheitlich bedenkliche Stoffe auf den Menschen einwirken.
Im Hinblick auf die große Vielfalt der in diese Gruppe fallenden Bedarfsgegenstände, die zudem häufig aus verschiedenen Materialien mit und ohne Kunststoffanteilen zusammengesetzt sind, wird eine Einteilung nach den hier wichtigen Werkstofftypen vorgenommen.

5.3.4.2 Gegenstände aus Textilfasern

Beispiele: Bekleidung, Bettwäsche, Masken
Die eigentlichen Faserstoffe, das Rohmaterial für die Textilien, lassen sich einteilen in natürliche:
- pflanzliche (z. B. Baumwolle, Bast)
- tierische (z. B. Schafswolle, Kamelhaar, Angorakaninchenhaar)
- mineralische (Asbest)

künstliche (Chemiefaser):
- Zellulosebasis (z. B. Viskose-, Azetatfaser)
- mineral. Basis (z. B. Glasfaser, Metallfäden)
- synthetisch (z. B. Polyamid-, Polyester-Faser etc.)

Weltweit belief sich 1989 die Produktion für Naturfasern auf 20,5 Mio t/Jahr und für Chemiefasern auf 19,0 Mio t/Jahr. Abbildung 2 zeigt die Differenzierung für die einzelnen Faserarten.

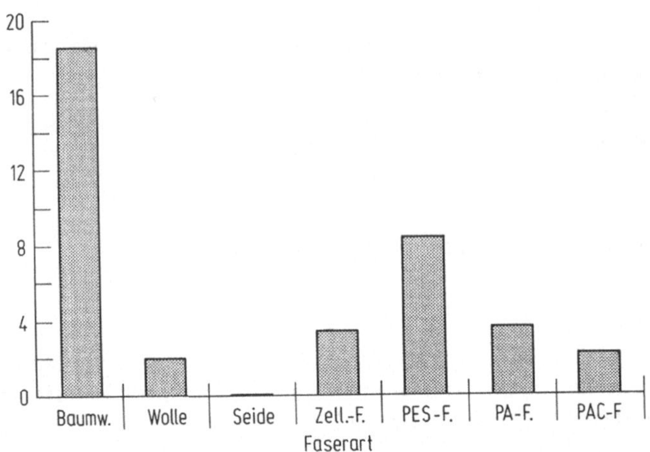

Abb. 2. Produktion textiler Fasern 1989 in Mio t/Jahr

Wichtige Natürliche Fasern

Wolle muß nach der Schur (Rohwolle) von Verunreinigungen, wie Wollfett, -schweiß, Schmutz und Feuchtigkeit befreit werden. Die eigentliche Wolle ist eine Proteinfaser und besteht aus α-Keratin (α-Helix-Struktur) – im Gegensatz zur Seide (β-Keratin), die eine Faltblatt-Struktur besitzt.
Baumwolle besteht zu 80 bis 90% aus Zellulose, bis zu 5% aus Hemizellulose, Pektinen, Wachs, Fett etc. Pflanzenphysiologisch stellen Baumwollhaare jeweils überdimensional in die Länge gewachsene Zellen dar, deren Wandstärke mit dem Longitudinalwachstum ebenfalls zunimmt – umgeben von einem gummiartigen Häutchen (Cuticula), das dem Haar Festigkeit gibt.

Wichtige Chemiefasern

Je nach Länge werden die Chemiefasern als „Spinnfaser" (Fäden begrenzter Länge) oder auch als Filamente (Fäden unbegrenzter Länge) bezeichnet.
Viskosefasern entstehen durch Lösen in Natronlauge, Umsetzen mit Schwefelkohlenstoff zu Zellulosexanthogenat (Viskose) und Verspinnen des erneut Gelösten.
Azetatfaser entsteht nach partieller Veresterung der Zellulose mit Essigsäure und Verspinnen nach zuvorigem Lösen (z. B. für Oberbekleidung).
Synthetisch hergestellte Fasern bestehen in der Regel aus einem durch Polykondensation oder durch Polymerisation erzeugtem Polymer, welches sich aus der Schmelze verspinnen läßt. Beispielhaft werden angeführt:
- Polyamid (PA): Polykondensation von Dicarbonsäure und Diamin (Nylon, Perlon etc.); Verw.: Sportbekl., Strümpfe etc.
- Polyester (PES): Polykondensation von Terephthalsäure mit zweiwertigen Alkoholen (Diole) (Trevira, Dralon, etc.); Verw.: Gard., Kleider etc.
- Polyacryl (PAC): erzeugt durch Polymerisation von Acryl-Nitril.

Textilhilfsmittel, Textilveredelung

Eine wichtige Rolle bei der Weiterbearbeitung zu Textilien, insbesondere aus Naturfasern, kommt den sogenannten Textilhilfsmitteln zu, durch die beim Fertigerzeugnis bestimmte positive Eigenschaften erreicht werden sollen. Wichtig ist, ob die Ausrüstung auf das Textilgut permanent, semi-permanent oder nicht-permanent aufgebracht ist. Bei letzterer Form wird sie schon nach einmaligem Waschen vollständig entfernt. Alle Ausrüstungsvarianten kommen vor.

Bei den folgenden Beispielen für wichtige *Textilhilfsmittel* wird auf den komplexen Bereich der Textilfärbemittel nicht näher eingegangen.

- Die *Bügelfrei- sowie Antiknitterausrüstung* (siehe auch Kapitel 5.3.3.8): Wichtig ist, daß es bei einem diesbezüglich fehlgeleiteten oder nicht richtig dimensionierten Textilveredlungsprozeß im Nachhinein zur Abgabe von erhöhten Mengen an freiem Formaldehyd kommen kann. Die derzeit gültige Gefahrstoff-Verordnung nennt 1500 mg/kg als auslösende Menge für eine Kennzeichnungspflicht von Formaldehyd bei Textilien. Zur Bestimmung des freien Formaldehyd in dieser Matrix dient das nach § 35 LMBG festgelegte Verfahren Nr. B 82.02-1. Nach allgemeiner Erfahrung wird der vorgenannte Grenzwert von den in der Bundesrepublik gehandelten Textil-Bedarfsgegenständen eingehalten [15].
- *Antimikrobielle Ausrüstung* zur Wachstumsverhinderung schädigender Mikroorganismen: z. B. Salicylsäure, Irgasan DP 300, *p*-Chlor-*m*-Kresol etc. (Waschechtheit wird durch Fixierung mit filmbildenden Substanzen auf der Faser erreicht). Im Bereich der Wollfaser steht dies der Eulanisierung gleich, wobei dort Fraßschutzgifte – z. B. auf Basis von Sulfonamiden – dauerhaft auf die Faser aufgebracht werden (z. B. 3,4-Dichlorbenzol-*N*-methylsulfonamid – auch als „Eulan BL" bekannt).
- Als *Flammschutzmittelausrüstung* kommen z. B. *N*-Methylolverbindungen von Dialkylphosphorsäureamiden zum Einsatz. Flammenfest ausgerüstete Textilien dürfen nur verkohlen und nicht oder nur kurz nachglimmen. Gemäß Anl. 1 zu § 3 Bedarfsgegenständeverordnung (BG-V) sind bestimmte Verbindungen, die früher für diesen Zweck genutzt wurden, inzwischen für Bedarfsgegenstände-Textilien, ausgenommen Schutzkleidung, nicht mehr erlaubt (TRIS, TEPA, PBB). Eine Möglichkeit, diese Stoffe bei Textilien nachweisen und bestimmen zu können, ist von der AG „Bedarfsgegenstände" der GDCH-Fachgruppe „Lebensmittelchemische Gesellschaft" erprobt und veröffentlicht [16] worden.

Abschließend sei bemerkt, daß der Bereich der Textilien angesichts des rasanten Technologie-Fortschrittes und der zunehmenden Tendenz, Wettbewerbsvorteile durch Importware zu erzielen, sicherlich verdient, auch in Zukunft genau beobachtet zu werden. In diesem Sinne ist bei dem BGA 1992 eine Arbeitsgruppe „Textilien" eingerichtet worden u. a. unter Beteiligung des BMG, der Überwachung, Forschung und Industrie.

5.3.4.3 Gegenstände aus Leder

Beispiele: Bekleidung, Schmuck, Schuhwerk etc.

Leder wird durch Verwerten der Haut von Tieren, wie Rind, Kalb, Schaf, Hirsch, Pferd, Schwein, Reptilien etc. gewonnen. In einem ersten Arbeitsgang werden hierbei Haare, Wolle und Borsten ebenso wie die Ober- und Unterhaut entfernt. Die verbleibende Lederhaut wird auch als Blöße bezeichnet. Sie besteht im wesentlichen aus Kollagen und Mucinen (Glykoproteiden) mit einer typischen Strukturierung faserigen Charakters. Der Stickstoffgehalt schwankt von Tierart zu Tierart und bewegt sich in der Regel zwischen 17 % und 18 %. Die so präparierte Lederhaut wird durch Gerben haltbar gemacht und durch weitergehende Verfahren und Hilfsmittel auf bestimmte Materialeigenschaften hin ausgerichtet.

Die *antimikrobielle Ausrüstung* ist als wichtigstes Verfahren zu nennen Phenolische und Chlorphenolische Verbindungen kommen hier u.a. zum Einsatz. Auch Pentachlorphenol (PCP) – in der BRD verboten (s.u.) – wird hierzu in wenigen Ländern der Welt (Indien, Argentinien) noch genutzt.

Weiterhin wird Leder *gewachst* bzw. *gefettet* zur Erhöhung der Hydrophobie und Geschmeidigkeit. Zudem können sich je nach Bedarf die verschiedensten *Oberflächenbehandlungen* anschließen: z.B. zur Erhöhung der Reißfestigkeit, Verringerung der Anschmutzbarkeit, Verbesserung von Aussehen und Griff etc. Als Hilfsmittel werden hierbei nicht selten Verbindungen aus dem Kunststoffsektor (Polyacrylate, -urethane, Weichmacher etc.) eingesetzt.

In der 1989 erlassenen *PCP-Verbotsverordnung* [17] ist für Lederwaren eine Höchstmenge von 5 mg/kg Leder festgelegt worden. PCP kann über die Haut aufgenommen werden und gilt nach den Ergebnissen einer neueren Studie aus den USA als cancerogenverdächtig [18]. Obwohl in der BRD nicht mehr verwendet, ist dieses Problem noch nicht gänzlich gelöst: So mag es über Importware aus Ländern, in denen PCP noch verwendet wird, zu Verschleppungseffekten bzw. zur Einfuhr belasteter Ware kommen.

Die Analytik von PCP auf einem Konzentrationslevel von 5 mg/kg bei der Matrix Leder erfordert ein hierauf eingearbeitetes Labor. Sowohl national (DIN) als auch international (CEN) sind diesbezüglich vereinheitlichende Vorgaben zu erwarten. Parallel dazu ist mit einer Begrenzung von PCP in Lederwaren seitens der EG im Sinne der Bundesrepublikanischen Vorgabe zu rechnen.

5.3.4.4 Gegenstände aus Metall

Beispiele: Schmuck, Brillen

Auf die Warenkunde von Metall und Metallerzeugnissen soll hier nicht näher eingegangen werden (siehe dazu Kap. 4.3.1 und 5.3.3.6).

Ein Problem stellt die seit den 70er Jahren vermehrt auftretende *Nickelallergie* bei breiten Bevölkerungsschichten dar. Vor allem Erzeugnisse, die – durch Verletzungen oder sonstwie bedingt – mit der Blutbahn des Menschen direkten Kontakt haben und Nickel an diese abgeben, sind in diesem Sinne kritisch zu beurteilen, da die Gefahr, so eine u. U. lebenslang verbleibende Nickelsensibilisierung zu erwerben, nicht unterschätzt werden darf. Die Bedarfsgegenständeverordnung weist für diesen Bereich folgende Regelungen auf: „Ohrstecker oder gleichartige Erzeugnisse, die Bedarfsgegenstände im Sinne von § 5(1) Nr. 6 LMBG sind und die dazu bestimmt sind, bis zur Epithelisierung des Wundkanales im menschlichen Körper zu verbleiben" dürfen nicht unter Verwendung von Nickel hergestellt werden (Anl. 1 zu § 3 BG-V) [2]. Weiterhin müssen Bedarfsgegenstände, wie Schmuck etc., die von den mit dem Körper in Berührung kommenden nickelhaltigen Teilen mehr als 0,5 µg/cm² und Woche Nickel abgeben, gekennzeichnet sein mit dem Hinweis: „Erzeugnis ist nickelhaltig" (Anlage 9 zu § 10(6) BG-V). Als Bestimmungsmethode für diese Vorgabe ist in Anlage 10 dieser Verordnung der sogenannte Baumwollsticker-Test festgeschrieben. Hierbei wird ein mit 1 %iger alkoholischer Diacetyldioxim-Lösung beträufelter Wattebausch-Sticker unter Sicherstellung eines ammoniakalischen Milieus 30 Sekunden über die zu prüfende Fläche gerieben. Bei einer Verfärbung des Wattebausches ist der Test nicht bestanden.

5.3.5 Reinigungs- und Pflegemittel, Haushaltschemikalien

5.3.5.1 Allgemeines

Zum Bereich der Reinigungs- und Pflegemittel, Haushaltschemikalien i. S. des Lebensmittel- und Bedarfsgegenständegesetzes (LMBG) zählen viele hinsichtlich Zusammensetzung und Anwendungsgebiet z. T. sehr unterschiedliche Erzeugnisse. Das LMBG unterteilt hier gem. § 5(1) 7–9 in:
- Reinigungs- und Pflegemittel sowie Imprägnierungs- und sonstige Ausrüstmittel für Textilien wie Bekleidung, Bettwäsche etc. für den häuslichen Bereich (z. B. Textilwaschmittel, Fleckenwasser, Sanitärreiniger, Weichspüler, Lederimprägnierspray, Entkalker);
- in Reinigungs- und Pflegemittel einschließlich solche mit Desinfektionswirkung für Lebensmittelbedarfsgegenstände allgemein (z. B. Geschirr- u. Maschinengeschirrspülmittel, Desinfektionsreiniger f. Nuckelflaschen);
- in Mittel und Gegenstände zur Geruchsverbesserung oder zur Insektenvertilgung in Aufenthaltsräumen von Menschen (z. B. Raumspray, Insektenspray, Mottenkugeln).

Alle in den Bereich der Haushaltschemikalien, Wasch-, Reinigungs- und Pflegemittel fallende Erzeugnisse behandeln zu wollen, würde den Rahmen des Kapitels sprengen. Hier wird auf weiterführende Literatur verwiesen [19]. Näher eingegangen werden soll neben einigen Spezialitäten auf den Bereich der Reinigungs-, Pflege- und Waschmittel als umsatzstärkste, relevante Gruppe. Vom Anwendungsbereich her kann diese Gruppe wiederum unterteilt werden in Erzeugnisse für textile, faserartige Oberflächen und solche für „harte" Oberflächen, wie Glas, Keramik, Metall etc.:

Typ der Oberfläche	Produktbeispiele
hart	Allesreiniger Geschirrspülmittel Bodenreinigungs- u. Pflegemittel Sanitärreiniger Rohrreiniger Scheuermittel Entkalker
textil, faserartig	Waschmittel (Voll-, Fein-WM etc.) Weichspüler Fleckenwasser Teppichreinigungsmittel

5.3.5.2 Reinigen, Waschen, Reinigungsprozeß

Je nach Reinigungsaufgabe sind Wasch- und Reinigungsmittel wesentlich an der Effektivität des Reinigungsprozesses beteiligt oder machen diesen überhaupt erst möglich. Das Ziel bei der Reinigung ist, den in Frage stehenden Gegenstand von einer Anschmutzung fester (Pigmentschmutz), fettiger oder farbstoffhaltiger Art (Obst-, Blutflecke etc.) zu befreien. Waschen ist eine spezielle Art der Reinigung. Allerdings gehört zum Waschen immer eine wäßrige Waschflotte.
Die Effektivität des Reinigungsprozesses wird dabei bedingt von den vier sich gegenseitig beeinflussenden Vorgaben:

Art und Beschaffenheit der zu reinigenden Oberfläche	(hart, weich, faserartig, glatt, chemisch stabil, wasserempfindlich etc.)
Art des Schmutzes	(Staub, Ruß, Fett, Harz, Farbstoff etc.)
Reinigungsmechanik	(Scheuern, Schruppen, Wischen, Schwemmen, Absprühen, Temperatur, Zeit)
Zusammensetzung des Reinigungsmittels	

Unter Berücksichtigung der ersten drei genannten, je nach Art sich unterschiedlich beeinflussenden Vorgaben gilt es, das hierauf abgestimmte Reinigungsmittel einzusetzen, um als Ergebnis des Reinigungsprozesses den gewünschten Reinheitsgrad unter möglichst umweltschonenden Vorgaben zu erzielen. So gesehen läßt sich leicht ableiten, daß bei der Vielzahl der heute zur Verfügung stehenden unterschiedlichen Oberflächenmaterialien und damit Reinigungsaufgaben das Angebot an Wasch-, Reinigungs- und Pflegemittel entsprechend differenziert ist.

5.3.5.3 Wirk- und Hilfstoffe

Folgende Wirk- und Hilfstoffe haben für Haushaltschemikalien, Wasch- und Reinigungsmittel allgemeine Bedeutung:

Wirkstoffe	
Tenside	
Komplexbildner	Säuren
Bleichmittel	Putzkörper
opt. Aufheller	Basen

Die Wirkstoffe in der rechten Spalte sind weitgehend nur bei Reinigungsmitteln für harte Oberflächen wichtig. Weitergehende spezielle Wirkstoffe werden bei den einzelnen Fallbeispielen genannt.

Hilfstoffe	
Enzyme	Vergrauungsinhibitoren
Hydrotrope	Korrosionsinhibitoren
Stellmittel	Schauminhibitoren
Farbstoffe	Stabilisatoren
Parfümöle	Aktivatoren

Die Hilfstoffe der rechten Spalte haben vornehmlich bei Waschmitteln Bedeutung.

Tenside

Die reinigende Wirkung von Wasch- und Reinigungsmitteln basiert zu einem wichtigen Teil auf dem Dispergiervermögen enthaltener grenzflächenaktiver Substanzen (Tenside bzw. Detergentien). Diese zum Teil sehr unterschiedlich aufgebauten Verbindungen besitzen alle einen amphipatischen Charakter. Auf Wasser als Lösungsmittel bezogen heißt das, daß sie hydro- und lipophile Eigenschaften verbinden. Durch ihre Eigenschaft, die Oberflächenspannung von Wasser herabzusetzen, bewirken die Tenside zudem eine intensive Benetzung und Durchdringung des zu reinigenden Gegenstandes mit der eigentlichen Waschflotte, dem flüssigen Medium.

Einteilen lassen sich die Tenside nach der Art der hydrophilen Gruppe in:
- anionische Tenside (AT) (z. B. Alkylbenzolsulfonat – LAS)
- nichtionische Tenside (NT) (z. B. Fettalkoholethoxylate, Alkylphenolethoxylate – APEO)
- kationische Tenside (KT) (z. B. quart. Ammoniumverbindungen)
- ampholytische Tenside (Amphotenside, Zwittercharakter: im Alkalischen entspr. AT, im Sauren entspr. KT).

Die Amphotenside gelten als besonders hautverträglich, werden aber wegen des hohen Preises in Wasch- und Reinigungsmitteln kaum eingesetzt. Die Seife, das älteste bekannte Tensid, zählt übrigens als Na/K-Salz von Fettsäuren mit einem bekannten Kohlenstoffgerüst von 8–16 C-Atomen zu den AT's. Ihre Reinigungskraft ist geringer, als die von synthetischen Tensiden, da sie besonders wasserhärteempfindlich ist und so leicht als schwerlösliches Erdalkalisalz ausfällt. Passiert dieses dann auch noch auf der gerade gereinigten Faseroberfläche, spricht man von Kalkseifenablagerung; Wäsche kann dadurch steif und brettig werden.

Komplexbildner

Als Komplexbildner, Builder oder auch Gerüststoffe bezeichnet werden z. B. Polyphosphate (Pentanatriumtriphosphat) zur Bindung von Härtebildnern des Wassers sowie von Eisen-, Mangan- und Schwermetallionen. Dabei entstehen wasserlösliche stabile Komplexverbindungen, die den weiteren Wasch- und Reinigungsprozeß nicht stören. Die Komplexbildner haben gleichzeitig auch in Reinigungsmitteln eine schmutzlösende und dispergierende Funktion, indem sie z. B. Schmutzverbände auflockern durch Herauslösen/Komplexieren von Schwermetallionen (Kupfer etc.). So können die Tenside dann wesentlich besser den Schmutz unterwandern und ablösen. Andererseits trägt Phosphat in Abwässern zur Überdüngung und Eutrophierung unserer Gewässer bei – zumal der Ausbau der kommunalen Kläranlagen mit einer dritten Reinigungsstufe zur Phosphatfällung nur sehr zögernd erfolgt. Heute sind die Polyphosphate in Waschmitteln deshalb weitgehend durch Ersatzstoffkombinationen substituiert worden. Bei Pulverwaschmitteln übernimmt diese Aufgabe häufig weitgehend Natrium-Aluminium-Silikat (Sasil, Zeolithe). In flüssigen Reinigungsmitteln wie auch entsprechenden Waschmitteln kann alternativ Na-Zitrat, Na-Gluconat oder lösliches, oligomeres Polyacrylat diese Funktion übernehmen.

Bleichmittel

Als Bleichmittel wird üblicherweise in Waschmitteln Na-Perborat eingesetzt, das temperaturabhängig über 60 °C zunehmend Aktivsauerstoff freisetzt.
In den USA – und auch in manchen südeuropäischen Ländern wird zur Wäschebleichung übrigens auch eine verdünnte Hypochloritlösung eingesetzt. Dies leitet zu den Reinigungsmitteln über, bei denen teilweise durchaus Hypochlorid als Oxidationsmittel vorkommt (Desinfektionsreiniger, Schim-

melentferner). Bleichmittel haben somit die Aufgabe, zum einen oxidativ entfärbend zu wirken (Obstflecken etc.) wie auch keimtötend mikrobizid. Auch Natriumpercarbonat hat als Zudosierbleiche seine Berechtigung und wird als solches, wie auch als Fleckensalz direkt gehandelt. Die letztgenannten Bleichmittel besitzen allerdings keine gute Lagerstabilität.

Lösungsmittel

Organische Lösungsmittel haben in Reinigungsmittelerzeugnissen i. d. R. eine schmutzlösende Funktion (z. B. Fleckenwasser). Fette, Wachse, Harze, Farbstoffe etc. lassen sich so zumindest unterstützend anlösen. Als geeignete Lösungsmittel werden eingesetzt: Alkohole, Glykole, vereinzelt auch Benzin-KW. Flüssigwaschmittel-Produkte enthalten auch z. B. Alkohole als Lösungsmittel, hier allerdings, um die Produktlöslichkeit zu garantieren.

Säuren, Alkalien

Diese Komponenten finden typischerweise in Reinigungsmitteln Einsatz. Anorganische Säuren, wie Phosphorsäure, Schwefelsäure, Amidosulfonsäure etc. werden gern z. B. zur Entfernung von Kalkstein und Metalloxiden eingesetzt. Auch organische Säuren (Zitronen-, Bernstein-, Ameisensäure etc.) kommen vermehrt zum Einsatz.
Als Alkalien werden KOH, NaOH und als schwache Basen Alkanolamine eingesetzt. Sie bewirken in Sanitär-, Fliesen- und Edelstahlreinigern ein verbessertes Schmutzabstoßverhalten der jeweiligen Oberfläche, da bei solchen Oberflächen (oxidisch oder metallisch) durch Erhöhung der Alkalität die negative Oberflächenladung ebenfalls erhöht wird. Dadurch steigen die abstoßenden Kräfte zu den an der Oberfläche ebenfalls negativ geladenen Schmutzpartikelchen.
Desweiteren haben Alkalien in Reinigern zur Beseitigung von Fettverkrustungen etc. eine verseifende Wirkung, was den Reinigungsprozeß zudem unterstützt.

Abrasivstoffe

Abrasivstoffe werden in flüssigen und festen Scheuermitteln als Polierkörper eingesetzt. Sie sollen durch mechanische Wirkung (Abrieb) in Reinigungsmitteln für i. d. R. harte Oberflächen auch hartnäckigen Schmutz beseitigen helfen. Je nach Oberfläche werden sogenannte „weiche" (z. B. $CaCO_3$) und „harte" (z. B. SiO_2) Putzkörper eingesetzt.

Hilfs- oder Zusatzstoffe

Enzyme

In Waschmitteln werden Enzyme schon seit längerem zur Unterstützung der reinigenden Wirkung – vor allem von Proteinanschmutzungen bei niedrigen Waschtemperaturen – eingesetzt. Es gibt Versuche, sie auch für Rohr- und WC-Reiniger vorzusehen. Zum Einsatz kommen i. d. R. Proteasen und Amylasen.

Hydrotrope

Hydrotope oder auch Lösungsvermittler sind z. B. Toluol-, Cumolsulfonat oder Harnstoff. Sie sorgen für die Löslichkeit eines Erzeugnisses und finden als solches auch in flüssigen Waschmitteln Einsatz.

Stellmittel

Stellmittel dienen i. d. R. zur Dosierungserleichterung und sollen ein Verklumpen des Pulvererzeugnisses verhindern. Zum Einsatz kommt meist Natriumsulfat, vereinzelt auch Chlorid.

Farbstoffe, Parfümöle

Diese Verbindungen finden sich sowohl in Wasch-, als auch in Reinigungsmitteln an. Sie sollen einen produkttypischen Duft verbreiten, evtl. üble Gerüche überdecken – das Produkt erkennbar machen.

Speziell bei Waschmitteln sind noch zu erwähnen:
– Vergrauungsinhibitoren – treffender Weise auch Schmutzträger genannt (z. B. Carboxymethylcellulose) – verhindern, daß der gerade abgelöste Schmutz aus der Waschflotte wieder auf die saubere Faser aufzieht.
– Korrosionsinhibitoren dienen dem Maschinenschutz (Alkalisilikate)
– Schauminhibitoren oder auch -regulatoren haben die Aufgabe, das Schaumvermögen einzuschränken – wichtig bei Haushaltstrommelwaschmaschinen. Für diese Aufgabe werden Seifen längerkettiger Fettsäuren (Behenate) eingesetzt, wie auch Paraffine und Silicone.
– als Stabilisator sorgt Magnesiumsilikat durch Binden von Kupfer-, Mangan- und Eisenionen, daß diese die Perboratbleiche durch katalytische Einwirkung nicht ungünstig beeinflussen
– Bleichaktivatoren wiederum ermöglichen eine temperaturmäßig frühzeitige Freisetzung des Aktivsauerstoffs. Eine solche Verbindung ist TAED – Tetraacetylethylendiamin. Damit sind Waschtemperaturen auch unter 60 °C möglich.
– Optische Aufheller schließlich (meist Stilbenderivate) sind in der Lage, auf die Faser aufzuziehen und hier ultraviolettes Licht in blaues, sichtbares umzuwandeln, was vor allem leicht gelbstichige ältere Wäschestücke strahlend weiß erscheinen läßt (Komplementärfarbeneffekt).

5.3.5.4 Beispiel Textilwaschmittel

In der nachfolgenden Tabelle ist die Zusammensetzung von einem typischen Querschnittspulverwaschmittel und einem entsprechenden Flüssigwaschmittel für 1988 wiedergegeben, wie von Huber veröffentlicht [20].
Durch ein geändertes Umweltbewußtsein haben sich Änderungen hinsichtlich der angebotenen Produktpalette ergeben. Das drückt sich z. B. in der Packungsgröße der Waschmittel aus: Durch eine geänderte Herstellungstechnologie ist das Pulver z. T. wesentlich kompakter als früher. Auch durch Verringerung des Stellmittelanteiles ist das Packungsvolumen geringer geworden.

Wirkstoffgruppe	Pulverwaschmittel %	Flüssigwaschmittel %
Aniontenside	6,9	12
Niotenside	3,2	13,5
Schauminhibitoren	1,7	22,1
Komplexbildner	7,2	
Zeolith	21,6	
Bleichmittel	19,3	
Bleichaktivator	1,3	
Stabilisator	4,3	
Vergrauunsinhib.	2,1	
Enzyme	0,2	0,4
opt. Aufheller	0,2	0,2
Korrosionsinhib.	4,3	
Stellmittel	18,8	
Duft/Farbstoffe	0,1	0,3

Ein besonderes Gefahrenrisiko für den Verbraucher durch den Umgang mit Waschmitteln ist i. d. R. nicht gegeben.

5.3.5.5 Beispiele: Haushaltschemikalien, Reinigungsmittel

Allesreiniger, flüssig

Sogenannte Allesreiniger sind für einen breiten Anwendungsbereich ausgelegt. Häufig werden sie als Reinigungsmittelzusatz für die Naßreinigung von harten, glatten Fußböden genutzt. Als Anwendungsvariante sind Schaumreiniger zu nennen, die aus Aerosoldosen oder Pumpsystemen appliziert werden. Sie eignen sich zum Säubern auch schwer zugänglicher, senkrechter Flächen, da der Reinigungsschaum eine gewisse Zeit an der Fläche haften bleibt (Armaturen etc.). Die Grundzusammensetzung könnte, wie folgt, aussehen:

wasserlösl. Lösungsmittel	
(z. B. Alkohole, Glykole)	0–25
Tenside	2–10
Lösungsvermittler	0–8
Phosphate	0–10
Konservierungsmittel, Parfüm, Wasser	ad 100
pH-Wert 7–8,5	

Der pH-Wert ist bei diesen Reinigern leicht alkalisch eingestellt und bewegt sich zwischen 8–10,5.

Autoshampoo

Von den zahlreichen Erzeugnissen zur Autopflege soll Autoshampoo als Beispiel kurz vorgestellt werden. In seiner Zusammensetzung ähnelt es der eines Allzweckreinigers. Autoshampoos enthalten allerdings meist eine Pflegekomponente zusätzlich, die als Schutz auf dem Lack verbleibt (Wachse).

Tenside	5–30%
Lösungsvermittler	0–10%
Wachse	0–10%
Konservierungsmittel, Parfüm, Wasser	ad 100%
pH-Wert 7–8,5	

Fensterreinigungsmittel

Hier gibt es hauptsächlich zwei Angebotsformen: Den gebrauchsfertigen Glasreiniger in Flaschen zum Ausspritzen und das Konzentrat, das zur gebrauchsfertigen Lösung zuvor mit Wasser verdünnt werden muß.

Gebrauchsfertiger Reiniger:	%
Lösungsmittel (z. B. Ethanol, Isopropanol)	0–30
Tenside	–1
Ammoniak	0–1
Wasser	ad 100
pH-Wert 10–11	

Konzentrate:	%
Tenside	2–6
Ammoniak	0–1
Parfüm, Farbe, Wasser	ad 100
pH-Wert 9–11	

Entkalker

Als Entkalkungsmittel für z. B. Kaffeemaschinen, Heißwasserbereiter etc. befinden sich sowohl flüssige Erzeugnisse als auch feste auf dem Markt, letztere häufig zum Verbrauch der ganzen Packung bei einer Anwendung. Diese Erzeugnisse besitzen meist einen stark sauren pH-Wert (ca. 1) und enthalten neben der eigentlichen Säure (Ameisensäure, Amidosulfonsäure, Phosphorsäure etc.), vor allem als fertige Lösung angeboten, einen Indikatorfarbstoff, der die entkalkende Wirkung durch Farbumschlag signalisiert.

Diese Erzeugnisse müssen aufgrund ihres Gefahrenpotentials (pH-Wert < 1,5) mit kindersicheren Verschlußsystemen ausgerüstet sein und je nach Inhaltsstoff die entsprechenden Warn- und Sicherheitshinweise aufweisen.

Silbertauchbäder

Silbertauchbäder haben die Funktion, angelaufenes Tafelsilber, Silberschmuck etc. durch Eintauchen von der Anlaufschicht zu befreien. Nach dem Herausnehmen werden die Gegenstände unter fließendem Wasser abgespült und zum Schluß trockengerieben.

Tenside	0–5%
Thioharnstoff	5–10%
Säure (z. B. Amidosulfonsäure)	0,5–5%
Wasser	ad 100%
pH-Wert < 1	

Aus lebensmittelrechtlicher Sicht sind diese Erzeugnisse recht problematisch: Meist werden sie in marmeladenglasähnlichen Kunststoffbehältern fertig zubereitet angeboten. Nachdem man eine vor der ersten Anwendung zu entfernende Aludeckelfolie von der Behälteröffnung abgezogen hat, wird diese bis zur nächsten Anwendung lediglich durch Zuschrauben verschlossen und ist zudem häufig undicht. Bei vorhersehbarem, etwas unvorsichtigem Handeln, wie z. B. Umstoßen des Gefäßes ergießt sich der Inhalt aus der großen Öffnung und es kann zu Verätzungen durch Spritzer etc. kommen. Inzwischen sind entsprechende Erzeugnisse in kindergesicherten Behältnissen auf dem Markt erhältlich.

WC-Reiniger

Auf die Problematik der bis ca. 1986 angebotenen hypochlorithaltigen WC-Reiniger ist bereits eingegangen worden. Seit langem eingeführt haben sich die sauer eingestellten WC-Reiniger in Granulatform. Daneben werden flüssig-viskose Erzeugnisse angeboten, die u. a. Verdickungsmittel enthalten und, auf senkrechte oder schräge Porzellanoberflächen gespritzt, nur langsam von diesen abfließen. Dadurch bleibt die zu reinigende Oberfläche länger in intensivem Kontakt mit den eigentlichen Reinigungswirkstoffen, was eine einfachere Handhabe dieser Erzeugnisse bewirken soll (Prinzip entsprechend Schaumreiniger). Durch den stark sauren Charakter sollen diese Produkte Kalk- und Rostablagerungen im WC-Becken chemisch beseitigen helfen. Die festen Produkte enthalten neben den stark sauren Salzen bzw. Säuren Natriumcarbonat. Dadurch kommt es bei der Anwendung in Verbindung mit Wasser zu einem Aufschäumen, so daß auch hier Reinigungswirkstoffe oberhalb des Wasserspiegels auf Kalk- und Schmutzablagerungen im WC-Becken einwirken können.

Pulverförmige WC-Reiniger	%
Na-Hydrogensulfat	20–100
Soda/Hydrogencarbonat	0–40
Natriumchlorid	0–30
Parfümstoffe, Farbe	0–2
pH-Wert (10%ig) < 1,5	

Flüssige WC-Reiniger	%
Säuren (Ameisen-, Salz-, Phosphorsäure etc.)	5–50
Tenside	0–100
Parfümstoffe, Farbe, Wasser	ad 100
Verdickungsmittel	
pH-Wert < 1,5	

Entsprechend dem diesen Zubereitungen innewohnenden Gefahrenmoment dürfen sie wiederum nur in kindersicheren Packungen mit den erforderlichen Warnhinweisen und Sicherheitsratschlägen gehandelt werden. Auch der Hinweis, das Erzeugnis nicht in Kinderhand gelangen zu lassen, gehört deutlich gekennzeichnet.

Verstärkt wird als Säurekomponente bei der letztaufgeführten Gruppe auch Zitronensäure eingesetzt. Hier liegt der pH-Wert meist zwischen 1,5 und 2.

Rohrreiniger

Rohrreiniger sind üblicherweise stark alkalisch eingestellte Erzeugnisse und haben die Aufgabe, Ablagerungen, wie Haare, fettige Rückstände, Essensreste sowie durch Mikroorganismen aufgebaute Gallerten in Abflüssen und Geruchsverschlüssen von Badewannen, Waschbecken etc. zu entfernen. Besonders wirksam sind die pulverförmigen Reiniger, da bei ihrer Anwendung Wärme entwickelt wird.

feste, streufähige Rohrreiniger	%
Ätzalkalien	25–100
Aluminiumgranulat	0–5
Na-Nitrat	0–40
Natriumchlorid	0–30
pH-Wert (10%ig) 13	

Durch das enthaltene Aluminium entwickelt sich im Zusammenwirken mit den Ätzalkalien Wasserstoff. Die dabei freiwerdende Reaktionswärme unterstützt die Wirkung der Inhaltsstoffe zur Beseitigung der Ablagerungen und Verstopfung. Damit es nicht bei fortwährender Wasserstoffentwicklung im Rohr zu einer Verpuffung kommt, enthalten diese Erzeugnisse größere Mengen Nitrat zur Bindung und Weiterreaktion des entstehenden Wasserstoffes (Bildung von Ammoniak).

Backofen- und Grillreiniger

Diese Erzeugnisse werden noch häufig in Aerosoldosen angeboten, aber auch hier ist der Trend zu Pumpsprays und anderen Lösungen deutlich zu beobachten. Es handelt sich hier um lösungsmittelhaltige, stark alkalische Erzeugnisse. Je nach Verschmutzungsgrad läßt man die Produkte einige Stunden einwirken und schaltet dabei evtl. auch den Grill- bzw. Backofen ein, um die Einwirktemperatur zu erhöhen. Auch diese Erzeugnisse enthalten Verdickungsmittel, damit die senkrechten Flächen – soweit sie eingesprüht sind – längere Zeit der Einwirkung der Reinigungswirkstoffe ausgesetzt sind.

Alkalien (z. B. KOH oder Ethanolamine)	1–10%
Tenside	1–10%
Glykole oder Glykolether	5–20%
Verdickungsmittel, Farbe, Parfüm	ad 100%
ggf. Treibgas	
pH-Wert 12–13	

Auch für diese Erzeugnisse sind kindersichere Packungen mit den zugehörigen Warn- und Sicherheitshinweisen vorzusehen.

Maschinengeschirrspülmittel

Im Gegensatz zur manuellen Spülung im milden pH-Milieu wird das Geschirr bei der maschinellen Reinigung bei ca. 60 °C mit wäßrigen Lösungen stark alkalisch reagierender Salze bespritzt und gesäubert. Schaumbildung ist während des ganzen Spülvorganges unerwünscht, da sonst der Reinigungseffekt nachläßt. Der anschließenden letzten Spülphase wird ein Klarspüler zudosiert (meist org. Säuren und spez. Niotenside), damit das Wasser vom Geschirrgut spurenfrei abläuft.

Na-Tripolyphosphat	40–65%
Na-Metasilikat	10–35%
Niotenside	– 1%
Na-Carbonat	5–15%
Desinfektionsmittel	0– 2%
pH-Wert (10%ig) > 13	

Diese Erzeugnisse führten schon häufiger in Haushalten zu Unglücksfällen. Das aggressive, stark alkalisch reagierende Pulvererzeugnis wird in Privathaushalten häufig mangelnd gesichert in größeren Mengen – z. B. im Waschbeckenbereich der Küche – aufbewahrt. Verätzungen z. B. durch verschüttetes Pulver, das an den Händen von herumspielenden Kleinkindern kleben bleibt, sind hier denkbar.
Nach einer „Vereinbarung" der Hersteller sind aus den vorgenannten Gründen bei diesen Erzeugnissen besondere Kennzeichnungsvorgaben einzuhalten. Danach muß u. a. an exponierter Stelle farblich abgesetzt folgender Warntext auf der Packung sich befinden:

VORSICHT
Ätzendes Produkt (enthält Metasilikat). Von Kindern fernhalten. Kontakt mit Mund, Augen oder Haut vermeiden. Falls verschluckt, sofort viel Wasser trinken. Kein Erbrechen herbeiführen. Falls ... (Name) in die Augen kommt, sofort unter fließendem Wasser auswaschen. In allen Fällen von Verschlucken oder Kontakt mit den Augen – sofort Arzt aufsuchen. Bei Hautkontakt gründlich abwaschen.

Dieser Text soll möglichst in der Nähe der Dosier- und Anwendungshinweise stehen. Falls das auf dem Deckel bei Großpackungen nicht möglich ist, muß hier folgender zusätzlicher „kurzer" Warnhinweis angebracht sein.

„Vorsicht ätzend!
Von Kindern fernhalten!
Nicht mit Schleimhäuten und Augen in Berührung bringen!"

Einen vielversprechenden, neuen Weg gehen jetzt einige Hersteller, die Maschinengeschirrspülmittel in Tablettenform (Tabs) anbieten. In Paraffin eingebettet, wird der eigentliche Wirkstoff hier erst im heißen Wasser des eigentlichen Spülvorganges freigesetzt. Zudem werden diese Spültabs in kindersicheren Umkartongebinden angeboten.

5.4 Analytische Verfahren

Wegen der Vielfalt der möglichen Gegenstände und Werkstoffe wird hier allgemein auf die amtliche Sammlung von Analyseverfahren (AS 35) und auf das Kapitel 4.4 hingewiesen. Weitere Kurz-Hinweise finden sich z. T. im Zusammenhang mit rechtlichen Vorgaben oder in unmittelbarem Matrixbezug auch in den Kapiteln 5.2.2/5.3.1/5.3.2/5.3.3.9/5.3.4.2/5.3.4.4.

5.4.1 Spielwaren und Scherzartikel

ASU 80.32-1. Bestimmung des Gehalts an Vinylchlorid-Monomer in Bedarfsgegenständen
Der Gehalt an Vinylchlorid-Monomer wird mittels Headspace-Gaschromatographie nach Auflösung oder Suspensierung der Probe in N,N-Dimethylacetamid bestimmt.

ASU 82.10. Prüfung von bunten Kinderspielwaren auf Speichel- und Schweißechtheit (gleichlautend mit DIN 53160)
Das Verfahren dient der Prüfung, ob von bunten Kinderspielwaren bei vorauszusehendem Gebrauch Farbmittel in den Mund, auf die Schleimhäute oder auf die Haut übergehen kann. Es ist auf bunte Kinderspielwaren anzuwenden, die dazu bestimmt sind, in den Mund genommen zu werden, wie z. B. Flöten, Trompeten und Mundharmonikas, aber auch auf Spielwaren, die erfahrungsgemäß von Kleinkindern in den Mund genommen werden, wie z. B. Bauklötze und Puppen.
Auf die Spielware werden Filterpapierstreifen gelegt, die mit einer Speichel- oder Schweißsimulanz-Lösung getränkt sind. Nach einer 2stündigen Lagerung bei 40 °C werden die Filterpapierstreifen auf Abfärbungen untersucht.

DIN EN 71
Diese Norm wurde vom Europäischen Komitee für Normung (CEN) in Zusammenarbeit mit den nationalen Normungsinstituten erstellt und dient der Standardisierung von Prüfverfahren für Spielzeug in Hinblick auf den

europäischen Binnenmarkt. Die nationalen Normungsinstitute sind gehalten, der europäischen Norm ohne jede Änderung den Status einer nationalen Norm zu geben. Die DIN EN 71 gliedert sich z. Zt. in vier Teile, weitere sind in Vorbereitung.

Teil 1: Mechanische und physikalische Eigenschaften
- Anforderungen an Werkstoffe, die bei der Herstellung von Spielzeug verwendet werden: biegsame Kunststoffolien, Holz, Glas, Füllmaterialien und quellendes Material
- Anforderungen an die Konstruktion des Spielzeugs: allgemeine Anforderungen an die Gestaltung von Kanten, Überlappungen, Rohre und ähnliche starre Teile, Klapp- und Antriebsmechanismen usw. Weitere Anforderungen an bestimmte Arten von Spielzeug wie Kleinspielzeug, Spielzeug, das in den Mund genommen werden soll, Spielzeug, das in seinem Inneren ein Kind aufnehmen soll, Geschoßspielzeug, Babyklappern und Beißringe.
  So dürfen z. B. Kleinspielzeug und lösbare Bestandteile von Spielzeug für Kinder unter 3 Jahren nicht verschluckbar sein. Der Test wird mit Hilfe eines standardisierten Prüfschlundes durchgeführt.
- Prüfverfahren, ob das Spielzeug die Anforderungen an die mechanischen und physikalischen Eigenschaften erfüllt.
- Regelungen für die Kennzeichnung und Gebrauchsanweisungen bei Spielzeug

Teil 2: Entflammbarkeit von Spielzeug
- Spielzeug darf nicht hergestellt werden aus Cellulosenitrat oder Werkstoffen mit gleichartigem Brennverhalten und aus Werkstoffen mit haariger Oberfläche, die bei Annäherung einer Flamme einen Flash-Effekt zeigen.
- Anforderungen an die Entflammbarkeit von bestimmten Arten von Spielzeug bei Berührung mit einer kleinen Zündflamme
- Prüfverfahren zur Bestimmung des Brennverhaltens unter den besonderen Prüfbedingungen

Teil 3: Migration bestimmter Elemente
- Anforderungen und Prüfverfahren für die Migration der Elemente Antimon, Arsen, Barium, Cadmium, Chrom, Blei, Quecksilber und Selen. Es wird der lösliche Anteil dieser Elemente unter den Bedingungen bestimmt, die einem Verbleib von Stoffen im Verdauungstrakt von 4 Stunden nach dem Verschlucken entsprechen.
  Die Anforderungen beziehen sich auf die Migration der aufgeführten Elemente; mögliche Gefahren durch andere chemische Stoffe, die bei der Herstellung von Spielwaren verwendet werden, werden nicht berücksichtigt.

Teil 4: Experimentierkästen für chemische und ähnliche Versuche
- Anforderungen für die Höchstmengen bestimmter chemischer Stoffe und Zubereitungen in Experimentierkästen für chemische und ähnliche Versuche
- Anforderungen an die Kennzeichnung, an den Inhalt der Gebrauchsanleitungen und an die Geräte, die zur Ausführung der Versuche bestimmt sind.

Weitere Untersuchungsverfahren [27]

Fingermalfarben:　　organische lösliche Farbstoffe: Absorptionsspektrum, DC

anorganische Pigmente (Titandioxid, Eisenoxidpigmente, Ultramarin, Chromoxidpigmente): naßchemische Nachweise der Kationen

Bitterstoffe: DC, GC, HPLC

primäre aromatische Amine: Fotometrie

Niespulver:　　Benzidin und seine Derivate, *o*-Nitrobenzaldehyd: DC, GC

Pflanzenpulver: Mikroskopie, DC, GC, HPLC

Tränengas:　　flüchtige Ester der Bromessigsäure: Headspace-GC, HPLC

Stinkbomben:　　Ammoniumsulfid-Verbindungen: naßchemisch auf Ammonium und Sulfid

5.4.2 Reinigungs- und Pflegemittel, Haushaltschemikalien

Ein einheitlicher Analysengang läßt sich für die besprochenen Erzeugnisse wegen der innewohnenden Vielfalt an Matrix und Erscheinungsform nicht postulieren. Beispielhaft sei für die Untersuchung aus lebensmittelrechtlicher Sicht ein gemeinsames Vorgehen für den Bereich der WC-Reiniger, Rohrreiniger und Entkalker sowie weiterhin für Fensterreinigungsmittel kurz skizziert.

Untersuchungsgang bei Rohr-, WC-Reinigern, Entkalkern

Nach Bestimmung von Gruppenparametern, wie pH-Wert, Alkalität bzw. Acidität, Trockenmasse etc. erfolgt je nach Bedarf die Analyse der Matrixbestandteile. Bei festen Rohrreiniger-Erzeugnissen kann nach der pH-Wert-Prüfung die Bestimmung der Alkalität, Nitrat und Aluminium vorgenommen werden. Alkalisch reagierende, flüssige Rohrreiniger werden nach dem Ansäuern auf einen möglichen Chlorgeruch hin überprüft. Tritt ein solcher auf, enthält das Erzeugnis Hypochlorit (Bestimmung durch jodometrische Titration etc.). Bei Bedarf kann sich eine Prüfung auf Tenside anschließen – gegebenenfalls nach Isolierung durch Ausblasen und anschließender quantitativer Bestimmung der einzelnen Tensidgruppen. Auf die Tensidanalytik wird weiter unten gesondert eingegangen.

Sauer reagierende feste und flüssige Reiniger sowie die Entkalker bzw. Kesselsteinentferner werden nach Feststellung der Acidität einer Analyse auf relevante Anionen unterzogen. Bei den Entkalkern erfolgt die Bestimmung der entsprechenden Säure (Vortest, DC, HPLC). Bei den festen schäumenden WC-Reinigern kann eine Kohlendioxid-Bestimmung vorgenommen werden (z. B. Austreiben unter Schutzgas und Bestimmung durch Titration des absorbierten CO_2). Gegebenenfalls kann sich wiederum die Tensidanalytik sowie eine evtl. Kationenanalyse anschließen.

Untersuchungsgang bei Fensterreinigungsmitteln

Als Beispiel für einen weiteren Analysengang sei die Analyse von Glasreinigern bzw. Fensterreinigungsmitteln kurz dargelegt. Der pH-Wert kann hier direkt aus der Probe mittels pH-Meter oder nach entsprechender Verdünnung der Probe bestimmt werden. Die Bestimmung des Trockenrückstandes kann weiterhin dazu dienen, die schwerflüchtigen Glykole aus dem Rückstand dünnschichtchromatographisch zu bestimmten [16]. Zur Bestimmung der Lösungsmittel (EtOH, Isopropanol etc.) kann z. B. die Dampfraum-Gaschromatographie herangezogen werden, die hier gleichzeitig die leichtflüchtigen Glykolether erfaßt.

Treibgasbestimmung

Die Probennahme zur Bestimmung des Treibgases mittels IR erfolgt nach Methode K 84.00-2 (EG) der amtlichen Sammlung von Untersuchungsverfahren nach § 35 LMBG (AS 35). Das entnommene Treibgas wird dann direkt in die IR-Gasküvette geleitet und vermessen. Durch Vergleich mit Referenzspektren entsprechender Gasgemische läßt sich so schnell und sicher die Art des verwandten Treibgases bestimmen.

Konservierungsstoffe

Enthält ein Erzeugnis Konservierungsstoffe, so können diese aus dem Alkohol-Extrakt des Trockenrückstandes meist mittels DC oder HPLC bestimmt werden [16].

Tensidanalytik

Im folgenden soll auf die Tensidanalytik in dem hier interessierenden Rahmen etwas näher eingegangen werden. Es ist wenig sinnvoll, bei den sehr verschieden zusammengesetzten Haushaltschemikalien für die oberflächenaktiven Inhaltsstoffe ein allgemeingültiges Untersuchungsverfahren anzugeben. Zum einen ist diese Stoffgruppe von ihrer chemischen Struktur her sehr unterschiedlich, zum anderen wären diverse Matrixbeeinflussungen zu berücksichtigen, die ein generell gültiges Analysenverfahren unpraktikabel und für den Einzelfall unnötig aufwendig gestalten würden. Dies gilt auch für die quantitative Erfassung.

In der Routineanalytik werden die Tenside gruppenspezifisch als anionische, nichtionische und kationische Tenside nachgewiesen. Die zu den AT zählenden Fettsäureseifen nehmen eine Sonderstellung ein.

Isolierung:

Soweit es die Matrix erfordert, kann die Tensidfraktion durch Ausblasen der wäßrigen, mit NaCl versetzten Probenlösung isoliert werden. Dabei wird der Effekt ausgenutzt, daß Tenside an der Grenzfläche flüssig/gasförmig adsorbiert werden.

Dazu wird durch die mit Essigsäureethylester überschichtete Probenlösung ca. 30 min lang ein Gasstrom derart durch das Phasensystem geleitet, daß sich die

Tenside in der HAcET-Phase anreichern können. Eine weitere Auftrennung in
die einzelnen Gruppen kann über Ionenaustauscher erfolgen [21].

Qualitativer Gruppennachweis
Generell: Schäumen der wäßrigen Probenlösung deutet auf Tensidanwesen-
heit. Wird das Schäumen nach Ansäuern deutlich geringer, ist Anwesenheit
von Fettsäureseifen zu vermuten.
Neben verschiedenen Farbreaktionen ist vor allem die Dünnschichtchromatographie zum schnellen Nachweis geeignet [16, 22]. Zur weiteren Strukturauf-
klärung kann die kombinierte Auswertung unterschiedlicher DC-Systeme
wertvolle Hinweise geben [23] ebenso wie die HPLC [24]. Nach entsprechender
Isolierung ist auch die Infrarotspektroskopie vorteilhaft einsetzbar.
Für die Grundkörperanalyse werden neben der HPLC nach entsprechender
Spaltung u. a. Techniken wie GC, GC-MS, NMR eingesetzt.

Quantitative Analyse von Tensidgruppen
Die quantitative Analyse von Tensiden kann je nach Matrix, Problemstellung
und Genauigkeitsanforderungen zum Beispiel photometrisch, maßanalytisch
oder gravimetrisch durch fraktionierte Ionentauscherelution erfolgen. Während letztere Methodik eher zu Plusfehlern führen mag und relativ zeitaufwen-
dig ist, werden bei den anderen Verfahren aus strukturspezifischen Gründen
nicht immer alle Vertreter der jeweiligen Gruppe erfaßt.
Für die Angabe des prozentualen Gehaltes sind Informationen über das
mittlere Äquivalenzgewicht notwendig. Soweit dieses nicht bekannt ist, wird
das Ergebnis bei AT üblicherweise auf Natriumdodecylbenzolsulfonat, bei NT
auf Nonylphenolethoxylat mit 10 EO-Einheiten und bei KT auf Hyamine (MG
466) bezogen, unter Angabe, als was die Gruppe bestimmt worden ist – z. B.
– MBAS = Molybdänblau-aktive Substanzen (AT)
– BiAS = Bismutaktive Substanzen (NT).

Je nach Matrix, Problemstellung und Genauigkeitsanforderung wird unter den
verschiedenen Bestimmungsmethoden die passende Kombination zu wählen
sein.

a) Anionische Tenside, Kationische Tenside
Photometrisch lassen sich AT wie auch KT über sich bildende Farbkomplexe
mit zum Beispiel Methylenblau (AT) und Disulfinblau (KT) nachweisen. Die
Bestimmung der AT gemäß TensidV erfolgt zum Beispiel nach diesem Prinzip
bei der Überprüfung der biologischen Abbaubarkeit.
Auch im Handel erhältliche Test-Kits zur Schnellbestimmung arbeiten nach
diesem Prinzip, wobei zum Beispiel ein Komparator zur semiquantitativen
Gehaltsbestimmung benutzt wird. Mittels Titration kann die Bestimmung der
anionischen bzw. kationischen Tenside nach DIN ISO/2271 durch direkte
Zweiphasentitration bzw. nach DIN/ISO/2871 durch indirekte Zweiphasentitration erfolgen.

b) Nichtionische Tenside
Nichtionische Tenside (Ethoxylate meist) werden mit modifiziertem Dragen-
dorffs-Reagenz als $Ba(BiJ_4)_2$-Komplex gefällt. Nach Auflösen in Tartratlö-

sung wird der für die Auswertung relevante Bismutgehalt photometrisch oder maßanalytisch mittels EDTA oder auch mit Carbamat-Lösung bestimmt. Dieses Verfahren ist Grundlage bei der Bestimmung der biologischen Abbaubarkeit von NT gemäß TensidV.

Untersuchungen nach dem WRMG

Abschließend sollen noch die im Sinne einer Umweltverträglichkeitsüberprüfung festgelegten Standardanalysenverfahren für Wasch- und Reinigungsmittel nach dem WRMG erwähnt werden. Hier sind zu nennen:

– Bestimmung der biologischen Abbaubarkeit von anionischen und nichtionischen Tensiden gemäß TensidV [25],
– Bestimmung des Phosphatgehaltes in Wasch- und Reinigungsmitteln gemäß Ausführungsvorschrift zur PhosphathöchstmengenV [26].

5.5 Literatur

1. LMR
2. Bedarfsgegenstände-V vom 18.4.92 (BGBl. I S. 866)
3. Gefahrstoff-V vom 26.8.86 (BGBl. I S. 1470), in der Fassung vom 25.9.91 (BGBl. I S. 1931)
4. Verordnung über die Sicherheit von Spielzeug vom 21.12.89 (BGBl. I S. 2541)
5. Richtlinie des Rates vom 16.7.88 (88/378/EWG) zur Angleichung der Rechtsvorschriften der Mitgliedstaaten über die Sicherheit von Spielzeug ABl. L 187/1–13
6. Richtlinie des Rates vom 29.6.92 (92/59/EWG) über die allgemeine Produktsicherheit ABl. L 228/24–32
7. Freiwillige Vereinbarung über die Herstellung und das Inverkehrbringen von Fingermalfarben von 1987; Verband der Mineralfarbenindustrie und weiterer Industrieverbände
8. ASU B 80.32-1
9. Zipfel C 100
10. BayObLG 24. April 1985; ZLR 4/86, 425–435
11. Ertelt J (1989) Zusammensetzung von Spielwaren und Scherzartikeln. In: Band 17 der Schriftenreihe Lebensmittelchemie, Lebensmittelqualität, Behr, Hamburg
12. Bundesgesundhbl. 22 Nr. 15, 20. Juli 1979: Zur Schädigung des Verdauungstraktes beim Minischwein durch Scherzartikel aus Weich-PVC
13. Ertelt J (1989) Lösemittel in Spielwaren. In: Band 17 der Schriftenreihe Lebensmittelchemie, Lebensmittelqualität, Behr, Hamburg
14. LG Coburg 16. Februar 1979; LRE 12/81 Nr. 17, 69–77
15. Schneider G (1989) Beitrag zur Bestimmung und Beurteilung von Formaldehyd in hochveredelten textilen Bedarfsgegenständen. DLR 85:210
16. Bedarfsgegenstände: Zusammensetzung und Analytik von Reinigungs- und Pflegemitteln für den Haushalt und von textilen Bedarfsgegenständen. In: Band 9 der Schriftenreihe Lebensmittelchemie, Lebensmittelqualität. Herausgeber: Fachgruppe Lebensmittelchemische Gesellschaft – Arbeitsgruppe Bedarfsgegenstände (Red. Rüdt U, Stuttgart) Behr, Hamburg
17. Pentachlorphenolverbotsverordnung (PCP-V) vom 12.12.1989 (BGBl. I S. 2235)
18. U.S. Department of Health and Human Services, Public Health Service, National Institutes of Health: „Toxicology and Carcinogenesis of two Pentachlorophenol Technical-Grade Mixtures"; NTP TR 349, March 1989
19. Velvart J (1989) Toxikologie der Haushaltsprodukte. Huber, Bern Stuttgart Wien
20. Huber L (1989) Zusammensetzung von Textilwaschmitteln und Abwasserbelastungen. SöFW 115:377

21. Wickboldt R (1976) Die Analytik der Tenside. Firmenschrift der Hüls-Werke, Marl
22. Matissek R (1979) Tenside in Shampoos, Schaumbädern und Seifen. MvP-Berichte 3/79, Dietrich Reimer, Berlin
23. Matissek R (1988) Dünnschichtchromatographische Untersuchung zur Identifizierung von Tensiden in Schampoos, Schaumbadepräparaten und Seifen. Tenside Detergents 19:57
24. Senden WA, Riemersma R (1990) Analyse von Alkylarylsulfonaten mit Hilfe der HPLC. Tenside Detergents 27:46
25. Meßverfahren zur Bestimmung der biologischen Abbaubarkeit von anionischen und nichtionischen synthetischen Tensiden in Wasch- und Reinigungsmitteln. BGBl. I (1977) 245
26. Verfahren zur Bestimmung des Phosphatgehaltes in Wasch- und Reinigungsmitteln. GMBl. (1981) 107
27. Spielwaren und Scherzartikel (1989) Band 17 der Schriftenreihe Lebensmittelchemie, Lebensmittelqualität, Behr, Hamburg

Weiterführende Literatur
28. Ullmanns Enzcyklopädie der technischen Chemie, VCH, Weinheim (1978–1984)
29. Schwarz O (1987) Kunststoffkunde. Vogel, Würzburg
30. TVI (Hrsg): „Wissen kleidet"; Informationsbroschüre des Gesamtverbandes der deutschen Textilveredlungsindustrie – TVI-Verband, Schaumainkai 91, 60596 Frankfurt a.M.
31. Majerus P, Ottender H (1991) Nitrosamine in Bedarfsgegenständen aus Natur- und Synthesekautschuk. DLR 171
32. Agster A (1983) Färberei- und textilchemische Untersuchungen. 10. Aufl. Springer, Berlin Heidelberg
33. Falbe J, Hasserodt U (1978) Katalysatoren, Tenside und Mineralöladditive. Thieme, Stuttgart
34. Fachgruppe Wasserchemie der GDCh Deutsche Einheitsverfahren zur Wasser-, Abwasser- und Schlammuntersuchung. VCH, Weinheim
35. Wieczorek H (1985) Zusammensetzung und Analytik von Imprägniersprays, SöFW 111:115
36. Rechtssammlung. Herausgegeben vom Industrieverband Körperpflege- und Waschmittel e.V., Karlstr. 21, 60329 Frankfurt/M
37. Stache H (1990) Tensid-Taschenbuch. Hanser, München
38. Weiß J (1986) Ionen-Chromatographie – Eine neue analytische Methode zur Bestimmung ionogener Waschmittelinhaltsstoffe. Tenside Detergents 23:237
39. Schmahl H-J, Hieke E (1980) Trennung und Identifizierung versch. auch in Kosmetika verwendeter antimikrobieller Stoffe mittels DC. ZLUF 304:398

6 Kosmetika

J. Hild, Hagen

6.1 Warengruppen

Die kosmetischen Mittel sind durch gesetzliche Definition auf die Anwendungsgebiete Haut, Haar und Mundhöhle beschränkt. Als Warengruppen werden daher vor allem
- Mittel zur Hautreinigung und -pflege,
- Mittel zur speziellen Hautpflege und Hautschutz,
- Dekorative Kosmetik,
- Mittel zur Nagelkosmetik,
- Mittel gegen Körpergeruch,
- Enthaarungsmittel,
- Haarbehandlungsmittel und
- Zahn- und Mundpflegemittel

behandelt.

6.2 Beurteilungsgrundlagen

6.2.1 Lebensmittel- und Bedarfsgegenständegesetz (LMBG)

Die kosmetischen Mittel unterliegen den Rechtsvorschriften des nationalen Lebensmittel- und Bedarfsgegenständegesetzes (LMBG) [1]. Der § 4 LMBG gibt hierzu die Begriffsbestimmung:

1) Kosmetische Mittel im Sinne des Gesetzes sind Stoffe oder Zubereitungen aus Stoffen, die dazu bestimmt sind, äußerlich am Menschen oder in seiner Mundhöhle zur Reinigung, Pflege oder zur Beeinflussung des Aussehens oder des Körpergeruchs oder zur Vermittlung von Geruchseindrücken angewendet zu werden,

es sei denn,

daß sie überwiegend dazu bestimmt sind, Krankheiten, Leiden, Körperschäden oder krankhafte Beschwerden zu lindern oder zu beseitigen.

2) Den kosmetischen Mitteln stehen Stoffe oder Zubereitungen aus Stoffen zur Reinigung oder Pflege von Zahnersatz gleich.

3) Als kosmetische Mittel gelten nicht Stoffe oder Zubereitungen aus Stoffen, die zur Beeinflussung der Körperformen bestimmt sind.

Diese Definition ist sehr umfassend formuliert und beinhaltet fast alle kosmetischen Produkte, von der täglichen Körperpflege bis zur dekorativen Kosmetik (§ 4 Abs. 1 und 2). Eine Abgrenzung zu den Arzneimitteln (§ 4 Abs. 1) ist vorhanden (s. auch Taschenbuch Bd. 1 Kap. 12.5.2), ebenso die Abgrenzung zu den Bedarfsgegenständen (§ 4 Abs. 3).

In den §§ 24–29 LMBG sind die Vorschriften und Regelungsermächtigungen zum „Verkehr mit kosmetischen Mitteln" aufgeführt. Maßgeblich sind vor allem die „Verbote zum Schutze der Gesundheit" (§ 24) und „Verbote zum Schutze vor Täuschung" (§ 27).

Wegen des enormen Verbrauchs (siehe 6.3.1) von kosmetischen Produkten zur täglichen Reinigung und Pflege muß sichergestellt sein, daß von diesen Erzeugnissen keine Gesundheitsgefährdung ausgeht, dies gilt für den bestimmungsgemäßen und den vorauszusehenden Gebrauch.

§ 24 LMBG lautet: Es ist verboten
1. kosmetische Mittel für andere derart herzustellen oder zu behandeln, daß sie bei bestimmungsgemäßem oder vorauszusehendem Gebrauch geeignet sind, die Gesundheit zu schädigen.
2. Stoffe, die bei bestimmungsgemäßem oder vorauszusehendem Gebrauch geeignet sind, die Gesundheit zu schädigen, als kosmetische Mittel in den Verkehr zu bringen.

Rechtliche Möglichkeiten zur Umsetzung des Gesundheitsschutzes hat der Gesetzgeber durch § 25 (Verwendungsverbot und Zulassungsermächtigungen, so z. B. „Verbot verschreibungspflichtiger Arzneimittel in Kosmetika") sowie in § 26 (Ermächtigungen zum Schutz der Gesundheit, so z. B. „Erlaß einer nationalen Kosmetik-Verordnung").
Der Schutz des Verbrauchers vor Täuschung, der in § 27 geregelt ist, bezieht sich vor allem auf die für die Kaufentscheidung des Verbrauchers bedeutsame Bezeichnung, Angabe und Aufmachung der kosmetischen Produkte.

§ 27 Abs. 1 LMBG lautet gekürzt: „Es ist verboten, kosmetische Mittel unter irreführender Bezeichnung, Angabe oder Aufmachung gewerbsmäßig in den Verkehr zu bringen oder für kosmetische Mittel allgemein oder im Einzelfall mit irreführenden Darstellungen oder sonstigen Aussagen zu werben...".
Hierbei ist u. a. von Bedeutung, daß kosmetischen Mitteln nicht Wirkungen beigelegt werden dürfen, die nicht hinreichend wissenschaftlich abgesichert sind.

6.2.2 Verordnung über kosmetische Mittel

Mit der nationalen Kosmetik-Verordnung [2] wurde die EG-Richtlinie (76/768/EWG) [3] in nationales Recht umgesetzt. Entsprechend den Änderungen der EG-Richtlinie wird auch die nationale Kosmetik-Verordnung laufend angepaßt. Sie besteht überwiegend aus umfangreichen Listen.
§ 1 verbietet die Verwendungen der in Anlage 1 aufgelisteten „Allgemein verbotenen Stoffe", derzeit ca. 400 Stoffe, wobei allerdings gewisse Ausnah-

men (Verwendung als Hilfsstoffe, die entfernt werden müssen) möglich sind.
Die „eingeschränkt zugelassenen Stoffe" nach § 2 sind in Anlage 2 aufgeführt.
Sie unterliegen unterschiedlichen Einschränkungen hinsichtlich der Anwendungs- und/oder der Verwendungsgebiete. Es gelten zulässige Höchstkonzentrationen in kosmetischen Fertigerzeugnissen, es können weitere Einschränkungen und Anforderungen gelten, auch werden obligatorische Angaben der
Anwendungsbedingungen und Warnhinweise auf der Etikettierung vorgeschrieben.

In § 3 wird die Verwendung der Farbstoffe (Anlage 3), in § 3a die der
Konservierungsstoffe (Anlage 6) und in § 3b die der Ultraviolett-Filter (Anlage
7) geregelt. Auch hier handelt es sich um Stoffe, die nur unter bestimmten
Bedingungen, wie zulässige Höchstkonzentrationen, Einschränkungen und
Anforderungen, z. T. auch unter Angabe von Anwendungsbedingungen und
Warnhinweisen auf der Etikettierung vertrieben werden dürfen. Für die
Farbstoffe gibt es zusätzliche Einschränkungen im Hinblick auf den jeweiligen
Anwendungsbereich.

Angaben zum Schutze der Gesundheit werden nach § 4 für kosmetische Mittel
gefordert, entsprechend den in den jeweiligen Anlagen aufgelisteten Verpflichtungen und, sofern sonstige Anwendungsbedingungen und Warnhinweise bei
bestimmten kosmetischen Mitteln erforderlich sind, um eine Gefährdung der
Gesundheit zu verhüten.

Weitere Kennzeichnungselemente werden gemäß § 5 gefordert, je nach Haltbarkeit des Erzeugnisses kann auch ein Mindesthaltbarkeitsdatum erforderlich
sein.

6.2.3 Empfehlungen, Vereinbarungen, Mitteilungen, Deklaration

Neben den Rechtsvorschriften des LMBG und der Kosmetik-Verordnung
werden noch zahlreiche andere Gesetze und Verordnungen tangiert: Eichgesetz, Fertigpackungs-Verordnung, Waschmittel- und Reinigungsgesetz usw.
Auch gibt es zusätzliche Empfehlungen des Industrieverbandes Körperpflege
und Waschmittel (IKW), u. a. betreffend „Vermeidung von Nitrosaminen in
kosmetischen Mitteln", „Gebrauchshinweise für Antitranspirantien", „Kennzeichnung von Kunststoffverpackungen" [4].
Seitens des Bundesgesundheitsamtes existieren Mitteilungen zu „technisch
vermeidbaren Gehalten an Schwermetallen in kosmetischen Erzeugnissen"
oder zu „technisch vermeidbaren Gehalten an Schwermetallen in Zahnpasten"
usw. [6]. Darüber hinaus gibt es zahlreiche höchstrichterliche Entscheidungen zu dem Gesamtkomplex der rechtlichen Beurteilung kosmetischer
Produkte [5].
Die Deklaration von Inhaltsstoffen kosmetischer Produkte ist im Gegensatz zu
den Regelungen bei Lebensmitteln (Zutatenliste) derzeit nicht zwingend
vorgeschrieben. Allerdings werden schon zahlreiche Produkte mit entsprechender Deklaration angetroffen. Eine Kennzeichnung entsprechend der
CTFA (Cosmetic, Toiletry and Fragrance Association) ist in der Diskussion.

6.2.4 Naturkosmetik

Eine exakte Definition für den Begriff Naturkosmetik existiert z. Zt. noch nicht. Die Vorstellungen, welche Anforderungen an derartige Produkte gestellt werden sollen, sind je nach Standort sehr unterschiedlich. Naturkosmetika ausschließlich aus Naturstoffen herzustellen, ist in wenigen Fällen möglich, wobei zusätzlich definiert sein muß, was wiederum Naturstoffe sind: ob diese chemisch oder physikalisch behandelt worden sind, ob sie natürlich oder naturidentisch sind usw. Offen ist auch die Frage der Verträglichkeit „reiner" Naturkosmetik – Allergie.

Kosmetika mit Zusätzen von Naturstoffen zu vertreiben ist zwar möglich, jedoch sind strenge Anforderungen an die Zusammensetzung und die jeweils werbende Aufmachung der Produkte zu stellen.

Es wird verwiesen auf die Fachliteratur [5] insbesondere auf ein Urteil [7] sowie auf folgende Publikationen:

- Natur – natürlich – naturrein – biologisch: Ein rechtliches Problem? [8],
- Sicherheit von Naturstoffen in kosmetischen Mitteln – Konservierungsmittel – [9],
- Kritisches zur Aussage „Naturkosmetik" [10],
- Vorschlag „Anforderungen an Naturkosmetika" (BMG v. 8. 4. 93).

6.3 Warenkunde

6.3.1 Allgemeines

Der Umsatz an Körperpflege- und kosmetischen Mitteln auf dem deutschen Markt betrug 1990 ca. 14 Milliarden DM. Davon entfielen 20,9 % auf Hautpflegemittel, 20,1 % auf Haarpflegemittel, 10,9 % auf Zahn- und Mundpflege, 9,4 % auf dekorative Kosmetik.

Folgende Kommissionen und Arbeitsgruppen sind tätig:

a) Kommission für kosmetische Erzeugnisse beim BGA (siehe Kap. 8.1);
b) Arbeitsgruppe „Kosmetische Mittel" der Lebensmittelchemischen Gesellschaft (Fachgruppe in der GDCh, siehe Kap. 8.1);
c) Deutsche Gesellschaft für Wissenschaftliche und angewandte Kosmetik e. V. mit Fachgruppen (Sekretariat, Konrad-Zirkel-Str. 22, 97769 Bad Brückenau).

6.3.2 Mittel zur Hautreinigung

Seifen, Syndets
Zur Reinigung der Haut wird eine Vielzahl kosmetischer Produkte angeboten. Nach wie vor werden die *Seifen* in verschiedensten Formen (fest, pastös und flüssig) am häufigsten benutzt. Auf den Markt drängen zunehmend synthetische *Detergentien* (*Syndets*). Das Prinzip des Waschens ist für klassische Seifen wie für synthetische Detergentien gleich. Die Oberflächenspannung des Wassers wird erniedrigt und somit der Schmutz besser benetzbar.

Die Seifen sind chemisch Alkalisalze der Fettsäuren, sie werden technisch allerdings durch Alkalibehandlung der freien Fettsäuren hergestellt. Als Ausgangsprodukte dienen Palmöl, Kokosöl, Rindertalg. In Abhängigkeit von der Kettenlänge können Seifen mit mehr oder weniger Schaumbildung hergestellt werden. Zur Vermeidung der Autoxidation der ungesättigten Fettsäuren (Ölsäure und Linolsäure) werden Antioxidantien (Ascorbylpalmitat) beigefügt. Die Seifen selbst sind typische Anionentenside.

Das Angebot von Seifen reicht von Toilettenseife, Transparentseife, Cremeseife bis zur speziellen Babyseife. Bei Babyseifen ist die Parfümierung stark reduziert, dafür überwiegen pflegende und milde Zusätze wie Kamillenbestandteile, spezielle Lanolinderivate u. a. Sie enthalten kein freies Alkali.

Gegenüber den stark alkalisch reagierenden Seifen (pH 9–10,5) reagieren Syndets annähernd neutral. Sie sind für die Haut wesentlich verträglicher, der Säureschutzmantel der Haut mit einem pH von etwa 5,5 wird bei Behandlung mit Syndets nicht übermäßig angegriffen.

Deoseifen werden durch Zumischen von antibakteriell wirkenden Stoffen hergestellt. Medizinische Seifen enthalten zumeist desinfizierende Wirkstoffe (s. auch Taschenbuch Bd. 1, Kap. 12.5.2).

Flüssigseifen werden vielfach über Dosierspender in Wasch- und Toilettenräumen angeboten. Sie bestehen aus Kaliseifenlösungen, Glycerin und Rückfettern (z. B. Fettsäurealkanolamide, Fettsäure-Eiweiß-Kondensate).

Für synthetische Flüssigseifen werden Alkylsulfate (Natriumlaurylsulfat), Sulfosuccinate und ähnliche Tenside eingesetzt. Mit Farb- und Duftstoffen, auch mit hautpflegenden Komponenten werden die Produkte abgestimmt.

Handreinigungscremes, Handwaschpasten und ähnliche Produkte enthalten neben den Tensiden vor allem Scheuermittel wie Quarzmehle, Bimssteinmehl, darüber hinaus auch Feuchthaltemittel, teilweise auch organische Lösungsmittel.

Bade- und Duschzusätze

Ursprünglich wurden lediglich Badesalz und Badetabletten eingesetzt, die im wesentlichen das Wasser enthärten, färben und parfümieren sollten. Sie werden nur noch in geringem Umfang verwendet. Neue Badezusatzmittel bieten weit mehr. Sie werden beworben mit angenehmem Duft, enthalten Kräuteröle, besitzen einen weichen Schaum und dienen der Entspannung. Für die verschiedensten Hauttypen werden hier Schaumbäder, Cremeschaumbäder und Ölbäder angeboten.

Schaumbäder werden für fettige Haut empfohlen, sie enthalten Tensidmischungen. Zusätzliche Seife wird nicht mehr benötigt, da reichlich waschaktive Substanzen vorhanden sind. Rückfettende Substanzen verhindern das übermäßige Austrocknen wegen der hohen Tensidgehalte der Schaumbäder.

Cremeschaumbäder besitzen größere Mengen an Rückfettungsmitteln, die meist in Emulsionsform eingearbeitet sind. Diese Produkte schäumen nicht sonderlich stark und sind für normale Haut zu empfehlen.

Natriumlaurylethersulfat	14,0%
Cocosfettsäurediethanolamid	4,0%
Fettalkoholpolyglykolethersulfosuccinat	4,0%
Parfümöl	1,0%
Kochsalz	1,0%
Citronensäure	quantum satis
Konservierungsmittel	quantum satis
Farbstoff	quantum satis
Wasser	ad 100,0%

Abb. 1. Rezepturbeispiel Duschbademittel

Ölbäder sind speziell hautpflegende Produkte mit hohen Gehalten an pflegenden Ölen, derartige Produkte schäumen nicht. Die Öle ziehen auf die Haut auf, weshalb diese Produkte vor allem zur Anwendung bei trockener und rissiger Haut geeignet sind.

Bäder mit medizinischen Zusätzen und etherischen Ölen u.a. m dienen zumeist der Anregung der Durchblutung oder werden als Erkältungsbäder angeboten.

Duschbäder. Das Duschen wird zunehmend dem ausgiebigen Wannenbad vorgezogen. Deswegen ist auch der Marktanteil an Duschbädern, an flüssigen Tensidzubereitungen, die direkt auf die Haut gegeben werden, sehr groß. Diese Erzeugnisse haben niedrige Tensidgehalte aber höhere Anteile an rückfettenden Substanzen. Zur besseren Verteilung auf der Haut wird die Viskosität durch geeignete Verdickungsmittel (Alginate, Methylcellulose) eingestellt (Abb. 1).

Reinigungswässer. Die Hautreinigung kann auch mit alkoholisch/wäßrigen Lösungen erfolgen. Gesichtswässer bestehen aus Mischungen von 20 bis 40% Alkohol, denen Tenside ebenso wie Pflanzenextrakte zugesetzt werden. Hamamelis, Kamillezusätze werden verwendet. Adstringierende Eigenschaften besitzen Aluminiumverbindungen wie z.B. Alaun.

Reinigungsmittel auf Ölbasis werden dort eingesetzt, wo Schminken, Make up und dekorative Kosmetik entfernt werden sollen. Öle und Fette, auch dünnflüssige Emulsionen, werden hierfür eingesetzt. Mineralöle, Vaseline, Polyethylenglykole bilden die Grundlage für derartige Präparate.

Das Spektrum derartiger Produkte wird ergänzt durch Hautreinigungsöle, Emulsionen und Gesichtswaschcremes.

Reinigende *Kleie-Präparate* dienen als Abrasivum. Diese Produkte bestehen aus Mandelmehl, Tensiden, z.T. auch aus Stärke und Talkum, gelegentlich auch aus Seesand. Sie werden in der Hand mit Wasser angeteigt und dann auf der Haut verrieben.

6.3.3 Mittel zur Hautpflege

Die Pflege der Haut ist aus verschiedensten Gründen notwendig. Durch Alterung verliert sie ihre Elastizität, verbunden mit einem reduzierten Wasserbindungsvermögen. Durch die Reinigung der Haut werden Hautbestandteile

O/W-Creme – Basisformulierung	
Glycerinmonostearat	2,0%
Cetylalkohol	3,0%
Paraffin	15,0%
Vaseline	3,0%
Isopropylpalmitat	4,0%
Natriumcetylstearylsulfat	2,5%
Glycerin	3,0%
Parfümöl, Konservierungsstoffe	quantum satis
Wasser	ad 100,0%
W/O-Creme – Basisformulierung	
Ricinusöl, hydriert	4,0%
Wollwachsalkohol	1,5%
Bienenwachs	4,0%
Vaseline	9,0%
Paraffinöl	7,0%
Glycerin	6,0%
Parfümöl, Konservierungsstoffe	quantum satis
Wasser	ad 100,0%

Abb. 2. Rezepturbeispiel

entfernt, die für die Funktion der Dermis von großer Bedeutung sind. Sie müssen nachträglich durch pflegende Mittel der Haut wieder zugeführt werden. Hierbei steht die Pflege der Gesichtshaut und der Hände im Vordergrund.

Über Emulsionen können die Wirkstoffe als wasserlösliche bzw. fettlösliche Komponenten auf ideale Weise auf die Haut gebracht werden. Entsprechend dem Hauttyp werden geeignete Emulsionen eingesetzt. Fetthaltige Emulsionen bei trockener Haut, bei Mischhaut werden meist fettärmere Produkte bevorzugt.

Basisstoffe dieser Zubereitungen sind pflegende Öle, Wachse und Emulgatoren. Vorteilhaft sind Lotionen und Emulsionen, die schnell in die Haut eindringen (Abb. 2).

Fettcremes werden aus Wachsen und Ölen sowie aus Emulgatoren hergestellt. Sie enthalten nur sehr wenig Wasser. Zur Pflege können Wollwachsalkohole, Fettalkohole, Glycerinmonostearat, gelegentlich auch Mandelöl zugesetzt werden. In einigen Präparaten finden sich auch Vitaminzusätze. Der feine Fettfilm, der die Haut überzieht, beeinträchtigt allerdings die Wasserverdunstung.

Glyceringele werden vor allem als Handpflegemittel angeboten, sie enthalten bis zu 20% Glycerin, dienen der Glättung der Haut und verhindern ein Austrocknen der Hornschicht.

Bei *Gesichtsmasken* handelt es sich zumeist um pastöse Massen, die auf das Gesicht aufgetragen werden, um dort einige Zeit auf die Haut einzuwirken. Bewirkt werden soll eine Entfettung der Haut, ein Aufbringen von Feuchtigkeit, eine Stärkung der Elastizität.

Creme-Masken bleiben als weiche Masken auf der Haut und können nach der Behandlung mit Wasser vorsichtig abgenommen werden. Fest aufziehende Masken müssen mit Wasser abgewaschen werden. Schaummasken können nach Verwendung einmassiert werden.

Die Palette der *Wirkstoffe* in Pflegemitteln ist sehr umfangreich. Häufig eingesetzt werden pflegende Zutaten wie Allantoin und Panthenol. Die Kamilleninhaltsstoffe Azulen und Bisabolol werden wegen ihrer entzündungshemmenden Eigenschaft oft verwendet. Darüber hinaus sind Pflanzenauszüge wäßrig wie ölig in den Rezepturen zu finden. Auch werden Präparate wie Elastin, Collagen und auch Organextrakte eingesetzt. Offen bleibt bei vielen Produkten, ob den Wirkstoffen, die eingesetzt werden, auch die ausgelobte Wirkung zukommt.

Puder. Auch Puder dienen der Hautpflege. Sie bestehen im wesentlichen aus Talkum, Kaolin, Magnesium- und Aluminiumsilikaten, Bolus alba und anderen Grundstoffen. Die Haftfähigkeit der Puder wird durch Stearate gefördert. In Kinderpudern wird häufig auch Stärke eingesetzt. Die Puder werden meistens nur schwach parfümiert und können je nach Anwendung mit bestimmten Zusätzen versehen werden. So enthalten Fußpuder zumeist bakterizide Wirkstoffe, desodorierende Puder werden mit antimikrobiellen Wirkstoffen versetzt. Besondere Zusammensetzungen finden sich bei Babypudern, die im wesentlichen feuchtigkeitsbindende Eigenschaften haben müssen.

6.3.4 Mittel zur Beeinflussung des Aussehens der Haut – Dekorative Kosmetika

Hierzu zählen Kosmetika, die das Aussehen der Haut auf vielfältige Weise beeinflussen können. Das äußere Erscheinungsbild des Menschen wird vor allem geprägt von modischen Einflüssen, was historisch leicht belegt werden kann. Die Schönheitsideale haben sich im Laufe der Jahrhunderte sehr oft geändert. Geblieben ist die Tatsache, daß in dekorativen Kosmetika große Anteile von Farbstoffen eingesetzt werden, um Lippen, Gesicht und Augenbereich farblich zu verändern. Neben der farbgebenden Komponente werden auch pflegende und schützende Wirkstoffe eingearbeitet.

Farbstoffe dürfen nur nach Maßgabe der geltenden Kosmetik-Verordnung eingesetzt werden. Insgesamt teilt man die Farbstoffe ein in
- anorganische Pigmente (Weißpigmente, farbige Pigmente, Glimmer und Perlglanz),
- lösliche, natürliche Farbstoffe wie z.B. Carmin,
- lösliche synthetische Farbstoffe wie z.B. Azo-Farbstoffe und
- Farblacke.

Make up

Diese Produkte werden mit Farbstoffen so abgestimmt, daß sie der Gesichtshaut ein möglichst natürliches und gesundes Aussehen verleihen. Angeboten werden Puder (lose, gepreßt), Pudercremes, Tagescremes und spezielle Rouge-Präparate.

Die Gesichtspuder bestehen aus Pudergrundstoffen wie z. B. Magnesiumsilikat, Kaolin, Talcum, Zinkoxid, Titandioxid (den Weißpigmenten), die eine gute Haftung und Abdeckung sowie ein gutes Auftragen ermöglichen. Diesen Grundstoffen werden die Farbpigmente – vor allem Eisenoxide – zugefügt. Diese Produkte werden dann mit dezenten Parfümnoten abgestimmt.

Zur Herstellung gepreßter Gesichtspuder werden Isopropylstearyl-Verbindungen, Lanolinalkohole sowie Paraffinöle als Bindemittel zugesetzt. Viele dieser Produkte enthalten zusätzlich noch Konservierungsstoffe und Antioxidationsmittel. Feuchtigkeitsbindende Stoffe wie Sorbit, Glycerin und Glycole werden benötigt, um die Verteilung auf der Haut zu verbessern.

Dekorative Tagescremes sind Öl-Wasser-Emulsionen, denen spezielle Verdickungsmittel (Xanthan, Carboxymethylcellulose) zugesetzt werden müssen, um eine Sedimentation der Pigmente zu verhindern.

Die speziellen Rouge-Präparate enthalten hohe Gehalte an farbgebenden Komponenten, Pigmenten, Farblacken und Farbstoffen.

Augenpflegemittel

Diese Mittel werden ausschließlich verwendet, um die Augenpartie dekorativ zu gestalten und sie farblich zu betonen. Hierzu werden vor allem Lidschattenpräparate, Wimperntuschen und Augenbrauenstifte eingesetzt. Da diese Kosmetika im Augenbereich Verwendung finden und mit den Schleimhäuten des Auges in Berührung kommen können, muß bei diesen Produkten besonders auf die Keimfreiheit und eine hohe Verträglichkeit der Inhaltsstoffe geachtet werden.

Lidschatten: Solche Produkte werden mit Applikatoren auf die Augenlider aufgetragen. Es handelt sich hierbei um Emulsionen, Fett-Schmelzen, aber auch um gepreßte Puder. Die Farbpalette ist umfassend. Da im Augenbereich Perlglanzeffekte besonders beliebt sind, werden Glimmer und Perglanzprodukte vermehrt eingesetzt.

Wimperntusche (Mascara): Zur Färbung der Wimpern werden Cremes und Emulsionen hergestellt. Die Farbgebung ist meist auf schwarze und braune Töne ausgerichtet. Sog. Block-Mascara werden in kleinen Döschen mit zugehörigen Pinseln und Bürsten angeboten. Es sind gefärbte Mischungen aus Fetten und Wachsen sowie Emulgatoren. Mit einer feuchten Bürste wird der Mascarablock überstrichen und die sich bildende Emulsion auf die Wimpern aufgetragen.

Flüssige Wimperntuschen haben inzwischen die Blockmascara weitgehend abgelöst. In geeigneten Schraubgefäßen mit einem Applikator, an dessen Spitze sich eine spiralige Bürste befindet, kann die flüssige Wimperntusche sehr gezielt aufgetragen werden. Isoparaffin als Lösungsmittel, Stearate als Emulgatoren, Wachse und Öle sind neben den Farbstoffen Hauptkomponenten dieser Produkte.

Eyeliner: Augenbrauenstifte, Kajalstifte ähneln Bleistiften. Diese Produkte bestehen aus Wachsen und Ölen, denen in der Schmelze Eisenpigmente

Ricinusöl	30,0%
Glycerinmonopalmitat	38,0%
Isopropylmyristat	8,0%
Mineralöl	6,0%
Vaseline	4,0%
Carnaubawachs	4,0%
Lanolin	3,0%
Parfümöl	2,0%
Farbstoff	5,0%

Abb. 3. Rezepturbeispiel Lippenstift

zugesetzt werden. Die fertige Mischung wird homogenisiert, zu einer Mine ausgezogen und wie bei der Bleistiftfabrikation mit Zedernholz ummantelt.

Make up-Entferner

Diese gibt es in Form von in Öl getränkten Pads, wie auch als entsprechende Lotionen.

Lippenpflegemittel

Hierzu zählen pflegende wie dekorative Präparate. Die Lippen haben nur eine sehr dünne Hornschicht, keine Schweißdrüsen und besitzen nur wenige Talgdrüsen. Sie sind sehr intensiv durchblutet und werden lediglich durch den Speichel feucht gehalten. Deswegen ist eine Lippenpflege notwendig, um die Lippenoberfläche vor zu starkem Austrocknen und Rissigwerden zu schützen. Mit dekorativen Lippenpräparaten kann man diese anfärben, Glanz auftragen und die Konturen korrigieren.

Von der Zusammensetzung her ist die Basis der Lippenstifte gleich: es handelt sich um Schmelzen von Wachsen, Ölen, denen pflegende bzw. färbende Stoffe beigemischt werden (Abb. 3).

Die Auswahl der Grundstoffe beschränkt sich vor allem auf Bienenwachs, Carnaubawachs, Candillawachs, mikrokristalline Wachse, Rizinusöl und Paraffinöle. Diesen Stoffen kommt technologisch sehr große Bedeutung zu.

Als Farbstoffe dürfen nur solche verwendet werden, die nach der Kosmetik-Verordnung für die Verwendung an Schleimhäuten erlaubt sind.

Die Herstellung derartiger Präparate erfolgt vereinfacht nach folgender Weise: das Rizinusöl und der Farbstoff werden gemeinsam gemischt. Bei Temperaturen von 70 bis 80 °C werden die Grundstoffe geschmolzen und mit dem Farbstoffansatz homogenisiert. Parfümöle werden bei niedrigeren Temperaturen der homogenen Masse zugesetzt. Die Haltbarkeit wird durch Zusätze von Konservierungsstoffen und Antioxidantien erhöht. Der Anteil farbgebender Substanzen kann bis zu 10% betragen.

Pflegende Lippenstifte sind nicht unbedingt gefärbt, sie enthalten Zusätze von Vitamin A, Vitamin E, Panthenol und Kamille. Sie werden je nach Zweckbestimmung auch mit Lichtfiltersubstanzen versetzt.

Lipglos-Produkte sollen einen deutlichen Glanz auf den Lippen bewirken.

Angeboten werden Lippenstifte in unterschiedlichsten Farben in Drehhülsen, mit denen ein einwandfreies und sauberes Auftragen möglich ist.

6.3.5 Mittel mit spezieller Hautpflege und mit Hautschutzwirkung

Lichtschutzmittel

Sonnenschutzpräparate sollen die Haut vor den UV-Strahlen des Sonnenlichtes schützen.

War es vor ca. 100 Jahren noch „vornehm", eine helle und blasse Haut zu haben, so gilt inzwischen die Bräune als ein Attribut für gesund, aktiv und sportlich.

Zum einen ist eine deutliche Bräunung der Haut erwünscht, andererseits muß aber ein Sonnenbrand verhindert werden. Um diese Balance bei sehr unterschiedlichen Hauttypen und individuellen Vorstellungen von Hautbräune zu erreichen, wurden zahlreiche UV-Filter-Wirkstoffe entwickelt.

Zum Verständnis der Wirkung von UV-Filtern dienen einige physikalische Grundlagen:

Das Sonnenlicht umfaßt einen für das Auge erkennbaren Bereich von 400 bis 800 nm (sichtbares Licht). Licht mit kleinerer Wellenlänge – also unter 400 nm – wird als ultraviolettes Licht bezeichnet und ist für das menschliche Auge nicht mehr wahrnehmbar. Die UV-Strahlung wird wegen der unterschiedlichen Wirkung auf die Haut in drei Kategorien eingeteilt:

- UV-A-Strahlung – Wellenlängenbereich von 400 bis 315 nm
- UV-B-Strahlung – kurzwelliges Licht im Bereich von 315 bis 280 nm
- UV-C-Strahlung – sehr kurzwelliges Licht im Bereich von 280 bis 200 nm

Die UV-B-Strahlung bewirkt Sonnenbrand und führt zur indirekten Hautbräunung. Die UV-A-Strahlung hingegen bewirkt eine direkte Hautbräunung. Durch den Einfluß der Sonnenstrahlung wird auf der Haut zunächst eine Pigmentierung (Bräunung der Haut), bei übermäßiger Bestrahlung eine Hautrötung bis zum Sonnenbrand bewirkt. UV-A-Strahlen sind energieärmer, so daß die Gefahr eines Sonnenbrandes durch diese Strahlung kaum auftritt. Allerdings kann sie als längerwellige Strahlung bis in das Bindegewebe eindringen, was verbunden mit gleichzeitiger UV-B-Strahlung zur Hautalterung führt. Die Pigmentierungsvorgänge beruhen auf komplizierten chemischen Reaktionsmechanismen in der Haut.

Filtersubstanzen sind die Wirkstoffe, welche die UV-Strahlung absorbieren und in Wärme umwandeln. Es gibt entsprechend den physikalisch-chemischen Eigenschaften UV-A- und UV-B-Filtersubstanzen. Gute UV-Filtersubstanzen können bis zu 98 % der Strahlung absorbieren. Der Einsatz der UV-Filter ist durch die Kosmetik-Verordnung (Anlage 7) geregelt.

In Lichtschutzpräparaten können ein oder mehrere UV-Filter kombiniert werden. Als Zubereitung werden Öle, O/W-Emulsionen, W/O-Emulsionen, Gele, Stifte, Sprays und andere Produkte angeboten. Sonnenmilch wird derzeit am meisten begehrt.

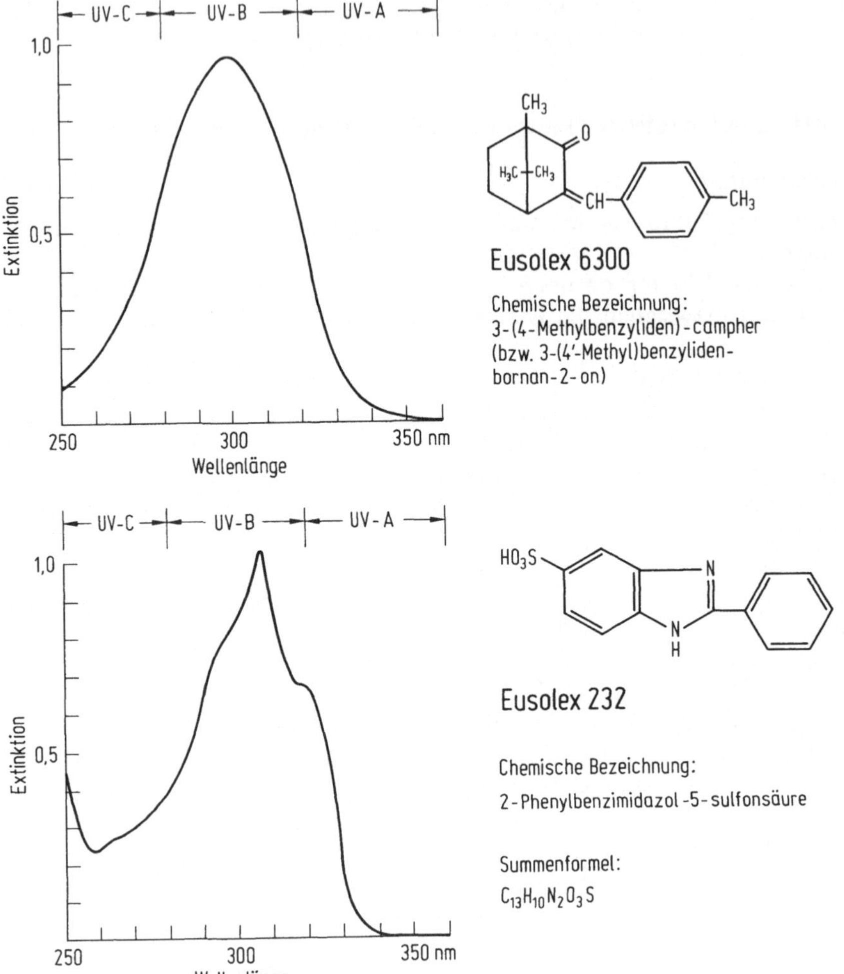

Abb. 4. Lichtschutzfilter (UV-Spektrum) [15]

Entscheidend für die Auswahl und Einsatz des Lichtschutzfilters ist das Löslichkeitsverhalten. Die Mehrzahl der gängigen Filtersubstanzen ist öllöslich, nur wenige sind wasserlöslich (Abb. 4).

Der *Lichtschutzfaktor* wird als Maß für die Zeitverlängerung angegeben, die man sich der Sonnenstrahlung aussetzen kann, um zwar eine Reizung der Haut (Pigmentierung) zu erreichen, nicht aber einen Sonnenbrand. Der Lichtschutzfaktor x gibt somit an, daß man sich x-mal länger der Sonne aussetzen kann, wie ohne Lichtschutzmittel bevor ein Sonnenbrand auftritt. D. h., je niedriger der Lichtschutzfaktor, um so schwächer die UV-Absorption, oder ein hoher Lichtschutzfaktor führt zu einem weitgehenden Schutz vor UV-Strahlung.

Je nach Zubereitung der Lichtschutzpräparate kann der zu erreichende Lichtschutzfaktor beeinflußt werden. Die Verteilung des Filters in der Öl- oder Wasserphase, hoher oder niedriger Wassergehalt der Emulsion, Eindringtiefe in die Haut sind entscheidende Kriterien.

Sonnenöle bestehen aus Mischungen von Mineralölen, Erdnuß-, Sesam-, Avocadoöl sowie von fettenden Komponenten wie auch Silikonölen. Sie sind allerdings klebrig und fettig und hemmen die Schweißabdunstung. Zur Produktsicherung werden Antioxidantien vielfach als Tocopherole eingesetzt. Besser sind Sonnenmilchpräparate und -cremes, die aus dünnflüssigen Emulsionen bestehen, die leicht auf der Haut verteilt werden können und schnell einziehen. Hier werden insbesondere Öl/Wasser-Emulsionen bevorzugt, die einen Fettanteil bis zu ca. 30% besitzen. Auch W/O-Emulsionen und Sonnenschutzgele werden angeboten.

Als Pflegemittel nach dem Sonnenbad werden sogenannte *Après-Sun-Produkte* hergestellt. Sie enthalten keine UV-Filtersubstanzen, sondern sollen die Haut nach dem Sonnenbad kühlen, Feuchtigkeit zuführen, pflegen und einen beginnenden Sonnenbrand lindern. Hierfür werden Zusätze von Panthenol, Allantoin, Bisabolol und andere Wirkstoffe eingesetzt.

Hautbräunungsmittel

Um ohne UV-Strahlung eine Bräunung der Haut zu erreichen, werden Wirkstoffe eingesetzt, die mit den Aminosäuren der Hornschicht chemische Reaktionen eingehen, d. h. die Haut anfärben.

Nach der Einwirkungszeit von ca. 3 bis 5 Stunden beginnt die Bräunung, die je nach Behandlung bis zu einer Woche halten kann. Durch Regeneration der Hornhaut geht die Färbung verloren. Um eine gleichmäßige Bräunung zu erreichen, ist auf eine sehr sorgfältige Verteilung des Produktes auf der Haut zu achten. Diese Mittel sind nicht mit einem Sonnenschutz gleichzusetzen, es werden diesen Präparaten selten UV-Filter zugesetzt.

Der am häufigsten verwendete Wirkstoff ist das Dihydroxyaceton, das mit den Aminosäuren des Hauteiweißes nach komplizierten Mechanismen reagiert. Als Selbstbräunungspräparate werden meist flüssige Cremes, Öl/Wasser-Emulsionen vertrieben. Die Produkte müssen zur Stabilisierung des Dihydroxyacetons im pH-Bereich von 4 bis 6 gepuffert werden. Üblicherweise enthalten derartige Produkte 3 bis 6% Dihydroxyaceton.

6.3.6 Mittel zur Haarreinigung, Haarpflege und Haarbehandlung

Mittel zur Haarreinigung

Haarreinigung und -pflege gehören zur Körperpflege. Durch die Reinigung sollen Schmutz, Fett, Schuppen, Reste anderer Haarbehandlungsmittel entfernt werden.

Bei der Auswahl von Haarpflegemitteln sollte auf den jeweiligen Haartyp geachtet werden.

Das *normale* Haar ist gesund, unbeschädigt und glänzend. Es benötigt allgemein nicht mehr als 2 Wäschen pro Woche.

Fettiges Haar ist klebrig, ölig, strähnig, leicht unansehnlich und erfordert wegen der hohen Talgproduktion eine häufigere Wäsche, wenn möglich mit speziellen Haarwaschmitteln.

Dem *trockenen* Haar fehlt die ausreichende Talgproduktion, es wirkt daher spröde und strohig. Ihm fehlt ebenfalls ein spezielles Waschmittel.

Das *strapazierte* Haar ist schlecht kämmbar, verfilzt, nicht mehr glänzend. Gründe hierfür sind falsche und zu häufige Behandlung und Pflegefehler.

Haarwaschmittel

Haarwaschmittel-Shampoos sind aus zahlreichen abgestimmten Einzelkomponenten zusammengesetzt. Wichtig ist eine gute Reinigungsleistung verbunden mit speziellen Wirkstoffen für verschiedene Haartypen. Es sind zumeist flüssige, klare oder trübe Zubereitungen. Hauptbestandteile sind Tenside. Aus der Gruppe der anionischen Tenside werden Fettalkoholethersulfate eingesetzt ebenso wie Fettsäure-Eiweiß-Kondensationsprodukte, Succinate u.a. Sie werden verwendet wegen ihrer guten Hautverträglichkeit, wegen einer milden Schaumbildung und anderer Vorzüge.

Für milde Shampoos – nicht augenreizende Produkte für Kinder, Babys – werden ampholytische Tenside verwendet.

Zur Viskositätseinstellung werden Celluloseether, Alginate u.a. Verdickungsmittel zugefügt. Konditioniermittel zur besseren Kämmbarkeit und Rückfettung gehören ebenfalls zu einem guten Shampoo. Eine Konservierung derartiger Produkte ist unbedingt erforderlich. Farbstoffe, Parfümöle ergänzen die Rezeptur.

Zur Auswahl stehen auch zahlreiche Spezialpräparate, die Zusätze von Ei (Eigelb, Eilecithin) enthalten, sog. Eishampoos. Schuppen können mit Antischuppen-Shampoo behandelt werden, die als Wirkstoffe z.B. Zinkpyrithion, Schwefel oder Teerbestandteile enthalten.

Trockenshampoos haben nur geringe Reinigungskraft. Sie bestehen aus Talcum, Kieselgur, Aerosil u.a. Puder werden auf das Haar gestreut, mit den Fingerspitzen intensiv verteilt und wieder ausgekämmt. Sie können allenfalls Staub und Fett (Talg) absorbieren und entfernen helfen.

Mittel zur Haarpflege

Haarpflegemittel werden danach unterschieden, ob sie im Haar verbleiben oder ausgespült werden. Sie dienen der Verbesserung der Haarqualität, zur Behebung mechanisch verursachter Schäden (Kämmen, Bürsten) und chemischer Behandlungsmittel (Dauerwelle, Färbung).

Die wichtigsten Produkte sind Konditioniermittel, Frisiermittel, Haarfestiger, Haarsprays und Haarwässer.

Konditioniermittel – Haarspülungen – sind O/W-Emulsionen, die als Hauptbestandteil quarternäre Ammoniumverbindungen als kationische Tenside enthalten sowie Fettalkohole, Emulgatoren und Wasser. Abgestimmt werden derartige Produkte durch Zusatzstoffe wie Pflanzenextrakte, Proteine und pflegende Komponenten. Präparate ähnlicher Zusammensetzung werden zur Pflege des geschädigten Haares als Intensivhaarkur oder Kurpackung empfohlen. Durch die Behandlung werden die Haare von einem Film überzogen, sie werden elastisch, gut kämmbar und haben eine gute Fülle.

Frisiermittel werden direkt in das trockene Haar verteilt. Sie ergeben einen fetten – leicht feucht aussehenden Film. Diese Filme sind elastisch, stützen und festigen die Frisur. Angeboten werden zudem Haaröle, Pomaden, Frisiercremes und Frisiergele.

Haarfestiger und Fönwellen werden ins feuchte Haar verteilt und bilden sehr schnell einen elastischen Film aus Kunststoff auf dem Haar.

Haarsprays

Diese Produkte dienen zur Festigung der Frisur. Sie bestehen aus einem organischen Lösungsmittel (Isopropanol oder Ethanol), in dem der Filmbildner (ca. 4 bis 6%) gelöst ist. Als Filmbildner werden Kunststoffe vor allem Vinylpyrollidon und Vinylacetat als Mischpolymerisate eingesetzt. Weichmacher bewirken die Elastizität des Films und sind ebenfalls wasserabstoßend. Inhaltsstoffe wie Lichtschutzfilter und Glanzpulver werden ebenfalls verwendet. Zur Erzielung eines gleichmäßigen und sehr feinen Films wird die Lösung als Spray aufgetragen. Die Haarsprays lassen sich problemlos wieder ausbürsten und auswaschen.

Haarwasser

Haarwässer sind alkoholisch-wäßrige Lösungen, die vor allem desinfizierend, schuppenlösend und entfettend wirken können. Es sind einfache Mischungen mit etwa 40 bis 70% Anteilen Alkohol (Isopropanol, Ethanol) mit Zusätzen von Pflanzenextrakten (Birkenwasser!), Rückfettern, Parfümölen und Farbstoffen.
Darüber hinaus werden auch spezielle Haarwässer zur Pflege des Haarbodens, zur Durchblutung der Kopfhaut angeboten, auch Präparate mit Vitaminkomplexen und Haarkomplexen spezieller Zusammensetzung sind erhältlich.

Mittel zur Haarverformung

Die Haarverformung basiert auf einer drastischen Strukturänderung des Haarkeratins. Das Keratin als Makromolekül besteht aus einer Vielzahl von Aminosäuren. Die Bindungskräfte der Polypeptide, Salzbrückenbindungen und Wasserstoffbindungen sowie disulfidische Bindungen ergeben die typischen Haareigenschaften wie Elastizität. Eingebaut in die Haarstrukturen sind Keratinsubstanzen (makromolekularer Art). Basisverbindung der Haarstrukturen ist die Aminosäure Cystëin, die im Haarkeratin größtenteils in disulfidischer Verbindung, dem Cystin, vorliegt. In den eingelagerten Kittsubstanzen befinden sich als Hauptbestandteil auch Cystinmoleküle. Werden die Sulfid-Verbindungen gespalten, kann man das Haar verformen.

Kurzzeitige Formveränderungen der Haare sind schon durch Einwirkung von Wasser möglich. Es werden die Wasserstoff-Brückenbindungen gelöst, ebenso die Salzbindungen, so daß eine gewisse Formbarkeit besteht. Da die festen Disulfid-Verbindungen durch Wassereinwirkung selbst nicht ausreichend geöffnet werden können, hält eine „Wasserwelle" nur sehr kurz.
Angeboten werden Präparate dieser Art als Haarfestiger und Fönwellen.

Dauerwellpräparate – sogenannte Zweistufen-Präparate oder Kombinationsprodukte - enthalten Reduktionsmittel (Wellmittel) und Oxidationsmittel (Fixiermittel). Zunächst werden mit Reduktionsmitteln die Disulfid-Brückenbindungen gespalten, um das Haar verformen zu können. Ist die gewünschte Form eingelegt (Dauerwellwickel), so wird in einem zweiten Schritt die Oxidation durchgeführt, d. h. die Haarform wird fixiert, indem die Disulfid-Brücken in der eingelegten Form geschlossen werden.
In der Praxis wird das feuchte Haar auf Wickler aufgedreht, dann für 20 Minuten mit dem Wellmittel befeuchtet. Danach wird mit Wasser ausgespült und mit Fixiermittel nachbehandelt.
Dauerwellmittel enthalten sehr aggressive Wirkstoffe. Zum Schutz der Hände sollten Handschuhe getragen werden, die Kleidung muß entsprechend abgedeckt sein, die Haut am Haaransatz sollte geschützt werden (Wattetupfer).
Probleme (z. B. Farbveränderungen) können entstehen, wenn in gefärbtes Haar eine Dauerwelle fixiert werden soll.

Als *Wirkstoffe* (Reduktionsmittel) sind vor allem Thioglykolsäure-Verbindungen im Einsatz. In *alkalischen Wellmitteln* wird die Thioglykolsäure mit Ammoniak neutralisiert und auf einen pH-Wert von ca. 8 bis 9 eingestellt. Eine höhere Alkalität würde das Haar und die Kopfhaut schädigen. Bei diesen Behandlungen quillt das Haar fast vollständig.
Neben den alkalischen Präparaten gibt es auch sogenannte „*Saure Kaltwellmittel*", die im hautfreundlichen pH-Bereich von 5 bis 6 wirksam sind. Als Reduktionsmittel sind hier Monoglycerinester der Thioglykolsäure allerdings in höheren Konzentrationen (bis zu 12%) erforderlich.
Diese Produkte haben allerdings einige Nachteile, da sie dickes Haar nur wenig stark aufschließen, sie sind umständlich in der Handhabung und riechen oft unangenehm.
Außer den Reduktionsmitteln sind noch Tenside zur besseren Benetzung, Überfettungsmittel als Schutzstoffe sowie Parfümöle und Farbstoffe in den Produkten vorhanden. Diese stellen meist klare bis trübe Lösungen oder Emulsionen dar. Sie sind kühl aufzubewahren und sehr empfindlich gegen Sauerstoffeinfluß.

Fixiermittel enthalten in wäßriger Lösung die Oxidationsmittel, die in dem geformten Haar neue Disulfid-Brücken ausbilden sollen. In den Produkten finden sich Wasserstoffperoxid-Lösungen, Peroxi-Verbindungen, Alkalibromate mit Gehalten von 1 bis 3%. Um Alkalireste aus den Wellmitteln zu entfernen, werden Fixiermittel leicht sauer eingestellt (pH-Wert ca. 3). Fixiermittel zur Nachbehandlung einer sauren Welle reagieren meist neutral.

Schematische Darstellung der Haarverformung

$$R-S-S-R + 2H^+ + 2e^- \xrightarrow[\text{Wellmittel}]{\text{Reduktion}} R-SH + R-SH$$

$$R-SH + HS-R - 2e^- - 2H^+ \xrightarrow[\text{Fixiermittel}]{\text{Oxidation}} R-S-S-R$$

Als Handelspräparate sind dünnflüssige Emulsionen mit Zusätzen von waschaktiven Substanzen, Konditioniermittel und Wollwachsalkohole als Überfettungsmittel im Handel.

Mittel zur Haarfärbung

Seit alters her sind Haarfärbemittel in Gebrauch, um die eigene Haarfarbe zu verändern, sie aufzufrischen oder aufzuhellen.

Blondierung: die einfachste Farbveränderung besteht im Blondieren bzw. Bleichen des Haares. Dies beruht auf einer oxidativen Zersetzung der Melaminpigmente des Haares. Als Reagenzien werden Wasserstoffperoxide, Peroxodisulfate oder Peroxide häufig in Verbindung mit Ammoniak eingesetzt. Diese Behandlung stellt eine sehr massive Einwirkung auf das Haar dar. Angeboten werden Wasserstoffperoxid-Lösungen bis zu 12%, in Frisierbetrieben bis zu 18%. Auch gibt es Peroxide in Tablettenform. Die Präparate werden mit Ammoniak gemischt und auf das Haar verteilt. Je nach Einwirkdauer (bis zu 20 Minuten) wird eine Bleichung der Haare erreicht. Als Alternative zu H_2O_2-Lösungen werden auch Pflegelotionen mit Wasserstoffperoxid-Gehalten bis zu 3% angeboten, die im Haar verteilt, aber nicht ausgespült werden. Aufhellende Shampoos und Blondierungscremes sowie Blondieröle enthalten alle als bleichendes Agenz Wasserstoffperoxid bzw. peroxidische Verbindungen.

Haarfärbemittel: die zur Färbung eingesetzten Präparate werden je nach Haltbarkeit der Farbveränderung eingestuft in temporäre, semipermanente und permanente Mittel.

Temporäre Färbemittel

sind durch Waschen leicht zu entfernen, da sie locker auf der Haaroberfläche haften. Eine vorübergehende Haltbarkeit wird durch Fixiermittel (Öle, Fette, Wachse) ermöglicht. Es ist keine intensive Färbung, sondern nur eine Farbnuancierung möglich. Als Farbstoffe werden Azofarbstoffe, Anthrachinone und Triphenylmethan-Verbindungen eingesetzt. Als Handelspräparate sind Lotionen, Kurlotionen, Schaumaerosole und Tönungsfestiger in Gebrauch.

Semipermanente Färbemittel

haften intensiver auf dem Haar und überstehen mehrere Waschvorgänge. Diese Farbstoffe haben eine deutliche Affinität zum Haarkeratin, sie werden auch als direktziehende Farbstoffe bezeichnet. Sie sind meist kationischer oder nichtionischer Art wie z.B. Nitroaminophenole oder Nitrophenylendiamine. Die

Farbstoffe (bis zu 10 verschiedene Substanzen werden für eine Nuancierung benötigt) werden in Lösungsmitteln wie Glykolether oder Benzylalkohol gelöst und in üblichen Shampoo- oder Creme-Grundmassen eingesetzt. Die auf das feuchte Haar aufgetragenen Färbemittel werden nach maximal 30 Minuten ausgespült.

Permanente Färbemittel

Eine beständige und widerstandsfähige Färbung erzielt man mit Permanentfarbstoffen. Hierbei werden die Farbstoffe nicht oberflächig aufgetragen, sondern in die Faserschicht eingelagert und dort fixiert. Dies erreicht man mit sogenannten Oxidationshaarfärbemitteln.

Die eingesetzten Stoffe sind Farbstoffvorprodukte: Oxidationsbasen (Entwickler) oder Nuancierer (Kuppler).

Es handelt sich hierbei um aromatische Verbindungen, die leicht oxidierbar sind, so z. B. um o- und p-Phenylendiamine, o- und p-Aminophenole sowie o- und p-Toluylendiamine. Die Nuancierer sind ebenfalls phenolische Amine, die aber metasubstituiert sind (m-Phenylendiamin, m-Aminophenol).

Zur Farbentwicklung werden noch Oxidationsmittel (Entwickler) benötigt, dies sind wäßrige Lösungen von Wasserstoffperoxid. Die Haarfärbung gelingt, wenn man sich exakt an die Gebrauchsanweisungen hält. Angeboten werden Cremehaarfarben, Farbgele und Farbshampoos.

Die Oxidationshaarfärbemittel können allergische Reaktionen hervorrufen. Deshalb sollte nach Angabe der Gebrauchsanweisung ein Hauttest durchgeführt werden. Außerdem sollten diese Produkte nicht an die Schleimhäute gelangen und die Produkte immer fest verschlossen sein. Kleidungsstücke sind durch geeignete Plastiktücher zu schützen, desgleichen werden für Hände entsprechende Plastikhandschuhe mitgeliefert.

Selbstoxidierende Farbstoffe

wie Aminoresorcin und Diaminophenole reagieren bereits durch Luftsauerstoff, werden aber kaum mehr eingesetzt.

Natürliche Haarfarben

Hierbei handelt es sich um Pflanzenteile bzw. Pflanzenextrakte, von denen *Henna* am bekanntesten ist. Die färbende Komponente ist ein Naphthochinon-Derivat des Lawsons.

Mischungen von Henna mit Indigo, mit Nußschalen und anderen Pflanzenteilen ermöglichen verschiedene Färbungen. Die entstehenden Färbungen sind wenig beständig und es hängt zudem von der Naturfarbe des Haares ab, welch eine Färbung letztlich gelingt.

Kamillenauszüge geben dem Haar eine hellere, meist gelbliche Farbtönung. Diese Präparate werden als Pulvermischungen angeboten und müssen mit Wasser angerührt und entsprechend aufgetragen werden.

6.3.7 Mittel zur Nagelpflege

Diese kosmetischen Produkte umfassen Nagellacke, Nagellackentferner, Nagelhärter sowie Nagelhautentferner.
Sie sollen die Finger- und Fußnägel, die aus sehr widerstandsfähigem Keratin bestehen, pflegen, sie reinigen und ihnen Form und Farbe geben.

Nagellack

Grundstoff für Nagellack ist die filmbildende Nitrocellulose. Diese wird in verschiedenen Lösungsmitteln (Butylacetat, Ethylacetat, Toluol, Isopropanol usw.) gelöst. Die Haftung des Films auf dem Nagel bewirken Toluolsulfonamid-Formaldehyd-Harze. Um einen elastischen Film auf dem Nagel zu erhalten, werden Weichmacher wie Dibutylphthalate oder Campher zugesetzt. Als Farbstoff dienen Eisenoxide und Pigmentstoffe. Verstärkt werden auch Perl-Nagellacke angeboten, deren Perlglanzeffekt auf der Verwendung von Bismutoxychlorid und Glimmer beruht. Entscheidend ist, daß sich der Film so ausbildet, daß nicht das Nagelbett, sondern nur die Nagelplatte angefärbt wird.
Wegen des hohen Anteils an Lösungsmitteln und der Nitrocellulose sind bei der Herstellung besondere Schutzmaßnahmen erforderlich. Angeboten werden sog. Transparentlacke, die sehr geringe Farbanteile enthalten – sog. Unterlacke. Cremelacke haben höhere Farbgehalte (sowohl Pigmente wie lösliche Farbstoffe). Perllacke enthalten Perlglanzpigmente und Glimmer. Vor dem Auftragen sollte der Lack gut geschüttelt werden, um die Viskosität zu verbessern. Ein guter Lack deckt gleichmäßig und darf nicht zu schnell trocknen (Abb. 5).

Nagellackentferner

Diese enthalten die zur Herstellung des Lacks verwendeten Lösungsmittel wie Butylacetat, Ethylacetat allerdings auch Aceton und Glycole. Weichmacher und Paraffinöle ergänzen die Rezeptur. Diese Ausgangsstoffe werden gemischt, filtriert und konfektioniert. Nagellackentferner enthalten gelegentlich auch rückfettende Komponenten wie Wollwachs-Derivate, Fettalkohole, die dem Entfetten durch die stark fettlösenden Lösungsmittel entgegenwirken.

Butylacetat	35,0%
Toluol	30,0%
Nitrocellulose	10,0%
Isopropanol	9,0%
Toluolsulfonamid-Formaldehydharz	8,0%
Campher	2,5%
Dibutylphthalat	5,0%
Farbstoff	0,5%

Abb. 5. Rezepturbeispiel Nagellack

Nagelhärter

Mit diesen Präparaten sollen die Nägel schöner, glatter werden, Risse und Sprödigkeit sollen behoben werden. Dies geschieht durch den Einsatz von Formaldehyd, der den herkömmlichen farblosen Nagellacken zugesetzt werden kann. Um eine entsprechende Wirkung zu erreichen, werden mit Formaldehyd vernetzte Toluol-Sulfonamid-Harze eingesetzt. Die zulässige Höchstkonzentration für Formaldehyd beträgt 5%. Als obligatorischer Warnhinweis gilt **„die Nagelhaut mit einem Fettkörper schützen"**. Kennzeichnungspflichtig ist nur der freie Formaldehyd. Der Umgang mit formaldehydhaltigen Produkten sollte gut überlegt werden, da es sich hierbei um eine eiweißfällende Verbindung mit allergisierendem Potential handelt. Vorsicht ist auch geboten im Bereich von verletzter Haut.

Nagelhautentferner

Nagelhautentferner sind stark alkalisch reagierende viskose Lösungen mit hohen Gehalten an Kaliumhydroxid und Natriumhydroxid. Durch Auftragen dieser Lösung auf die Nagelhaut wird die Cuticula aufgeweicht bzw. so stark angelöst, daß sie mit einem Holzstäbchen unproblematisch entfernt werden kann.

Nagelpflegemittel

Dies sind Öl-Wasser-Emulsionen, die auf Nägel und Nagelbett einmassiert werden. Sie enthalten Wachse, Öle und Emulgatoren und können durch Zusatz von Collagen und Elastin angereichert werden.

6.3.8 Mittel zur Reinigung und Pflege von Zähnen, Zahnersatz und Mund

Zur Pflege der Zähne wird eine umfassende Palette kosmetischer Produkte angeboten. Zahnpasten, -cremes, -gele, -pulver, Mundwässer und andere Präparate. Sie sollen gegen Karies, gegen Zahnstein wirken, sie werden eingesetzt bei empfindlichen Zähnen, sie werden angeboten mit und ohne Fluoridzusätzen. Die Mundwässer gibt es als Konzentrate, als desinfizierende und einen frischen Atem gebende Kosmetika.
Durch tägliche und regelmäßige Zahnpflege soll möglichen Zahnerkrankungen vorgebeugt werden.

Zahnpasten

Die wesentlichen Bestandteile der herkömmlichen Zahnpasten sind Putzkörper, Tenside, Schaummittel, Feuchthaltemittel, geschmacksgebende Süßstoffe sowie je nach Bedarf Konservierungsstoffe und Farbstoffe. Spezielle Zahnpasten enthalten Fluoride, Aromastoffe, zumeist Pfefferminzöle.

Putzkörper sind im wesentlichen anorganische Verbindungen, die zur Unterstützung der mechanischen Reinigung mit der Zahnbürste aufgebracht werden. Sie werden nach der chemischen Herkunft, nach Härte und Korngröße so ausgewählt, daß sie den Putzeffekt erbringen, dabei aber den Zahnschmelz nicht angreifen.

	%
Natriumcarboxymethylcellulose	1,10
Glycerin, 86%	10,00
Sorbit, 70%	15,00
Wasser, entsalzt	35,76
Saccharin-Natrium	0,05
Natriumcyclamat	0,10
Natriummonofluorphosphat	1,14
Benzoesäure	0,20
PHB-Methylester	0,15
Aroma	1,00
Calciumhydrogenphosphat-dihydrat	25,00
Calciumhydrogenphosphat, wasserfrei	7,00
Siliciumdioxid, hochdispers	2,00
Natriumlauroylsarcosinat	1,50
	100,00

Abb. 6. Rezepturbeispiel Antikaries-Zahncreme [12]

Der Zahnpaste müssen ihrer Konsistenz wegen Feuchthaltemittel beigefügt werden, damit sie nicht austrocknet. Hierfür eignen sich vor allem Glykole (Glycerin, Propylenglykol) und Polyalkohole (Sorbit, Xylit).

Schaummittel und Tenside werden eingesetzt, da sie durch Benetzung und emulgierende Wirkung für eine bessere Verteilung der Zahnpaste sorgen und die Reinigung im Bereich der gesamten Mundhöhle unterstützen. Nur ausgewählte Tenside, die für den Kontakt mit der Schleimhaut geeignet sind, finden Verwendung. So z. B. Alkyllaurylsulfate, Fettalkoholsulfate, Sarkosinate.

Die Auswahl der Süßstoffe ist sehr begrenzt. Am häufigsten wird Saccharin-Natrium verwendet, gelegentlich auch Cyclamat.

Spezielle Wirkstoffe: Fluor-Verbindungen werden in den meisten Zahnpasten zur Kariesprophylaxe verwendet. Fluoride hemmen die Enzyme der kariogenen Bakterien im Zahnbelag (Plaque) und sorgen für einen teilweisen Austausch der Hydroxygruppe des Hydroxyapatits (im Zahn), was zu einer Härtung des Zahnschmelzes führt. Kombinationen verschiedener Fluoride führen zu einer deutlichen Remineralisierung. Am häufigsten werden Natriummonofluorphosphat und Natriumfluorid eingesetzt, gelegentlich auch in Kombination mit Calciumphosphaten (Abb. 6).

Neben der Pflege des Zahnes werden in den Zahnpasten auch Substanzen eingesetzt, die zugleich das Zahnfleisch positiv beeinflussen sollen. Dies sind u. a. Pflanzeninhaltsstoffe wie Myrrhe, Salbei, Rathania, Kamille, Rosmarin und andere Produkte. Isolierte Wirkstoffe aus Pflanzen wie Azulen, Bisabolol aus Kamillenblüten werden ebenso eingesetzt wie Vitamin A und leicht adstringierend wirkende Aluminiumsalze. Die Anzahl eingesetzter und physiologisch wirksamer Stoffe ist sehr umfangreich.

Die Aromatisierung von Zahnpasten ist für das Gefühl von Frische und Reinheit und gutem Atem von großer Bedeutung. Geschmacksgebende

Komponenten sind vor allem etherische Öle unterschiedlichster Herkunft, wobei die Minzenöle vorrangig verwendet werden. Zusätzlich werden auch Eukalyptusöl, Fenchelöl und Nelkenöl verwendet.

Zahnersatz-Pflegemittel

Zahnprothesen müssen ebenso wie Zähne gründlich gereinigt und gepflegt werden. Mangelnde Pflege führt zu Mundgeruch und kann Zahnfleischerkrankungen begünstigen. Sog. *Gebißreiniger* werden in Tablettenform oder als Granulat vertrieben. Zum Gebrauch werden sie in Wasser gelöst. Alkalische Reiniger bestehen aus Soda oder Syndets, mit Zusätzen von wasserlöslichen Polyphosphaten. Oxidationsmittel z. B. sauerstoffabspaltende Perborate dienen zum Abbau organischer Beläge. Saure Reiniger beinhalten organische Säuren, die mit Natriumcarbonat gemischt im Wasser ein sprudelndes Bad ergeben. Auch mechanische Reinigungsmittel (Prothesenzahnbürsten) werden angeboten.

Mundwasser

Diese alkoholisch-wäßrigen Lösungen oder Konzentrate dienen der Reinigung und der Pflege der Mundhöhle und werden als Spüllösung oder Sprays angeboten. Sie haben eine erfrischende angenehme desodorierende Wirkung bedingt durch hohe Anteile an Aromaölen (3 bis 15%). Als Alkohol wird vornehmlich Ethylalkohol in Gehalten bis zu 80% eingesetzt. Neben den etherischen Ölen werden auch spezielle Wirkstoffe wie isolierte Aromakomponenten, geschmacklich neutrale Tenside sowie Fluoride zugefügt und die fertige Lösung eingefärbt. Antiseptische und desinfizierende Mundwässer werden zumeist als pharmazeutische Produkte vertrieben (siehe auch Taschenbuch Bd. 1 Kap. 12.5.2 Tabelle 1).

6.3.9 Mittel zur Haarentfernung

Rasiermittel

Diese Produkte werden unterschieden nach dem Rasurverfahren. Mittel für die Naßrasur sind vor allem Rasierseifen und Rasiercremes, die schäumend bzw. nicht schäumend hergestellt werden. Präparate für die trockene Rasur sind meist alkoholisch-wäßrige Lösungen.
Durch Behandlung mit Wasser und Rasierschaum wird die Haut aufgeweicht, die Rasierklinge kann das Haar besser schneiden. Rückfettende Stoffe und Glycerin als Feuchthaltemittel mildern die starke Hautreizung während der Naßrasur. Hergestellt werden diese Produkte aus Kaliseifen z. T. auch durch Zusätze von Stearinsäure und Rückfettern ergänzt.
Für die Trockenrasur werden Pre-shave Lotionen als hochprozentige alkoholische Lösungen verwendet. Sie bewirken die Straffung der Haut, sie entfernen Fettanteile und Schweiß, zugesetzte Pilomotorika richten durch Kontraktion der Haarbalgmuskeln die Barthaare auf.
Nach der Rasur werden After-shave Produkte eingesetzt. Sie sollen die strapazierte Haut durch verschiedene Zusätze pflegen. Der desinfizierende

Effekt (40 bis 60 % Alkohol werden eingesetzt) ist vorrangig. Zugleich werden aber adstringierende Zusätze (Aluminiumsalze) wie auch bakterizide Wirkstoffe verwendet. Ergänzt wird das Spektrum der pflegenden Stoffe durch Rückfetter, durch Azulene. Das Gefühl der Frische verstärken Menthol und Campher.

Haarentfernungsmittel

Die Entfernung von Haaren erfolgt zumeist aus ästhetischen Gründen. Es werden chemische Verfahren (Depilierung) eingesetzt aber auch elektro-physikalische Verfahren (Epilierung), letztere sollten jedoch nur vom Fachmann ausgeführt werden.

Die mechanische Entfernung kann durch Rasieren, Ausreißen oder Abschleifen erfolgen.

Durchgesetzt haben sich chemische Verfahren zur Enthaarung. Die Depilationsmittel werden mit einem Holz- oder Plastikspatel auf die Haut aufgetragen. Die Haare werden relativ schnell abgelöst, so daß sie problemlos abgewischt werden können. Da der Angriff auf das Keratin erfolgt, werden Haare und Haut gleichermaßen betroffen. Derartige Mittel sind daher vor Anwendung unbedingt auf Verträglichkeit zu prüfen, sie dürfen nicht in Kontakt mit Schleimhäuten kommen.

Oxidierende Mittel enthalten eine alkalische H_2O_2-Lösung. Reduzierende Mittel enthalten 2 bis 4 % Thioglycolsäure in stark alkalischer Lösung. Nach der Behandlung kann die Haut stark gerötet sein.

6.3.10 Mittel zur Beeinflussung des Körpergeruchs

Jeder Mensch besitzt einen natürlichen, individuell sehr unterschiedlich ausgeprägten Körpergeruch. Dieser wird allgemein als unangenehm, penetrant und abstoßend empfunden, verbunden mit der Vorstellung von unsauber und ungepflegt.

Körpergeruch entsteht durch Zersetzung von Schweiß. Die apokrinen Schweißdrüsten in Achselhöhle und im Genital-Analbereich bilden einen fett- und eiweißhaltigen Schweiß, der zunächst weitgehend geruchslos ist. Begünstigt durch Feuchtigkeit, Wärme, Luftabschluß (Tragen enger Bekleidung u. ä.) können Mikroorganismen den Schweiß zersetzen, was zu einem unangenehmen Geruch führen kann. Verantwortlich für den Schweißabbau sind grampositive Bakterien, die wesentlicher Bestandteil der Hautflora sind. Körpergeruch tritt vornehmlich bei Erwachsenen auf, da die apokrine Sekretion durch Sexualhormone gesteuert wird.

Bestandteil des Körpergeruchs sind kurzkettige Fettsäuren (zwischen 4 bis 10 C-Atomen), Amine, Indole, Merkaptane unterschiedlichster Zusammensetzung.

Zur Beeinflussung des Körpergeruchs dienen Deodorantien, Deodorants oder als Desodorantien bezeichnete Produkte.

Es gibt prinzipiell drei Möglichkeiten den Geruch zu entfernen (zu desodorieren):

1. Die seit altersher gebräuchliche Art, den Körper durch Parfüm und durch andere „Düfte" zu überdecken, wird auch heute noch praktiziert. Hierbei kommt es darauf an, in abgestimmter Form eine Parfümierung zu wählen, die den körpereigenen Geruch mit der Duftnote der Parfumöle ideal verbindet.
2. Die für den Körpergeruch verantwortlichen Stoffe können auch durch absorbierende Wirkstoffe in ihrem Partialdampfdruck so herabgesetzt werden, daß sie geruchlich kaum mehr wahrgenommen werden. Dies geschieht durch Einbindung z.B. über Rizinoleate.
3. Durch Einsatz antibakterieller Stoffe kann der Körpergeruch stark reduziert bzw. verhindert werden. Diese Wirkstoffe zielen auf die für den Schweißabbau maßgeblichen Hautbakterien. Hierbei ist von Bedeutung, daß selektive Wirkstoffe eingesetzt werden müssen, die zwar bakteriostatisch nicht aber bakterizid wirksam sind.

Stoffe mit antimikrobiellen Eigenschaften sind Chlorhexidin, u.a. aber auch Parfümöle – sowie auch Inhaltsstoffe einiger etherischer Öle – z.B. Eugenol, Citral, Thymol, Menthol u.a. Der Einsatz der letztgenannten Substanzen ist wegen ihres starken Eigengeruchs begrenzt. Es gibt auch die Möglichkeit, mit enzymhemmenden Stoffen die esterspaltenden Lipasen der Bakterien zu blockieren, ohne daß das Bakterium selbst angegriffen wird.

Deodorantien

Als Produkte werden angeboten Roller, Stifte, Aerosole und andere Präparate. Die Emulsionsroller sowie Gelroller beinhalten die viskose Wirkstofflösung, die bei Gebrauch über eine Kugel auf die Hautoberfläche übertragen wird. Deostifte bestehen aus der Schmelze der alkoholischen Lösung der Wirkstoffe mit Natriumstearat und Zusätzen von Glycolen. Die Anwendung erfolgt direkt auf die Körperhaut. Zur Herstellung von Deosprays werden meist alkoholische Wirkstofflösungen eingesetzt. Sie betragen ca. 20 bis 60% Massenanteil am Gesamtaerosol. Als Treibgas werden überwiegend Mischungen aus Propan, Butan und Isobutan verwendet, gelegentlich wird auch Dimethylether eingesetzt. Die Verwendung von Chlorfluorkohlenwasserstoffen ist nicht mehr üblich.
Im Pumpspray werden wäßrig-alkoholische Lösungen der Wirkstoffe verwendet. Bei hohen Wasseranteilen muß zur Fixierung der Parfümkomponente ein Glycol zugesetzt werden.

Antitranspirantien

Diese Produkte sollen die Schweißbildung vermindern. Sie werden deshalb vor allem im Bereich vermehrter Schweißbildung eingesetzt. Hierzu dienen adstringierend wirkende Stoffe, die Eiweiß denaturieren und dadurch die Ausgänge der Schweißkanäle verengen. Je nach Wirkstoff und Einsatzkonzentration kann eine Schweißreduzierung bis zu 50% erzielt werden. Dies bedeutet, daß Antitranspirantien die Schweißbildung nicht gänzlich unterbinden. Wegen der sehr starken Wirkung dieser Produkte, sollten sie nur maximal einmal täglich angewendet werden.

Als geeignete Wirkstoffe gelten Aluminiumsalze, insbesondere schwach sauer reagierende Aluminiumhydroxichloride. Sie sind auch in Komplexen und mit Zusätzen von Natriumlactat im Einsatz.

Zur Herstellung von Aerosolen wird der Wirkstoff mit etwas Parfümöl und einer öligen Trägerkomponente gemischt, in Pudersprays wird daneben auch Talcum verwendet. Werden Produkte auf neutraler Basis hergestellt, kann Aluminiumhydroxichlorid eingesetzt werden, Natriumstearatgele reagieren zu alkalisch, so daß hier Aluminiumsalze und Natriumlactat als Komplex verwendet werden.

6.4 Analytische Verfahren

Je nach Fragestellung kann die Analytik unterschiedlich ausgerichtet werden, so z. B. auf die Überprüfung der Gesamtrezeptur oder auf den Nachweis und die Bestimmung ausgewählter Komponenten oder der in der Kosmetik-Verordnung gelisteten Stoffe.

Der Hersteller muß im Rahmen seiner Produktkontrolle umfassend analytisch tätig werden.

Im Rahmen der amtlichen Überwachung sind die in der Kosmetik-Verordnung vorgegebenen Stoffe qualitativ wie quantitativ zu überprüfen, darüber hinaus müssen auch andere Untersuchungen durchgeführt werden, die für eine rechtliche Beurteilung der Produkte erforderlich sind.

Der Nachweis und die Bestimmung zahlreicher Konservierungsstoffe, Farbstoffe und UV-Filter sowie weiterer in der Kosmetik-Verordnung benannter Stoffe stellen eine hohe Anforderung an die Analytik dar. Auf die weiterführende Literatur (Fachzeitschriften, analytische Verfahren siehe 6.5) wird allgemein verwiesen.

6.4.1 Amtliche Verfahren

Die amtliche Sammlung von Untersuchungsverfahren nach § 35 LMBG (AS 35) umfaßt auch den Bereich der Kosmetika (Band III/1). Die Sammlung wird laufend ergänzt, bislang wurden ca. 35 Verfahren publiziert, die in folgende Bereiche unterteilt sind:
- Kosmetische Mittel allgemein,
- Mittel zur Beeinflussung des Aussehens der Haut,
- Haarreinigungs-, Pflege- und Behandlungsmittel,
- Reinigungs- und Pflegemittel für Mund-, Zähne und Zahnersatz,
- Farbstoffe für kosmetische Mittel mit Schleimhautkontakt.

Die Verfahren werden EG-weit abgestimmt.

6.4.2 Spezielle Verfahren

Da nicht alle Stoffe durch die amtlichen Verfahren erfaßt sind, werden vielfach einfachere und speziellere Methoden für die Analytik kosmetischer Mittel eingesetzt.

Viele der in Anlage 1 zu §1 der Kosmetik-VO aufgelisteten *„allgemein verbotenen Stoffe"* werden mit speziellen Methoden analysiert. Es existieren zahlreiche Verfahren zur Aufarbeitung und Messung der Schwermetallgehalte in Kosmetika. Rückstandsanalytische Methoden zur Erfassung von Pestiziden in fettreichen kosmetischen Produkten (Babycremes, Lippenstiften usw.) stehen zur Verfügung. Des weiteren gibt es Verfahren zur Bestimmung von Dioxan in tensidhaltigen Produkten.

Die *„eingeschränkt zugelassenen Stoffe"* aus Anlage 2 zu § 2 der Kosmetik-VO werden z. T. durch Methoden der amtlichen Sammlung erfaßt. Jedoch sind auch hier zahlreiche andere Verfahren bekannt, die im Bedarfsfall eingesetzt werden, da sie wegen der Art der Quantifizierung und der Schnelligkeit der Durchführung besonders geeignet sind. Es werden fast ausschließlich HPLC- und GC-Bestimmungen mit Absicherungen durch Photodiodenarray und Massenspektrometrie eingesetzt.

In Anlage 3 zur Kosmetik-VO sind die *Farbstoffe* gelistet. Der qualitative Nachweis von Farbstoffen in kosmetischen Produkten wird entweder direkt geführt (Auftragen von Lippenstift auf eine DC-Platte) oder nach Extraktion mit geeigneten Lösungsmittelgemischen, oder nach Anreicherung und Reinigung über die Säulenchromatographie.

Die quantitative Bestimmung erfolgt entweder densitometrisch oder mit geeigneten HPLC-Verfahren. Spezielle analytische Verfahren werden beschrieben [22].

Die *Konservierungsstoffe* nach Anlage 6 der Kosmetik-VO können je nach ihrer chemischen Zugehörigkeit (Phenole, Säuren, Ester) gemeinsam analytisch erfaßt werden (Abb. 7).

Voraussetzung ist in vielen Fällen ein geeignetes Extraktionsverfahren, z. B. eine säulenchromatographische Reinigung. Gelegentlich genügt auch eine sauer-alkoholische Extraktion.

Der qualitative Nachweis wird über die Dünnschichtchromatographie und geeignete Detektionsmittel geführt. Je nach Gruppenzugehörigkeit lassen sich Phenole, Säuren und andere Verbindungen gemeinsam erfassen.

Die quantitativen Bestimmungen werden überwiegend mit der HPLC durchgeführt. Phenolische Verbindungen, wie die am meisten eingesetzten pHB-Ester, lassen sich an RP-18 Phasen in Wellenlängenbereichen zwischen 240–280 nm sehr gut trennen und detektieren.

Für Formaldehyd, das ebenfalls sehr häufig eingesetzt wird, sind photometrische Verfahren und HPLC-Methoden beschrieben.

Auch für organische Säuren, wie die Sorbinsäure, Benzoesäure und Propionsäure existieren geeignete DC- und HPLC-Verfahren.

Für andere Konservierungsstoffe müssen speziell abgestimmte Methoden verwendet werden. Dies gilt z. B. für Isothiazolone, die in sehr geringer Dosierung eingesetzt werden, und für die Nachweismöglichkeiten im ppm-Bereich erforderlich sind.

Lichtschutz-Filtersubstanzen nach Anlage 7 der Kosmetik-VO müssen je nach ihrem Löslichkeitsverhalten (Wasser/Öl-löslich) unterschiedlich extrahiert und

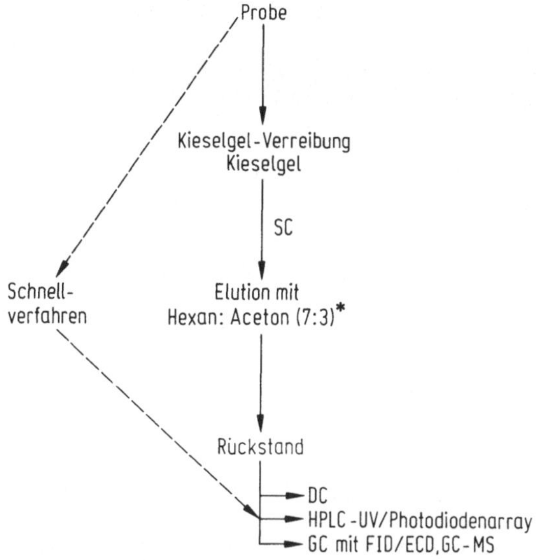

Abb. 7. Bestimmung von Konservierungsstoffen (pHB-Ester, Irgasan, Chlorophene, Bronidox, Bronopol)

analysiert werden. Diese Substanzen gehören zu charakteristischen chemischen Gruppen (z. B. Zimtsäureester, Campherverbindungen) und können bereits aus dem Trockenrückstand der Probe mittels Infrarotspektroskopie zugeordnet werden. Der DC-Nachweis ist wegen der teilweise hohen Einsatzkonzentrationen ebenfalls geeignet. Als Bestimmungsverfahren werden für die wasserlöslichen UV-Filter vor allem die HPLC, für die anderen UV-Filter neben der HPLC auch die GC-Verfahren eingesetzt.

Für Antioxidantien, waschaktive Substanzen, spezielle Tenside gibt es zahlreiche Verfahren, die in Anlehnung an bestehende Methoden eingesetzt werden. Ausgelobte Wirkstoffe, wie Vitamine, werden ebenfalls in Analogie zu bestehenden Verfahren überprüft.

Pflanzenwirkstoffe, Aromakomponenten werden meistens durch Wasserdampfdestillation angereichert und danach mit DC/GC- oder GC/MS-Verfahren identifiziert und bestimmt.

6.5 Literatur

Das Literaturverzeichnis stellt eine Auswahl von Rechtsvorschriften, Fachbüchern und Fachzeitschriften vor. Insbesondere zur Analytik muß auf Publikationen in anderen fachverwandten Zeitschriften zurückgegriffen werden (z.T. auch auf pharmazeutisch-medizinische Fachliteratur).

Kosmetik-Recht

1. LMBG (siehe Kap. 8.2 und LMR)
2. Verordnung über Kosmetische Mittel (Kosmetik-Verordnung) (BGBl. I S. 1082) vom 19. Juni 1985 i.d.z.Z. gültigen Fassung vom 18.12.92 BGBl. I S. 2386
3. Richtlinie des Rates vom 27. Juli 1976 zur Angleichung der Rechtsvorschriften der Mitgliedstaaten über kosmetische Mittel (76/768/EWG), veröffentlicht im Amtsblatt der EG Nr. L 262/169 vom 27. September 1976 in der z.Zt. gültigen Fassung
4. IKW-Rechtssammlung, herausgegeben vom Industrieverband Körperpflege- und Waschmittel e. V., Frankfurt/Main 1
5. Rechtliche Entscheidungen in LRE und ZLR
6. Empfehlungen, Richtwerte u. a. publiziert im Bundesgesundheitsblatt, Herausgeber: BGA
7. ZLR 2, *88* S 152 ff (OLG Koblenz) 1 Ss 279/87, Urteil v. 4. 8. 87
8. Schlotthöfer PW (1988) Parfümerie und Kosmetik 60:768 ff
9. Bach M (1991) Seife-Öle-Fette-Wachse 117:223 ff
10. Charlet E (1990) Parfümerie und Kosmetik 71:31 ff

Weiterführende Literatur (Fachbücher und -zeitschriften)

11. Nowak GA (1982) Die kosmetischen Präparate Band I und II. Verlag für chemische Industrie Ziolkowsky, Augsburg
12. Umbach W (1988) Kosmetik: Entwicklung, Herstellung und Anwendung kosmetischer Mittel. Thieme, Stuttgart
13. Vollmer G, Franz M (1985) Chemische Produkte im Alltag. Thieme, Stuttgart
14. Raab W, Kindl U (1991) Pflegekosmetik – Ein Leitfaden. Govi, Frankfurt/Main
15. Kindl G, Raab W (1988) Licht und Haut (2. Auflage). Govi, Frankfurt/Main
16. Blaue Liste – Inhaltsstoffe kosmetischer Mittel (1989) Editio Cantor, Aulendorf
17. Parfümerie und Kosmetik. Hüthig, Heidelberg
18. SÖFW-Journal (Seife-Öle-Fette-Wachse), Verlag für chemische Industrie Ziolkowsky, Augsburg
19. Ärztliche Kosmetologie. G Braun, Karlsruhe

Weiterführende Literatur (Analytik)

20. AS 35, Band III
21. Schmahl HJ (1979) Datenblattsammlung antimikrobiell wirksamer Substanzen in Kosmetika. Dietrich Reimer, Berlin. MvP Berichte 2/1979 des Bundesgesundheitsamtes
22. Identifizierung von Farbstoffen in Kosmetika. Mitteilung XVII der Farbstoffkommission der DFG (Deutsche Forschungsgemeinschaft) (1986), VCH, Weinheim
23. Newsburger's Manual of Cosmetic Analysis, Second Edition (1977) AOAC-Inc. PO Box 540, Benjamin Franklin Station, Washington, DC 20044
24. Sonstige Literatur zur Analytik u. a. in den Fachzeitschriften [17, 18, 19]

7 Tabakerzeugnisse

R. Schröder

7.1 Einführung

Tabakerzeugnisse sind aus oder unter Verwendung von Rohtabak hergestellte
Erzeugnisse, die zum Rauchen, Kauen oder Schnupfen bestimmt sind. Bei den
zum Rauchen bestimmten Erzeugnissen ist die Verzehrsform nicht der Tabak
bzw. das Tabakerzeugnis, sondern der sich bildende Rauch. Deshalb wird dem
Rauch in diesem Kapitel gesondert Rechnung getragen.

7.2 Beurteilungsgrundlagen

7.2.1 Definition

Die obige Definition ist die Legaldefinition gemäß § 3 (1) des Lebensmittel- und
Bedarfsgegenständegesetzes (LMBG) für Tabakerzeugnisse. Zu ihnen gehö-
ren:
- Zigaretten,
- Feinschnitt,
- Rauchtabak/Pfeifentabak
- Kautabak und
- Schnupftabak.

Tabakerzeugnissen stehen gemäß § 3 (2) gleich: der Rohtabak sowie Tabakerzeugnisse ähnliche Waren, die zum Rauchen, Kauen oder Schnupfen bestimmt
sind. Gemäß amtlicher Begründung zu § 3 gehören auch Tabakfolien dazu und
zwar auch dann, wenn sie ohne Verwendung von Rohtabak hergestellt sind.
Darüber hinaus stehen alle mit dem Tabakerzeugnis festverbundenen Bestandteile, wie Zigarettenpapier, Filter, Filterumhüllungen und Mundstücks-Belag-
papiere, Kunstumblätter sowie gemäß § 3 (2) 3 Erzeugnisse zum nicht gewerbsmäßigen Herstellen von Tabakwaren (z. B. Feinschnittzigaretten bzw. hierfür
vorgefertigte Halbfertigprodukte) den Tabakerzeugnissen gleich.

7.2.2 Zusammensetzung und Zusatzstoff-Regelung

Gemäß § 20 (1) des LMBG ist es verboten, bei der Herstellung von Tabakerzeugnissen Stoffe zu verwenden, die nicht zugelassen sind. Das Ver-

wendungsverbot nach § 20 (1) findet gemäß § 20 (2) LMBG keine Anwendung
- auf Rohtabak,
- auf Stoffe, die dem Rohtabak von Natur aus eigen sind,
- auf Geruchs- und Geschmacksstoffe, die natürlicher Herkunft sind oder den natürlichen chemisch gleich sind,
- auf technische Hilfsstoffe und
- auf destilliertes und demineralisiertes Wasser, Luft, Stickstoff und CO_2.

Diese Stoffe dürfen also ohne ausdrückliche Zulassung für die Herstellung von Tabakerzeugnissen verwendet werden.
Andere Stoffe dürfen jedoch nur verwendet werden, wenn sie gemäß § 20 (3) LMBG zugelassen sind. Gestützt auf diese Ermächtigung sind im wesentlichen durch die Tabakverordnung vom 20. 12. 1977 in der Fassung vóm 26. 10. 1982 (BGBl. I S. 1444) die derzeit für die Herstellung von Tabakerzeugnissen verwendeten Stoffe zugelassen. Z. B. Feuchthaltemittel, Klebe-, Haft- und Verdickungsmittel, Konservierungsstoffe, Farbstoffe, Brandzusätze und die für die übrigen Teile des Tabakerzeugnisses erforderlichen Materialien und Stoffe z. B. für Zigarettenpapier, Filter, Tabakfolien, Mundstücke, Umhüllungs- und Belagpapiere, Druckfarben etc.

Rohtabak ist gemäß Brüsseler Erläuterungen zum Zolltarif Teil I Kapitel 24 Nr. 2401 Tabak in natürlichem Zustand. Die Blätter dürfen ganz oder entrippt, beschnitten, gebrochen oder – auch in regelmäßiger Form – geschnitten sein. Im letzteren Fall darf der geschnittene Tabak noch nicht zum Rauchgenuß geeignet sein, da er dann zu bearbeitetem Tabak gemäß Zolltarif Teil I Kapitel 24 Nr. 2402 gerechnet wird. Zolltechnisch wird die 1. Bearbeitungsphase in der Tabakfabrik bis zum Entrippen und Schneiden zu Schnittabak, als Rohtabak geführt.

Dem Rohtabak von Natur aus eigen sind die primären und sekundären Pflanzenstoffe des Tabaks sowie die als Folge der Vergilbung, Trocknung, Fermentation und des Aging im Rohtabak enthaltenen Stoffe.

Geruchs- und Geschmacksstoffe sind solche Stoffe, die dazu dienen, den Geruchs- oder/und Geschmackswert der Tabakerzeugnisse und ihrer bestimmungsgemäßen Verzehrsform zu beeinflussen (Klein-Kiesgen [49]).

Tabakfolien sind mit Hilfe geeigneter Verfahren aus zerkleinerten Tabakteilen, Tabakstaub oder Tabakmehl hergestellte Folien.
Die Zusammensetzung der Folien ist entsprechend ihrem Verwendungszweck in der Tabakverordnung reglementiert. Desgleichen ist der Mindesttabakanteil für bestimmte Verwendungszwecke und die anzuwendende Kennzeichnungspflicht vorgeschrieben (Tabelle 1).
Tabakfolien dürfen bis zu 25 % zugesetzt werden und zwar bei Zigaretten 25 % vom Gewicht der Tabakmischung, bei Zigarren 25 % des Gesamtgewichtes des Erzeugnisses abzüglich eines Mundstückes (bei Verwendung eines Kunstumblattes dürfen Einlage und Kunstumblatt 25 % nicht überschreiten).

Tabelle 1. Tabakfolien

Tabakanteil der Folie (%)	zugelassener Verwendungszweck	Kenntlichmachung
0–50	Kunstumblatt für Zigarren	„mit Kunstumblatt"
50–75	Kunstumblatt für Zigarren	„mit Kunstumblatt" oder „mit tabakhaltigem Kunstumblatt'
75–100	Kunstumblatt für Zigarren Umhüllung für Zigaretten Einlagen für Zigarren-, Zigaretten- und Rauchtabak	keine Kenntlichmachung

Tabakaustauschstoffe

Unter Tabakaustauschstoffen werden Nichttabakmaterialien (non-tobacco material) verstanden, die als Einlagen für Tabakerzeugnisse verwendet werden. Hierbei handelt es sich um Folien, die aus pflanzlichen Kohlenhydraten oder Celluloseethern (z. B. Carboxymethylcellulose), auch teiloxidiert oder thermisch abgebaut, hergestellt sind, unter Verwendung der für Tabak zugelassenen Stoffe entsprechend dem vorgesehenen Zwecke.
Ihre Verwendung bedarf einer Ausnahmegenehmigung nach § 37 LMBG.

Verpackungszwang

Gemäß § 6 des Tabaksteuergesetzes gilt für alle Tabakerzeugnisse ein Verpackungszwang.
Siehe hierzu auch die Durchführungsbestimmungen zum Tabaksteuergesetz.

7.2.3 Kennzeichnung

Für Tabakerzeugnisse können gemäß LMBG § 21 (1) Nr. 1 f Warnhinweise oder sonstige warnende Aufmachungen vorgeschrieben werden.
Darüber hinaus besteht die Ermächtigung nach § 21 (1) Nr. 1 c LMBG Höchstmengen an bestimmten Rauchinhaltsstoffen festzusetzen.
Die Ermächtigungen nach § 21 (1) Nr. 1 d und e betreffen die Angaben von Werten über Rauch- und Tabakinhaltsstoffe.
In Verbindung mit den EWG-Richtlinien des Rates 89/622, EWG (ABl. Nr. L 359 S. 1) und 90/239, EWG (ABl. Nr. L 137 S. 36) wurden diese Ermächtigungen in der TabKTHmV vom 29. 10. 91 umgesetzt und verordnet.

7.2.4 Verwendungsverbote

Gemäß § 20 (3) 2 können für zugelassene und nicht zulassungsbedürftige Stoffe Höchstmengen festgesetzt bzw. nach § 21 (1) 1 a Anwendungsverbote oder Beschränkungen für nicht zulassungsbedürftige Stoffe erlassen werden. Verbo-

ten ist die Verwendung der in Anlage 2 der Tabakverordnung aufgeführten
Geruchs- und Geschmacksstoffe.
Eine 1992 verabschiedete Änderungs-Richtlinie der EG (92/41/EWG) verbie-
tet das Inverkehrbringen von Mundtabak (Snus) in Ländern der EG.

7.2.5 Pflanzenschutzmittel/Vorratsschutz

Gemäß § 23 LMBG unterliegen Tabakerzeugnisse den aufgrund § 14 LMBG
erlassenen Verordnungen über Pflanzenschutz- und sonstige Mittel. § 6 (1) der
Pflanzenschutzmittel Höchstmengen VO (PHmV) regelt Höchstmengen für
solche Pflanzenschutzmittel in oder auf Tabakerzeugnissen beim gewerbsmäßigen Inverkehrbringen, deren Rückstände gemäß § 6 (1) die in der Anlage 4
aufgeführten Pflanzenschutzmittel nicht überschreiten dürfen. Darüber hinaus
dürfen nach § 6 (2) Tabakerzeugnisse in den Verkehr gebracht werden, wenn in
oder auf ihnen nicht zugelassene Pflanzenschutzmittel vorhanden sind, für die
nach § 6 (1) keine Höchstmengen festgesetzt sind, sofern die vorhandenen
Rückstände nicht geeignet sind, die Gesundheit zu schädigen.

7.2.6 Reinheitsanforderungen

Die für Tabakerzeugnisse zugelassenen Stoffe unterliegen gemäß § 1 (3) der
Tabakverordnung den jeweils in der Anlage 1 der Tabakverordnung angegebe-
nen Reinheitsanforderungen sowie den allgemeinen und besonderen Reinheitsanforderungen der Zusatzstoff-Verkehrsverordnung (ZVerkV).

7.3 Warenkunde

7.3.1 Tabak allgemein

Anatomisch unterscheidet sich die Tabakpflanze nicht von anderen zweikeim-
blättrigen höheren Blütenpflanzen. Morphologisch ist die Tabakpflanze eine
einjährige Langtagspflanze, deren Gesamthöhe bis zu 3 m betragen kann.
Neben einer schwachen Pfahl*wurzel* bilden sich 6 bis 8 etwa gleich starke
Nebenwurzeln aus.
Die an der geraden und wenig verzweigten Sproßachse inserierten 20 bis 30
Blätter erreichen je nach Typ, Sorte und Umweltbedingungen eine Länge von
10 bis 60 cm; Form und Dicke der Blätter sind abhängig von der Sorte, dem
Blattstand (Insertionshöhe) und den Klimabedingungen. Die Blattoberfläche
ist mit Drüsenhaaren besetzt, deren Drüsenhaarköpfe einen Durchmesser von
50 µm und eine Länge von 0,7 mm aufweisen. Die 40 µm langen Spaltöffnun-
gen dienen als Austrittsöffnungen des Intercellulärsystems zum Gasaustausch
und Wasseraustritt zwecks Aufrechterhaltung des Transpirationsstromes.
In den Blattachseln befinden sich Knospen, sogenannte schlafende Augen, die
sich zu Seitentrieben (*Geizen*) entwickeln können.
Tabak ist ein fakultativer Selbstbestäuber.

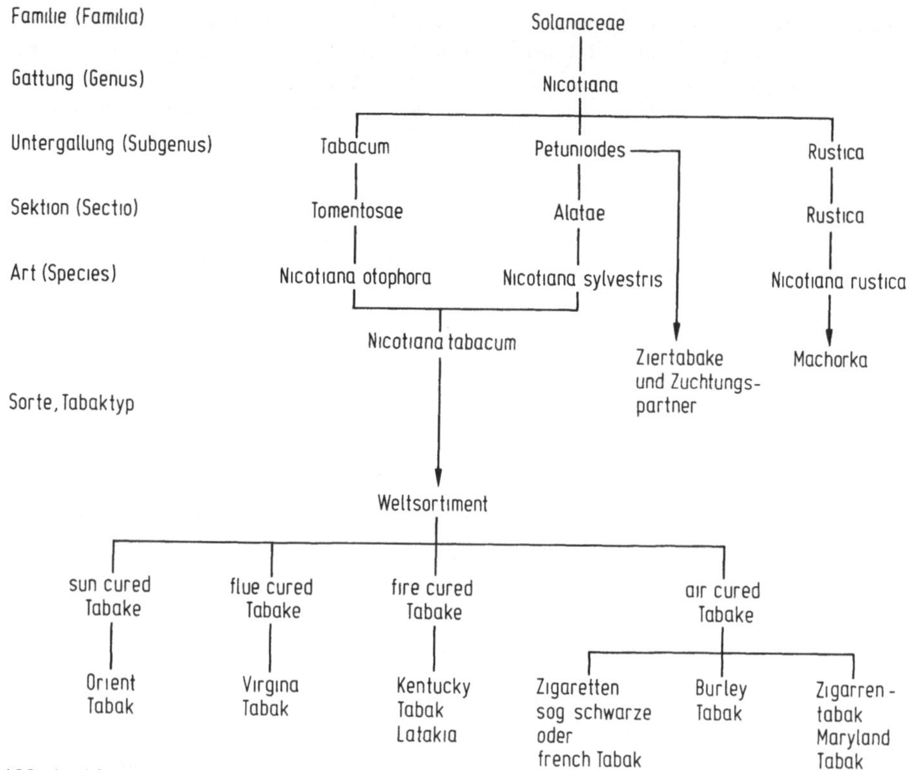

Abb. 1. Abstammung

In der haselnußgroßen, ovalen Samenkapsel entwickeln sich bis zu 1500 ovale bis kugelförmige Samen (1 g Samen = 12000 bis 15000 Samenkörner). Eine Tabakpflanze liefert 5 bis 20 g Samen.

Nicotiana tabacum hat die stärkste bekannte Reproduktionskraft. Innerhalb eines Zeitraumes von 3 Monaten bildet sich aus einem Samenkorn von 0,1 mg eine Pflanze von ca. 2 kg Frischgewicht. Das bedeutet eine Gewichtsvermehrung um rund das 20millionenfache.

In der Familie der Nachtschattengewächse (Solanaceen) gehört Tabak zur Gattung Nicotiana (Abb. 1).

Die heutigen Tabake Nicotiana tabacum sind eine Kreuzung zweier diploider Species: Nicotiana sylvestris und Nicotiana otophora. Nicotiana tabacum (Rotblüher) bildet die Basis für die heute angebauten Tabaksorten/-typen Virginia, Burley, Orient, Kentucky, Maryland und die diversen Zigarrentabake, deren Bezeichnungen dem Anbauland entsprechen.

Daneben werden Nicotiana rustica (Gelbblüher) als Basis für den Machorka in geringem Umfang und Kreuzungen von Nicotiana sylvestris mit Nicotiana tomentoriformis als Nornicotinbildner angebaut.

Nicotiana tabacum wird in Gebieten vom 60. Grad nördlicher bis zum 40. Grad südlicher Breite angebaut.

Hauptanbaugebiete sind in Nord-, Mittel- und Südamerika, Simbabwe, Malawi, Japan, China, Thailand, Indien, Indonesien, im Mittelmeerraum sowie innerhalb Deutschlands in der Uckermark, in Baden, der Pfalz und Norddeutschland. Nicotiana rustica wird nur in begrenztem Umfang in Mexiko, Osteuropa und Westasien angebaut.

Tabakbonitierung

Die Qualität der Blätter wird nach Insertionshöhen unterschieden. Die Einteilung der Tabakblätter nach dem Blattstand, der Insertionshöhe oder nach Grades erfolgt von unten nach oben, im Orient nach 8 Händen, in Deutschland nach 4 und in den USA nach 5 Klassen. Die Erntestufen werden als Grumpen (primings), Sandblatt (lugs), Hauptgut (leaves) und Obergut (tips) bezeichnet.

7.3.2 Ernte/Trocknung/Fermentation

Am Ende der Vegetationsperiode tritt die Reifung des Tabakblattes ein. Erntezeitpunkt, Trocknungs- und Fermentationsart sind sortenspezifisch und bestimmen u.a. die chemische Zusammensetzung, Farbe, Hygroskopizität, Elastizität und Glimmfähigkeit des Tabakblattes. Man unterscheidet zwischen Blatt- und Ganzpflanzenernte. Bei ersterer werden entsprechend dem geforderten Reifegrad stufenweise von unten nach oben (2 bis 5 Erntedurchgänge) Blätter geerntet und nach Auffädeln, Auflatten oder Aufschnüren in Trockenanlagen oder an der Luft getrocknet. Bei der Ganzpflanzenernte werden teilweise vorgeerntete Pflanzen bei einem mittleren Reifegrad abgehackt, zu 6 bis 8 Stück auf einem Stab gespießt, in luftigen Schuppen etagenförmig aufgehängt und luftgetrocknet (bei Kentucky auch feuergetrocknet).
Entsprechend ihrem Typ, ihrem Anbauland (Klima) und ihrer Verwendung werden die Tabake luftgetrocknet (air cured), sonnengetrocknet (sun cured) oder heißluftgetrocknet (flue cured).
Der Vorgang der Luft- und Sonnentrocknung bis zur sogenannten Dachreife dauert 30 bis 70 Tage, der zur Heißlufttrocknung 84 bis 96 Stunden.
Während der Reifung, Vergilbung, Trocknung und Fermentation erfolgt neben dem Abbau des Blattgrünes (Chlorophyll), den Bräunungsreaktionen und dem Wasserverlust ein biochemisch qualitativ gleicher Substanzabbau.
Hierbei bewirken tabakeigene Enzyme in der 1. Stufe eine Hydrolyse der unlöslichen Kohlenhydrate und Eiweißverbindungen in lösliche Kohlenhydrate und lösliche Stickstoffverbindungen. So werden die Polysaccharide Stärke und Dextrin zu Mono- und Oligosacchariden (red. Zucker) hydrolysiert. Desgleichen werden Pectine, Pentosane und Hemicellulose, teilweise oder ganz zu Pectinsäure, Uronsäure und Alkohol umgesetzt. Die unlöslichen Eiweißverbindungen werden zu 50 bis 70% zu löslichen Aminosäuren u.a. löslichen Stickstoffverbindungen hydrolysiert. Die 2. Stufe stellt Oxidationen bzw. Desaminierungen der Hydrolysate zu Carbonsäuren, H_2O und CO_2 bzw. zu NH_3 dar; diese Reaktionen kommen praktisch nur bei luftgetrockneten Tabaken vor. Die Abbauprodukte des Chlorophylls sind weitgehend unbe-

Tabelle 2. Aufbereitungsverfahren nach Art und Verwendung der Tabake

Trocknungs-art	Tabaktyp	Haupt-verwendungs-zweck	Vorbehandlung	Fermentation
sun cured	Orient-tabake	Zigaretten Rauchtabak		Ballenfermentation oder Kammer-fermentation
air cured	Burley-tabake	Zigaretten		Kombinierte Natur- u. Kammer-fermentation
air cured		Zigaretten Rauchtabak	Redrying	Aging
air cured	Maryland-tabake	Zigaretten		Faßfermentation
air cured		Zigaretten	Redrying	Aging
air cured	Zigarren-tabake	Zigarren schwarze Zigaretten dunkler Rauchtabak		Stapelfermentation
flue cured	Virginia-tabake	Zigaretten Rauchtabak	Redrying	Aging
fire cured	Kentucky-tabake	Virginiazigarre Toskanizigarre Kautabak		Faßfermentation, starke Fermentation
fire cured	Kentucky-tabake	schwarze Zigaretten dunkler Rauchtabak	Redrying	Aging

kannt; die bisher überlagerten Farbstoffe Carotin und Xantophyll bestimmen neben den Bräunungspigmenten die Farbe des getrockneten Tabaks. Diese, insbesondere bei der Lufttrocknung und Fermentation entstehenden braunen Pigmente können sich in nebeneinander verlaufenden Prozessen mit unterschiedlicher Reaktionsgeschwindigkeit bilden:

a) nach Oxidation von Polyphenolen zu den entsprechenden Chinonen erfolgt eine Polymerisation bzw. Polykondensation mit Aminosäuren;

b) nach Oxidation von Polyphenolen zu Oxychinonen erfolgt eine Polymerisation der Oxychinone und

c) durch Kondensation von Zuckern mit Aminosäuren (Maillard-Reaktion).

Während der einzelnen Trocknungsphasen bewirkt in der Vergilbung die erhöhte Enzymaktivität den oben erwähnten Abbau von Stärke und Eiweiß.

Tabelle 3. Bedingungen der verschiedenen Fermentationsverfahren

Fermentations-verfahren	Tabakfeuchte	Tabaktempe-ratur	Raum-temperatur	rel. Luft-feuchte	Dauer
Ballen F.	14–17%	30–35°C	18–25°C	55–75%	6–24 Mon.
Stapel F. bulk sweating	18–23%	45–60°C	Außentem-peratur	natürlich	3–6 Mon.
Aging	10–13%	Zimmertem-peratur	20°C	60–75%	3 Monate 2 Jahre u. länger
Kammer F.	18–23%		37–60°C	65–80%	1–6 Wochen

Die noch vitalen Zellen veratmen die Reservestoffe (Stärke). Danach tritt der sog. Hungerstoffwechsel (Eiweißveratmung) ein.

Das physikalisch gebundene Quellungswasser schützt die lebensnotwendigen Kolloide (*Enzyme*) vor dem Koagulieren. Voraussetzung für die Vergilbung ist ein langsamer Wasserentzug, da bei raschem Trocknen des Blattes unter einen Wassergehalt von 80% und der damit verbundenen Erhöhung der Salzkonzentration eine Koagulation der Eiweiße und eine Inaktivierung der Enzyme stattfinden würde (Blattod).

Durch das schnelle Erhitzen nach der Vergilbung in der 2. Phase der Heißlufttrocknung auf 60 bis 80°C werden die Enzyme durch den rapiden Wasserentzug inaktiviert und die Inhaltsstoffe des Blattes und somit die chemische Zusammensetzung nach der Vergilbung fixiert, während bei der Lufttrocknung die Enzyme aktiv bleiben, und somit der Stoffabbau bis zur vollständigen Veratmung der Kohlenhydrate fortgeführt werden kann.

Aus diesen unterschiedlichen Bedingungen resultiert der hohe Zuckergehalt der heißluftgetrockneten Tabake und der niedrige Zuckergehalt der luftgetrockneten Tabake. Die Sonnentrocknung steht biochemisch im Abbau wie in der Auswirkung zwischen beiden Verfahren, weshalb die sonnengetrockneten Tabake einen mittleren Zuckergehalt aufweisen.

Die Fermentation (Tabakveredlung) stellt eine Fortsetzung der Abbauprozesse dar, die mit der Reife des Tabakblattes beginnen, während der Trocknung weiterverlaufen und in der Fermentation sowie im Aging zum Abschluß gebracht werden.

Der Fermentationsprozeß kann durch Feuchtigkeit und Temperatur gesteuert bzw. intensiviert werden. Durch Temperaturerhöhung wird die Fermentationsgeschwindigkeit erhöht, Temperaturmaximum ist 60°C. Diese Tatsachen werden in der Kammerfermentation ausgenutzt, in der die Fermentationsdauer von mehreren Monaten auf 2 bis 4 Wochen herabgesetzt werden kann (Tabelle 3).

Bei der Fermentation unterscheidet man enzymatische, chemische und mikrobiologische Prozesse:

1. Bei luftgetrockneten Tabaken überwiegt der fermentative Abbau.
2. Bei heißluftgetrockneten bzw. Redrying stabilisierten Tabaken ist im Aging der chemische Abbau überwiegend.
3. Bei cellulosereichen Tabaken kann Cellulose mikrobiologisch abgebaut werden.

Eine Beendigung der Fermentation findet erst nach Inaktivierung der Enzyme statt. Zur Vermeidung unkontrollierter Abbauprozesse können also nur Tabake gelagert werden, deren Enzyme inaktiviert sind oder deren Lagerbedingungen eine Enzymaktivität ausschließen.

Eine Fermentation bewirkt Veränderungen der chemischen Zusammensetzung des Tabaks, die den Rauchgeschmack positiv beeinflussen, d.h. es können Aromastoffe gebildet werden oder andere Stoffe, die das Aroma überdecken, abgebaut werden.

Die jeweilige chemische Zusammensetzung des zu fermentierenden Blattes, bedingt durch Tabaktyp, Erntezeitpunkt (Reifegrad) und Trocknungsart, ist maßgeblich für den maximal möglichen Abbau während der Fermentation. Die Intensität des Abbaues ist durch die Art des Fermentationsverfahrens bedingt.

Während der Fermentation können Stärke bis zu 50%, lösliche Zucker von 2% bis fast 100%, Apfelsäure bis zu 50%, Citronensäure bis zu 90% abgebaut werden. Der Gehalt an Gesamtstickstoff kann bis zu 10%, der an Aminostickstoff bis zu 75% und Nicotin von 20 bis 80% abnehmen.

Redrying: Virginia- und einige Burleytabake werden nach der Trocknung zur Egalisierung, Farbfixierung, Konditionierung und Sterilisation dem Redrying-Prozeß (fälschlicherweise oft als Maschinenfermentation bezeichnet) zur Vorbereitung für die Lagerung oder das Aging unterworfen.

Der Redrying-Prozeß ist ein kombiniertes Mehrkammerverfahren, in dem der Tabak jeweils eine Trocknungs-, Ausgleichs-, Kühl- und Wiederbefeuchtungszone passiert (Tabelle 4).

Nach Ablauf des Prozesses wird der Tabak bei Temperaturen von 35 bis 45 °C in Kisten verpackt und für 1/2 bis 2 Jahre im Aging nachgereift.

Während des Redrying-Prozesses finden praktisch keine bis geringfügige (flüchtige Stoffe) chemischen Veränderungen des Tabaks statt.

Aging: Die während der Sonnentrocknung (sun curing), Heißlufttrocknung (flue curing) und im Redrying-Prozeß inaktivierten Enzyme reaktivieren sich zum Teil nach einem längeren Zeitraum und bewirken die stofflichen Umsetzungen im Aging-Prozeß. Die Bakterien und Pilzflora bleibt während des Aging unverändert. Die Tabake sollen eine Ausgangsfeuchtigkeit von 10 bis 13% haben, die Räume eine Temperatur von 20 °C und eine relative Luftfeuchtigkeit von 60 bis 75%.

Während des Prozesses findet eine Selbsterwärmung des Tabaks um 5 bis 10 °C statt und eine Feuchtigkeitszunahme von 2 bis 3% (Reaktionswasser im Zuckerabbau). Darüber hinaus vermindert sich das spezifische Gewicht des Tabaks.

Tabelle 4. Bedingungen des Redrying-Prozesses

Bedingungen	I. Zone	II. Zone	III. Zone	IV. Zone	V. Zone
Raumtemperatur (°C)	70	100	40	10	45
Tabaktemperatur (°C)	65	75–90	55	35	35–45
rel. Luftfeuchte (%)	10	10	10	100	50–60
Wassergehalt des Tabaks (%)	11–13		4–6 bzw. 6–9		10–16
Dauer (min)			45–90		

Der Gewichtsverlust während des Aging beträgt 2 bis 5%. Die Dauer des Aging beträgt 1/2 bis 2 Jahre.

Im Aging werden insbesondere Aromastoffe gebildet. Ihr Gehalt wird nach Onishi [8] auf das 1,6fache erhöht. Der Tabak wird weicher im Geschmack. Darüber hinaus kann der Gehalt an Aminostickstoff bis zu 20 bis 30%, der an Gesamtzucker bis zu 7 bis 16%, an Nicotin 5 bis 10% abnehmen, während die wasserlöslichen Säuren 13 bis 16% zunehmen können.

7.3.3 Tabakchemie

Prinzipiell unterscheidet sich der Stoffwechsel der Tabakpflanze nicht von dem anderer höherer Pflanzen, ausgenommen die Fähigkeit der Gattung Nicotiana, in der Wurzel Tabakalkaloide, insbesondere Nicotin zu bilden.

Neben den primären und sekundären Inhaltsstoffen und dem Nicotin sind die Aromaträger und Aromabildner von besonderem Interesse. Sie bestehen vorwiegend aus etherischen Ölen, einem Gemisch von Kohlenwasserstoffen, Carbonsäuren, Estern, Carbonylverbindungen, Phenolen, freien Alkoholen, Harzen und Wachsen (Tabelle 6). Während der Trocknung und Fermentation werden neben den Bräunungsreaktionen u. a. Aromastoffe durch Veresterungen von etherischen Ölen, Harze durch Polymerisationen und Oxidationen von etherischen Ölen gebildet und damit die bei der Reife und Trocknung beginnenden Prozesse fortgesetzt.

Das Hauptalkaloid des Tabaks ist das Nicotin. Darüber hinaus enthält der Tabak in geringen Mengen eine Reihe von Nebenalkaloiden (Tabelle 5). Bei nikotinarmen Tabaken ist entweder durch genetische Faktoren oder durch enzymatischen Abbau ein erhöhter Gehalt des Nebenalkaloides Nornicotin gegeben. Weitere Nebenalkaloide, die in sehr geringen Mengen und ohne pharmakologische Bedeutung auftreten, sind Anabasin, Anatabin, Myosmin, Nicotinoxid, Nicotellin und Nicotyrin. In früheren Arbeiten wurden fälschlicherweise stickstoffhaltige basische Verbindungen den Alkaloiden zugeordnet, insbesondere bei heterocyclischen Verbindungen, bei denen es sich um zum Teil stellungsisomere Pyrrolyl- bzw. Pyridylpyridine mit unterschiedlichem Sättigungsgrad und ggf. Methylsubstitutionen handelt, ferner Pyrrolidin, 1-Methylpyrrolin und Isomylamin.

Tabelle 5. Alkaloide und verwandte Stoffe im Tabak [39]

Identifizierte Stoffe	Virginatabak		Burley	Pennsylvania Broadleaf
	Straight Virgin-zigarette %	Konver-sionstyp*) %	%	%
Nicotin	0,843	0,072	2,238	1,143
Nornicotin	0,005	1,160	0,039	0,013
Anabasin	0,020	0,128	0,042	0,014
Myosmin		0,020	0,007	0,018
2,3-Dipyridyl		0,001	0,002	0,007
Nicotin-N-oxid	0,002	0,006	0,035	0,141
3-Pyridyl-Methylketon		0,001		0,001
Nicotinsäure	0,005	0,026	0,045	0,074

*) Strain 401

Tabelle 6. Chemische Inhaltsstoffe verschiedener Tabakarten [15]

Inhaltsstoffe %	Virgin	Burley	Orient	Zigarrengut
Nikotin	0,9–3,6	1,4–5,5	0,6–2,0	2,0–4,0
Gesamt-Stickstoff	1–2	3–4	1–3,5	2–3
Eiweiß	3,5–6,5	10,0–20,0	4,5–14,5	8,0–15,0
org. Säuren	7–16	20–25	17–22	10–17
Pectine	7–12	8	7,8–8,5	7–12
Cellulose	8–11	12	7,3–10,6	10,5–16,0
Stärke	3–7	–	2–6	2
Saccharide	1–8	0–1	0,5	0
red. Zucker	9–22	0,6–3,0	4–18	0,06–2,0
Harze + Wachse	2,5–8	4–5	3,5–5	5–6
Asche	9–17	15–23	17–20	17–25

Nicotin

Die Tabakalkaloide sind Pyrrol- und Pyridin-Derivate. Sie zeichnen sich durch den allen Alkaloiden des Nikotintyps gemeinsamen Pyridinring aus, der in 3-Stellung durch einen oder zwei weitere Pyridin- oder Pyrrolidinringe substituiert ist.

Die Alkaloide liegen in der Pflanze in den wenigsten Fällen als freie Basen sondern als Salze schwacher Säuren vor.

In Tabaken liegen je nach Sorte, Typ, Anbaubedingungen und Anbauland Nikotingehalte von ca. 0,5 bis 5,5% vor. Zigaretten des deutschen Marktes enthalten von ca. 0,5 bis 2,0% Nikotin im Tabak.

Tabaklagerung

Zur Vermeidung unkontrollierter Abbauprozesse können nur Tabake gelagert werden, deren Enzyme inaktiviert sind oder deren Lagerbedingungen unkontrollierte Enzymaktivitäten ausschließen. Tabake, deren Feuchtigkeitsgehalte nach der Fermentation zu hoch liegen, müssen vor der Lagerung auf optimale Lagerfeuchtigkeit getrocknet werden.

Die in Kisten, Fässern oder Ballen verpackten, getrockneten und fermentierten Tabake sollen in sauberen, kühlen und gut belüfteten Räumen gelagert werden. Zur Erhaltung einer Tabakfeuchte von 12% ist bei einer Temperatur unter 20 °C eine relative Luftfeuchtigkeit von $65 \pm 5\%$ erforderlich.

Lagerschäden können bei unsachgemäßer Lagerung durch Schimmelpilz (Muff) und Insektenbefall auftreten.

Lagerschädlinge

Von den ca. 30 bekannten tierischen Schädlingen sind die Tabakmotte und der kleine Tabakkäfer am häufigsten zu beobachten.

Tabakmotte (Ephestia elutelle HFN)
Tabakmotte, Kakao-, Heumotte, Dürrobstschabe, Kiefersamenzünsler.
Engl.: cacao-, cacaobean-, chocolate-, tobacco-moth.
Franz.: teigne friande, pyrale du cacao, mite
Die Tabakmotte kommt bevorzugt in zuckerreichen Orient- und flue-cured Tabaken als Vorrats- bzw. Lagerschädling vor.

Tabakkäfer (Lasioderma serricorne F.)
Tabakkäfer, kleiner Tabakkäfer, Zigarettenkäfer, Zigarrenkäfer
Engl.: cigarette-, tobacco-beetle.
Franz.: lasioderme.
Tabakkäfer bevorzugen zuckerfreie Tabake in Tabakfabriken, Magazinen und Lagerhäusern. Sie werden von ammoniakalischem Geruch angezogen.

Vorratsschutz
Zur Bekämpfung von Tabakschädlingen in Lagerräumen und Fabrikationshallen werden Insektizide wie Phosphin, Pyrethrum, Piperonylbutoxyd und andere Mittel durch Stäuben, Nebeln, Sprühen, Spritzen oder Verräuchern ausgebracht oder Vorrichtungen, wie die Lasiotrap [40] verwendet.

7.3.4 Aufbereitung und Herstellung einzelner Produktgruppen

Der lagerfähige Rohtabak ist für die Weiterverarbeitung zu trocken. Daher müssen die in den Mischungsblöcken zusammengestellten Tabake wieder befeuchtet werden. Die Art der Feuchtung richtet sich nach dem Tabaktyp. Die Tabakmischungsblöcke werden getrennt aufbereitet. Mit Ausnahme der Orienttabake wird der Tabak entrippt, wobei Blattgut und Rippen getrennt weiterbehandelt und geschnitten werden. Je nach Mischungstyp wird nur gefeuchtet und Feuchthaltemittel zugegeben oder aromagebende Substanzen sog. Casing bzw. Flavour aufgesprüht. Leichtflüchtige Aromastoffe werden erst nach dem Rösten/Trocknen der fertigen Mischung in alkoholischer Lösung als sog. Top-Flavour appliziert. Die höher gefeuchteten Rippen werden gewalzt und geschnitten (s.a. Volumenvergrößerung). Alle Einzelblöcke sowie die geschnittenen Rippen und ggf. Tabakfolien werden nach Beendigung der Aufbereitung in Mischungsanlagen zur weiteren Be- und Verarbeitung zum verkehrsfähigen End- und Halbfertigprodukt zusammengefügt.

Zigaretten (s. Tabaksteuergesetz)
Man unterscheidet zwischen 4 Zigarettentypen:
a) Blend-Zigaretten (American-Blend, German-Blend), die aus Virgin-, Orient- und Burleytabaken, in einigen Ländern auch unter Zusatz von Marylandtabaken, hergestellt werden.
b) Zigaretten aus reinen Virgintabaken
c) aus dunklen naturfermentierten unsoßierten Tabaken hergestellte sog. „Schwarze Zigaretten" (french type) sowie
d) reine Orientzigaretten

Die einzelnen Mischungsarten oder Blocks sind aus ca. 30 verschiedenen Rohtabakprovenienzen zusammengestellt. Nach dem Feuchten, Entrippen, Schneiden, Aromatisieren wird die Schnittabakmischung den Zigarettenmaschinen zugeführt und in einem Endlosstrang mit Zigarettenpapier umhüllt. Ein rotierendes Messer schneidet die Zigaretten auf die gewünschte Länge. Bei Filterzigaretten werden 2 Zigaretten mit einem Doppelfilter versehen und wiederum durch die rotierenden Messer in Einzelzigaretten geteilt. Dabei wird das Filter mit dem Mundstückbelagspapier umlegt.
Die wichtigsten Faktoren für eine Zigarette sind neben der Art und Zusammensetzung der Rohtabakmischung folgende technologische Zigarettenparameter:
– Format der Zigarette (Stranglänge, Umfang),
– Filterart und -material,
– Filterlänge und -konstruktion,
– Papierart,
– Luftdurchlässigkeit des Papieres,
– Tabakeinsatzgewicht,
– Schnittbreite des Tabaks,
– Stopfdichte des Tabakstranges,
– Zugwiderstand der Zigarette,
– Zugwiderstand des Filters.

Feinschnitt

Feinschnitt ist geschnittener oder auf andere Weise zerkleinerter Tabak, dessen Teile in Länge und Breite ein Mindestmaß oder beide Mindestmaße für Pfeifentabak unterschreiten. Gemische aus Feinschnitt und Pfeifentabak, die nicht Pfeifentabak sind, gelten als Feinschnitt.
Feinschnitt wird dem nicht zum gewerbsmäßigen Herstellen von Tabakerzeugnissen (roll your own) zugeordnet.

Die Aufbereitung entspricht im Prinzip dem für Fabrikzigaretten üblichen Verfahren.
Fine cut, Shag tobacco oder sog. Selbstdrehtabak wird in folgenden Produktgruppen bzw. Geschmacksrichtungen unterteilt:
– hell,
– braun,
– Halfzware Shag,
– Zware Shag und
– Sonstige.

Bei der nicht gewerbsmäßigen Herstellung von Zigaretten wird Feinschnitttabak in vorgefertigten Zigarettenpapierblättchen gerollt oder in Zigarettenpapierhülsen, mit oder ohne Filter gestopft.
Die hierzu ggf. erforderlichen Vorrichtungen sind handelsüblich. Zum Teil werden auch vorgeformte Tabakstränge in den Verkehr gebracht. Laut Tabaksteuergesetz und Zolltarif ist zu ersehen, ob diese als Feinschnitt oder als Zigarette definiert sind.

Pfeifentabak

Pfeifentabak ist geschnittener oder auf andere Weise zerkleinerter Tabak, auch in Platten gepreßt, dessen Teile in Länge und Breite größer als die zolltariflich jeweils für Feinschnitt definiert sind.
In Stränge gesponnener Tabak (Strangtabak) gilt im Sinne dieses Gesetzes als Pfeifentabak.
Die Rauchtabak-Herstellung unterscheidet sich von der Zigarettentabak-Herstellung durch viel stärker differenzierte Endprodukte, was durch Variationen in der Tabak-Aufbereitung, Zusätze von Kentucky u. a. sowie spez. Soßen- und Aromazusätze erreicht wird.
Es wird zwischen folgenden Arten unterschieden:
a) Mixture,
b) Ready-rubbed,
c) Flakes

Als bekannteste Geschmacksrichtungen gelten u. a. die englische, holländische und dänische Art.

Zigarren

Zigarren (auch Zigarillos und Stumpen) sind gemäß Tabaksteuergesetz als solche zum Rauchen geeignete mit einem Umblatt und einem aus Tabak bestehenden Deckblatt oder nur mit einem solchen Deckblatt umhüllte Tabakstränge. Besteht das Deckblatt aus Tabakfolie, so sind die Erzeugnisse nur dann Zigarren, wenn sie nicht als Zigaretten zu tarifieren sind. Beschaffenheit, Schnittbreite, Winkel der Umhüllungsnaht und Stückgewicht sind in § 2 des Tabaksteuergesetzes definiert.
Eine Zigarre besteht aus 76 bis 82% aus der Einlage, zu 12 bis 14% aus dem Umblatt und bis zu 10% aus dem Deckblatt.

Die Einlage, als Hauptbestandteil der Zigarre, besteht aus unregelmäßig gerissenen Tabakblättchen von 0,8 bis 6 cm² Größe.

Das Umblatt faßt die vorgeformte Einlage zum sog. Wickel zusammen. Teilweise werden wegen der Möglichkeit zur maschinellen Herstellung Tabakfolien als Umblatt verwendet.

Das Deckblatt erfordert eine hohe Qualität in bezug auf Brennfähigkeit, Aschenfarbe, Aroma, Blattäußeres und insbesondere auf Unversehrtheit. Auch das Deckblatt wird z. T. durch Tabakfolie ersetzt.

Kau-Feinschnitt

Kau-Feinschnitt ist Feinschnitt, der so stark gesoßt ist, daß er sich ungetrocknet nicht zum Rauchen eignet. Dieser wird vor allem aus Kentucky-Tabak hergestellt, der mit einer zutatenreichen, aromatischen Soße und unter Zusatz von Tabakextrakt (aufkonzentrierte, wäßrige Auszüge hauptsächlich aus Kentucky-Tabak) stark gesoßt und dann zu einem Tabakstrang versponnen wird. Beim sog. Verspinnen wird eine getrocknete Einlage unter Drehen in ein Deckblatt (Spinnblatt) eingewickelt. Die aufgerollten Stränge werden anschließend nochmals verschieden soßiert. Kautabak macht einen Reifungsprozeß von 3 bis 4 Monaten durch und wird dann in Stangen, Rollen oder Stückchen verkauft.

Schnupftabak

Schnupftabak ist ein Pulver, das aus besonders zubereitetem Tabak besteht und zum Genuß durch Aufziehen in die Nase bestimmt ist. In einigen Ländern wird der Schnupftabak gekaut oder in Teebeutelpapier unter die Lippe und das Zahnfleisch gesteckt (Snus), letzterer darf in den Ländern der EG nicht in den Verkehr gebracht werden (s. 7.2.4).

Schnupftabak ist die älteste in Europa bekannte Form des Tabakgenusses. Es gibt grob- und feinkörnige Schnupftabake. Zur Herstellung wird zerkleinerter, gesoßter Tabak in großen Behältern einige Monate lang nachfermentiert, wobei sich das spez. Aroma entwickelt. Anschließend wird er getrocknet, gemahlen, gesiebt und zuletzt mit Salzlösungen, Glyzerin oder Paraffinöl wieder gefeuchtet. „Schmalzler" stellt man aus brasilianischem Schwergut (Mengotes) her. Er wird in zusammgedrehten Rollen (ähnl. wie die Kautabakrollen) in den Handel gebracht.

7.3.5 Halbfertigwaren

Tabakfolien

Über die Herstellung von Tabakfolien liegen mehrere Hundert Patentschriften vor. Das älteste Patent wurde 1867 erteilt.

Die Herstellungsverfahren und Zusammensetzung der Tabakfolien richten sich insbesondere nach dem Verwendungszweck.

Tabakfolien werden für die maschinelle Herstellung von Zigarren mit Tabakfolien als Um- und Deckblatt verwendet sowie als Einlage für Zigarren-, Zigaretten- und Pfeifentabak eingesetzt.

Tabakfolien werden nach vier grundlegenden Verfahren hergestellt:
1. Slurry- oder Backverfahren,
2. Papierverfahren,
3. Beschichtung eines Vlieses,
4. Walzverfahren,
5. Extrusionsverfahren.

Während in früheren Zeiten für Tabakfolien bis zu 25 % zulässige Bindemittel eingesetzt werden mußten, werden nach neuartigen Verfahren aus Tabakrippen durch Vermahlung oder chemischen Aufschluß als tabakeigene Bindemittel ausgenutzt. Die so hergestellten Tabakfolien enthalten außer den speziell für Tabakfolien zugelassenen Konservierungsstoffen lediglich auch für den Tabak selbst verwendete Brandzusätze und Feuchthaltemittel. Bei Verwendung von Bindemitteln für Folien nach dem Slurry-, Beschichtungs- und Walzverfahren kommen vorwiegend Celluloseether infrage, wobei der Zusatz bei Folien nach dem Walzverfahren recht klein sein kann. Außer wasserlöslichen Celluloseethern werden bei manchen Verfahren nach dem Slurry- und dem Walzprozeß auch wasserunlösliche Celluloseether verwendet. Beim Papierverfahren können, falls erforderlich, auch Zellstoff-Fasern als Bindemittel zur Anwendung kommen.

Bezeichnungen: Bandtabak, Tabakfolie, reconstituted tobacco, homogenized tobacco leaf, Microflake.

Handelsform
In Bobinen oder als Flake.

Volumenvergrößerung
Wie andere Teile der Tabakmischung, können auch Tabakfolien zusätzlich einem Verfahren zur Volumenvergrößerung zugeführt werden.

Filter für Zigaretten
Ähnlich wie bei der Zigarettenherstellung werden Filtermaterialien zu einem Endlosstrang auf einer Filterherstellungsmaschine geformt, mit Glycerintriacetat zur Faservernetzung oder zur Erzielung anderer Eigenschaften mit anderen Zusätzen versehen und mit Filterumhüllungspapier umhüllt. Die geschnittenen Filterstäbe werden danach als Doppelfiltertips der Zigarettenmaschine zur Herstellung von Filterzigaretten oder für Filterhülsen (Feinschnittzigaretten) zugeführt.
Eine Grobeinteilung für Filtermaterialien und Filterkonstruktionen läßt sich in vier Klassen durchführen: Faserfilter, Nichtfaserfilter, Pulverfilter und Filtervorrichtungen (Abb. 2).
Bei allen drei Klassen (Faser-, Nichtfaser- und Pulverfiltern) sind Kombinationen möglich, auch in Verbindung mit Chemosorbentien. Die derzeit üblichen Filter bestehen überwiegend aus Cellulose-acetatfasern.

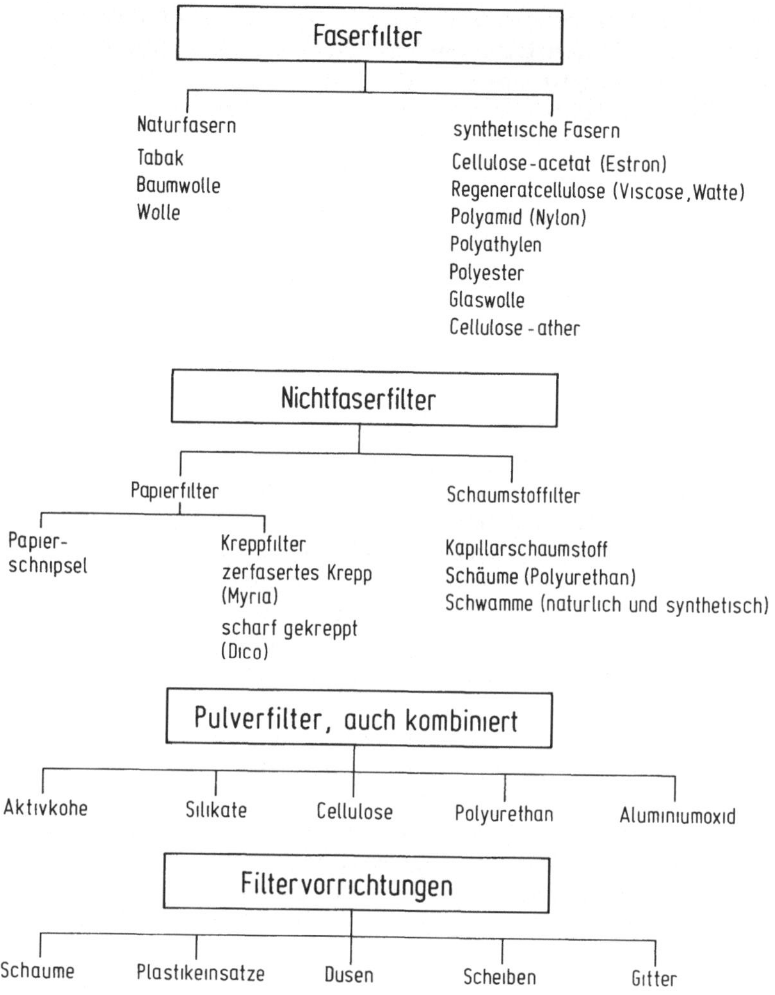

Abb. 2. Grobeinteilung für Filtermaterialien

7.3.6 Tabakrauch

Der beim Verrauchen des Tabaks entstehende Tabakrauch ist ein Aerosol, das sich aus den in der Glutzone entstehenden Verbrennungs- und Schwelprodukten des Tabaks und aus unverbrannt überdestillierten Inhaltsstoffen zusammensetzt.

Im Zeitpunkt der Entstehung liegt das gebildete Stoffgemisch insgesamt als Gas vor, aus dem sich aufgrund des starken Temperaturgradienten hinter der Glutzone, der physikalischen Rauchbildungszone, durch Kondensation der schwerflüchtigen Anteile des Rauchgases und Koagulation das Rauchaerosol bildet. Die Koagulationsgeschwindigkeit liegt zwischen 2,4 und

$4{,}5 \times 10^{-10}$ cm^3/s. Das Temperaturgefälle von über 850 °C auf Zimmertemperatur innerhalb weniger hundertstel Sekunden stellt ideale Bedingungen für das Wachstum von Kondensationspartikeln dar.

In der Glutzone des verrauchten Tabaks herrscht im äußeren Bereich durch Sauerstoff- und Luftzufuhr eine oxidierende Atmosphäre. Hier findet bei Temperaturen von 850 bis 920 °C eine vollständige Verbrennung des Tabaks statt. Im Inneren des Glutkegels liegen reduzierende Bedingungen vor, woraus eine unvollständige Verbrennung mit der Bildung ungesättigter organischer Verbindungen, Kondensations- und Polymerisationsprodukten resultiert.

Hinter dem Glutkegel, der Verbrennungszone befindet sich die Schwel- oder Pyrolysezone, d. h. die Rauchbildungszone, in der organisches Material, hier Tabak ohne Luft- und Sauerstoffzufuhr thermisch zersetzt wird, unter Bildung des Rauchaerosols. Die Temperaturen liegen zwischen 600 bis 200 °C, je nach Entfernung von der Glutzone. Der so gebildete Rauch besteht entsprechend der Flüchtigkeit aus einer festflüssigen *Partikelphase*, einer kondensierbaren *Gasdampfphase* und einer *Gasphase* (Abb. 5). Dabei ist die festflüssige Partikelphase ($\varnothing$ 0,01–20 µm) in der Gasphase suspendiert.

Die Art und Menge des beim Verrauchen des Tabaks entstehenden Rauches ist vom Ausgangsmaterial und dessen chemischer und physikalischer Beschaffenheit, der Sauerstoffzufuhr, den Abrauchbedingungen und der Glutzonentemperatur abhängig.

Ein Teil der Rauchinhaltsstoffe wird unverändert aus dem Tabak beim Herannahen der Glutzone in den Rauch destilliert oder sublimiert.

Andere Rauchinhaltsstoffe werden als Verbrennungs- oder Zersetzungsprodukte des Tabaks gebildet. Hierbei finden Oxidationsprozesse, Dehydrierungen, Crackprozesse, Kondensationen, Polykondensationen, Dimerisierungen, Polymerisierungen, Cyclisierungen, Decarboxylierungen, Decarbonylierungen, Desaminierungen sowie Umlagerungsreaktionen statt.

Über die qualitative und quantitative Zusammensetzung des Rauches und deren Beeinflussung durch Änderung der Zigarettenparameter sind unzählige Untersuchungen angestellt worden. Zusammenfassende Publikationen wurden insbesondere von Stedman [27], Johnstone and Plimmer [11], Neurath [26], Seehofer [44], Lipp [32], Grob [36], Keith [28], Williamson [37], Norman [34] u. a. publiziert.

Die nachfolgenden Beispiele zeigen die Auswirkung und Bedeutung einiger wesentlicher Rauchparameter auf die Verbrennungsprozesse, die Rauchausbeute und die Präzision in der Rauchanalytik.

A) Ventilation

Die Strömungsparameter innerhalb der Zigarette haben eine erhebliche Auswirkung auf die Rauchbildung in der Glutzone, den Transportmechanismus des gebildeten Rauches und dessen Retention. Beeinflußt und bestimmt werden diese Strömungsverhältnisse durch den Zugwiderstand und die Ventilation im Tabakstrang und im Filter. Beide Parameter beeinflussen sich gegenseitig. Die Ventilation, erzeugt durch hohe Porosität oder durch Perforationszonen der Umhüllungsmaterialien, bewirkt nicht nur eine anteilige

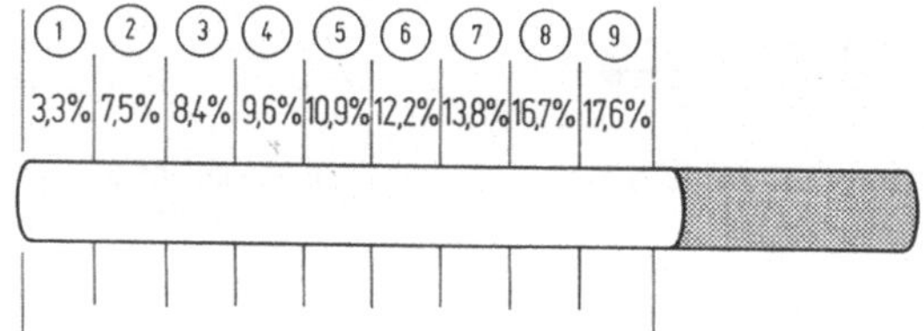

Abb. 3. Rauchausbeute in Abhängigkeit von der Zugnummer

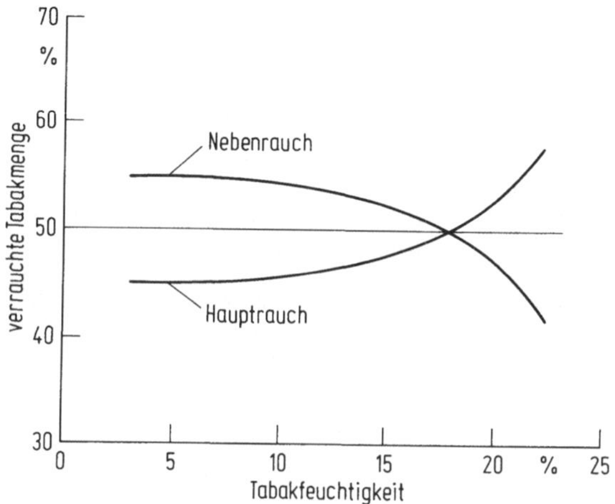

Abb. 4. Verrauchte Tabakmenge in Abhängigkeit von der Tabakfeuchtigkeit

Verdünnung des Rauches, entsprechend dem Ventilationsgrad, sondern es wird auch bei einem gegebenen Zugvolumen weniger Luft durch den Glutkegel gezogen und somit weniger Rauch gebildet. Durch die Ventilation werden die Rauchinhaltsstoffe in unterschiedlichem Maße reduziert, abhängig unter anderem von ihrer Flüchtigkeit. Bei vielen Stoffen, insbesondere bei denen der Gasphase, die nicht selektiv filtriert werden können, ist die Ventilation die einzige Möglichkeit deren Ausbeute zu minimieren.

B) Zugnummer, Zugzahl und Rauchausbeute
Die Rauchausbeute steigt mit der Zugnummer an, bedingt durch die Repyrolyse des im Tabakstrang niedergeschlagenen Rauchkondensates und der Abnahme des filtrierenden Tabakstranges (Abb. 3) [30].

C) Zugpause und Tabakfeuchtigkeit
Die Menge des beim Verrauchen während des Zuges und in der Zugpause verbrannten Tabaks und somit auch die des daraus gebildeten Rauches für die entsprechenden Rauchströme ist von vielen Zigaretten- und Rauchparametern abhängig. Ein Beispiel hierfür ist die Abhängigkeit von der Tabakfeuchtigkeit (Neurath) (Abb. 4). Sie zeigt ihre Bedeutung auch bezüglich der Konditionierung vor oder während der Rauchanalytik.

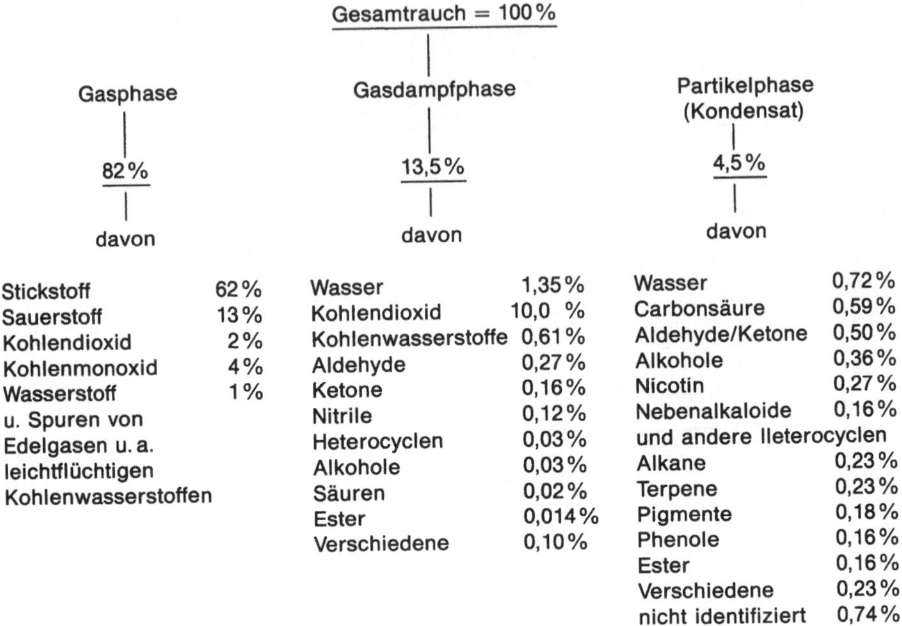

[a] $+10\%$ CO_2, das in der Gasdampfphase niedergeschalgen ist.

Abb. 5. Verteilung der Rauchbestandteile einer filterlosen Zigarette auf die niedergeschlagenen Anteile des Gesamtrauches $= 100\%$ (Nach Rodgman [35])

Tabelle 7. Rauchströme [32]

Ort des Ausströmens	Zeit der Rauchbildung	
	während des Zuges	während der Zugpause
Mundstückende	Hauptstromrauch	Glimmstromrauch
Zigarettenpapier	Diffusionsstrom$_Z$	Diffusionsstrom$_P$
Glutkegel	Glutstromrauch	Nebenstromtauch

Rauchströme

Die beim Verrauchen des Tabaks gebildete Gesamtrauchmenge verteilt sich auf mehrere Rauchströme, so daß nur ein Teil des Gesamtrauches mit dem Hauptstromrauch das Mundstückende verläßt und vom Raucher aufgenommen wird.

Je nach Zeitpunkt der Rauchbildung und Ort des Rauchausströmens unterscheidet man bei intermittierendem Rauchen folgende Rauchströme (Tabelle 7) [32].

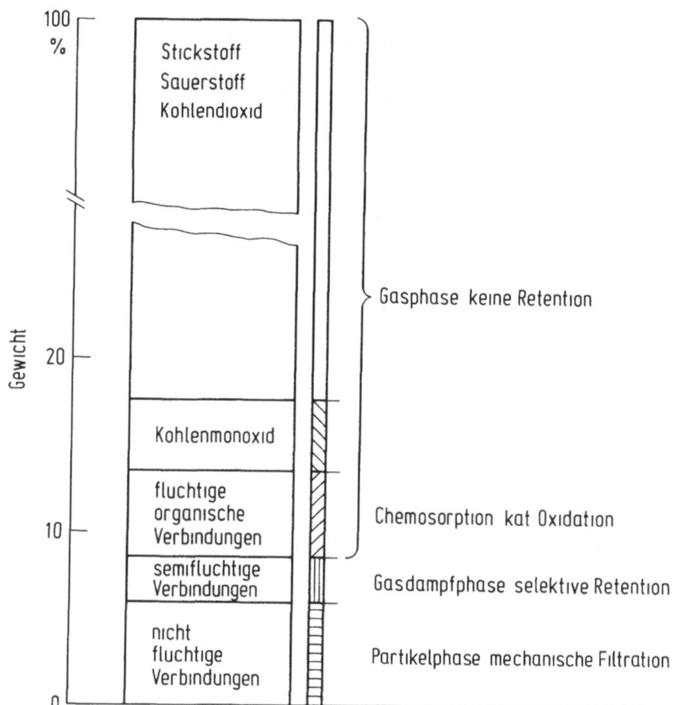

Abb. 6. Aufteilung des Gesamtrauchs zur Frage der selektiven Filtration (nach Williamson [17])

Filtration

Unter Filtration versteht man das Zurückhalten oder Vermindern bestimmter Stoffe oder Stoffgruppen nach Durchströmen eines filtrierenden Mediums.
Bei der Betrachtung der Tabakrauchfiltration ist zwischen der mechanischen und der selektiven Filtration zu unterscheiden. Während die Partikelphase in ihrer Gesamtheit mechanisch retiniert wird, werden Gasdampfphasen-Bestandteile nur selektiv retiniert.
Abbildung 6 zeigt die Anteile des Gesamtrauches, bei denen eine selektive Filtration möglich bzw. nicht möglich ist.
Die selektive Filtration ist abhängig von der Affinität des Rauchinhaltsstoffes zu dem Filtermaterial, der aktiven Oberfläche und der Verfügbarkeit des Stoffes in der Gasdampfphase, bedingt durch seinen Siedepunkt und Dampfdruck.
Zusätzlich kann eine selektive Filtration bestimmter Stoffe oder Stoffgruppen durch Chemosorption erfolgen.

Nicotin im Rauch

Von dem im Zigarettentabak enthaltenen Nicotin verbrennen beim Verrauchen der Zigaretten im Glutkegel ca. 30%, ca. 40% entweichen mit dem Neben-

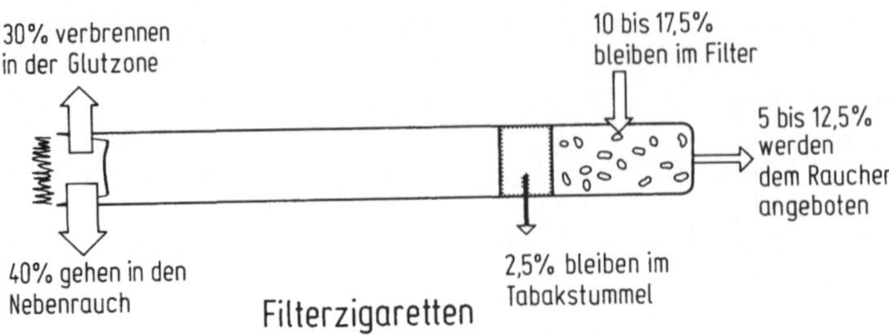

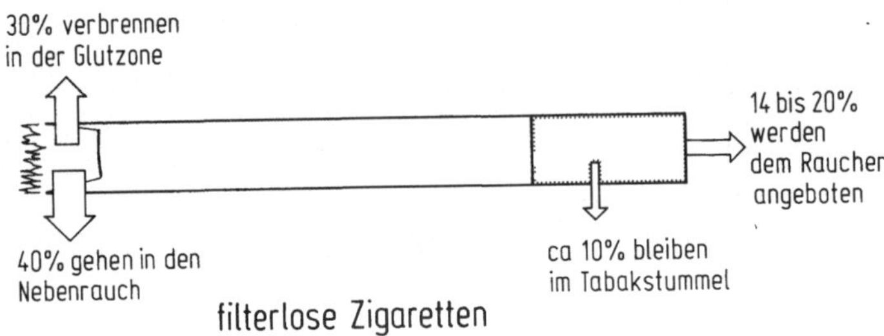

Abb. 7. Nikotinbilanz im Rauchvorgang

Tabelle 8. Alkaloid-Gehalte im Tabakrauch [26]

Alkaloid	µg/Zig.
Nicotin	800–3000
Nornicotin	26,8–88
Myosmin	9
Anabasin	3–12
Anatabin	3,7–14
2,3-Dipyridyl	7–27
Cotinin	9–57

rauch (das ist der am Glutkegel in den Zugpausen entweichende Rauch), und ca. 25 bis 30% gehen in den Hauptrauch über.

Von diesem Nicotin im Hauptrauch (also 25 bis 30% des Tabaknikotins) werden ca. 30% im Tabakstummel bei filterlosen Zigaretten und 40 bis 70% bei Filterzigaretten im Filter zurückgehalten. Das heißt, daß dem Raucher im Mittel bei filterlosen Zigaretten ca. 14 bis 20% und bei Filterzigaretten nur 5 bis 12,5% des Tabaknikotins mit dem Rauch angeboten werden (Abb. 7). Die Verteilung von Nikotin und Nebenalkaloiden im Rauch zeigt Tabelle 8.

7.4 Analytische Verfahren

7.4.1 Rauch

Um eine vergleichbare quantitative Aussage über die Rauchbildung einer Zigarette machen zu können, müssen Zigaretten unter standardisierten Bedingungen abgeraucht werden. Zu diesem Zweck sind die Abrauchbedingungen festgelegt:

Zugdauer	2 s
Zughäufigkeit	1 Zug/min
Zugvolumen	35 ml
Stummellänge	23 mm
oder Filter	+ 8 mm
bei überlangen Filterbelägen,	
Belaglänge	+ 3 mm

Unter diesen Bedingungen werden Zigaretten nach der Konditionierung in klimatisierten Räumen gemäß DIN ISO 3402 auf einer Rauchmaschine gemäß DIN ISO 3308 abgeraucht. Die Partikelphase des Hauptrauches (Rohkondensat) wird gemäß DIN ISO 4387 auf einem Glasfaserfilter niedergeschlagen und dessen Gewicht bestimmt. Aus der niedergeschlagenen Partikelphase werden das Rauchnikotin gemäß DIN ISO 10315 und das Wasser im Rauch nach DIN ISO 10362-1 bestimmt und vom Rohkondensat abgezogen. Die Probenahme und Beurteilung der Zigaretten erfolgt nach DIN ISO 8243. Für Untersuchungen der Gasphase oder deren Bestandteile wird die Gasphase entweder direkt nach Passieren eines Cambridge-Filters in einen entsprechenden Detektor geleitet oder nach Auffangen der Gasphase in einer Kälte- oder Flüssigkeitsfalle untersucht.
Die Filterwirkung kann gemäß DIN 10243 bzw. ISO 4388 bestimmt werden.
Für das Abrauchen von Zigarren [46] und Tabak in Pfeifen bestehen bisher keine Normen. (Siehe hierzu Lipp [32], Miller [31], Elmenhorst [41], Braun, Osch und Schertz [45]).
Für das Abrauchen von Feinschnitt-Zigaretten ist eine Norm in Vorbereitung. Die hierfür vorgesehene Probenahme erfolgt nach DIN 10257 Teil 1. Die Bestimmung der Ausbeutefähigkeit von Feinschnitt-Tabak erfolgt gemäß Verfahren 60.02.01 der amtlichen Sammlung von Untersuchungsverfahren nach § 35 LMBG (AS 35).
Generell sind die für die Lebensmittelüberwachung relevanten Normen in die obige Methodensammlung gemäß § 35 LMBG aufgenommen [50].
Nachfolgend eine Aufstellung der für die Bestimmung und Überprüfung des Packungsaufdruckes bzw. der Höchstwerte für Rauchnikotin in nicotinfreies Trockenkondensat (Teer) relevanten nationalen und internationalen Normen, die ab 1. Juli 1992 gelten:

DIN ISO 8243	„Zigaretten; Probenahme" 2. Ausgabe
DIN ISO 3402	„Tabak und Tabakerzeugnisse; Klima zum Konditionieren und Prüfen" 3. Ausgabe

DIN ISO 3308	„Zigaretten-Abrauchmaschine für Routineanalysen; Begriffe und Standardbedingungen" 3. Ausgabe
DIN ISO 4387	„Zigaretten; Bestimmung des Rohkondensats und des nikotinfreien Trockenkondensats unter Verwendung einer Abrauchmaschine für Routineanalysen" 2. Ausgabe
DIN ISO 10315	„Zigaretten; Nikotinbestimmung in Rauchkondensaten; Gaschromatographisches Verfahren" 1. Ausgabe
DIN ISO 10362	Teil 1 „Zigaretten; Wasserbestimmung in Rauchkondensaten; Gaschromatographisches Verfahren" 1. Ausgabe

Physikalische Untersuchungen

Zugwiderstand von Zigaretten und Filtern
Die Normen DIN 10251 und ISO 6565 beschreiben die für die Bestimmung des Zugwiderstandes von Zigaretten und Filtern erforderlichen Begriffe und Bedingungen.

Luftdurchlässigkeit
DIN/ISO 2965 gibt ein Verfahren zur Bestimmung der Luftdurchlässigkeit für Zigarettenpapier bzw. Filterumhüllungspapier.

Ventilation
ISO 9512 beschreibt die Messung des Ventilationsgrades von Zigaretten und Filtern.

Durchmesser von Zigaretten und Filtern
Die Bestimmung erfolgt nach dem pneumatischen Verfahren gemäß ISO 2971. Zigarettenpapier bzw. Filterumhüllungspapier.

7.4.2 Tabak

Nikotin

Das Nikotin im Tabak oder in Tabakprodukten wird gemäß DIN 10241 bzw. ISO 2881 aus getrockneten vermahlenen Tabak nach Wasserdampfdestillation spektrometrisch bestimmt.
Hierbei wird der Alkaloidgehalt im Tabak und Tabakprodukten in Prozent (%) Nikotin ausgedrückt angegeben.

Wasser im Tabak

Gemäß DIN 10252 wird Wasser in Tabak und Tabakerzeugnissen nach der Methode der Leitfähigkeitsmessung (Karl-Fischer Titration) unter Verwendung eines pyridin freien Reagenzes bestimmt.
Als Referenzmethode gilt die Destillationsmethode, wie sie in ISO 6488 beschrieben wird.

Zusatzstoffe

Die Bestimmung einiger relevanter Zusatzstoffe, wie Vanillin, Ethylvanillin, Cumarin und Dihydrocumar in Tabak- und Tabakerzeugnissen kann nach

Extraktion und Reinigung durch Säulenchromatographie qualitativ durch Dünnschichtchromatographie und quantitativ durch Gaschromatographie direkt oder nach Silylierung (Nesemann und Seehofer [28]) bestimmt werden. Dabei gilt generell, daß Gehalte bis 10 ppm Cumarin auf das ubiquitäre Vorkommen von Cumarin und auf die Präzision analytischer Verfahren zurückzuführen sind und kein Anzeichen von einem Cumarinzusatz bedeuten.

Pflanzenschutzmittel-Rückstände

Organochlor-Pestizide
Die ISO-Norm 4389 beschreibt eine Referenzmethode nach dem gelchromatographischen Verfahren für die Organochlorpestizid-Bestimmung in oder auf Tabak und Tabakerzeugnissen

Maleinsäurehydrazid
ISO 4876 gibt eine Methode zur Bestimmung von Maleïnsäurehydrazid in oder auf Tabak und Tabakerzeugnissen.

Dithiocarbamate
ISO 6466 beschreibt ein Verfahren zur Bestimmung von Dithiocarbamaten in oder auf Tabak und Tabakerzeugnissen nach der molekular absorptionsspektrometrischen Methode.

7.5 Literatur

1. Goodspeed TH (1954) The Genus Nicotiana. Chronica Company, Waltham Mass. (USA)
2. Kappert H, Rudorf W (1961) Handbuch der Pflanzenzüchtung. (2. Auflage, 5. Band: Züchtung und Sonderkulturen) Parey, Berlin Hamburg
3. Dietze G (1953) Tabak Fachbuch. Fachbuch Verlag, Leipzig
4. Endemann W, Merker J, Weidemann C, Berger P (1963) Der Tabak. VBE Deutscher Landwirtschaftsverlag
5. Wolf FA (1962) Aromatic or oriental Tobaccos. Duke University Press, Durham North Carolina
6. Brückner H (1936) Biochemie des Tabaks und der Tabakverarbeitung. Parey, Berlin
7. Provost A (1959) Technique du Tabac. Heliogryphia S.A., Lausanne
8. Actes du deuxieme congres Scientifique International du Tabac, June 1958, Bruxelles; Cooperation Center for Scientific Research relative to Tobacco (CORESTA); Onishi I, Recent Studies on Tobacco Fermentation; 2. Studies on Aging of Japanese „Bright Yellow" Tobacco leaves. S 699; 3. Studies on the essential oiles of Tobacco leaves, S 703
9. Lefefre, Tissot (1961) La Production du Tabac, Principes et Methodes. (2. Auflage) In: Nouvelle Encyclopèdie Agricole. (Gisquet P, Hitier H. J. B. Baillière et Fils, Paris
10. Schröder R, Seehofer F (1971) Der Tabak. Nr. 79 der Schriftenreihe der Privaten Fachhochschule für Verfahrenstechnik, Fachbereich Tabaktechnologie, Hamburg
11. Johnston, Plimmer (1959) The Chemical Constituents of Tobacco Smoke. Chem Rev 885
12. Garner WW (1951) The Production of Tobacco. Blakiston, New York
13. Wynder E, Hoffmann D (1967) Tobacco and Tobacco Smoke. Academic Press, New York
14. Ullmann, Technische Encyclopädie
15. Akehurst BC (1986) Tobacco. Longmans and Green, London

16. Dixon LF, Darkis FR, Wolf FA, Hall JA, Jones EP, Gross PM (1936) Flue-cured Tobacco, Natural Aging of Flue-cured Cigarette Tobaccos. Industrial and Engineering Chemistry 28:180
17. Recent Advances in Tobacco Science, Vol 3 (1977) 31st Tobacco Chemists' Research Conference
18. Voges E (1984) Tobacco Encyclopedia. Tobacco Journal International
19. Harlan WH, Mosely JM (1955) Encyclopedia of Chemical Technology. McGraw-Hill, New York
20. Darkis FR, Hackney FJ (1952) Cigarette Tobaccos. Industrial and Engineering Chemistry 44:284
21. Tso TC (1972) Physiology and Biochemistry of Tobacco Plants. Dowden & Ross, Hutchinson Stroudsburg Pa
22. Fawky A (1970) Can Tobacco Quality be measured? Lockwood, New York
23. Schmeltz I (1972) The Chemistry of Tobacco and Tobacco Smoke. Plenum
24. CORESTA SYMPOSIUM (1974) Montreux, Suisse
25. Production factors affecting chemical properties of the flue cured leaf Part I–VII (1975) Tobacco International
26. Neurath G, Tobacco Products and Smoke. Beiträge zur Tabakforschung (1967) 4:1–17; (1963–64) 2:93, 361, 205; (1969/70) 5:115
27. Stedman RL (1968) Chem Review 68:153–208
28. Seehofer F, Nesemann E (1969–70) Beiträge zur Tabakforschung 5:290
29. Seehofer F, Hansen D, Schröder R (1965–66) Beiträge zur Tabakforschung 3:135
30. Segelken D, Schröder R, Seehofer F (1971) Schriftenreihe der Privaten Fachhochschule für Verfahrenstechnik, Fachbereich Tabaktechnologie Nr. 79, Hamburg
31. Miller JE (1961–62) Beiträge zur Tabakforschung 1:299
32. Lipp G (1965–66) Beiträge zur Tabakforschung 3:1, 109, 220
33. Walz P, Häusermann M (1963) Zeitschrift für Präventivmedizin Vol 8 (2); (1965/66) Beiträge zur Tabakforschung 3:169
34. Norman V (1974) Beiträge zur Tabakforschung 7:282
35. Rodgman (1969) Firmenschrift
36. Grob K et al. (1965–66) Beiträge zur Tabakforschung 3:243, 403; (1969–70) 5:52
37. Williamson JT, Allman D (1965–66) Beiträge zur Tabakforschung 3:233, 590
38. Keith CH, Misenheimer JR (1965–66) Beiträge zur Tabakforschung 3:583
39. Jeffrey RN, Tso TC (1965) Agr and Food Chem 3:680
40. Patentschrift DE 3045909 C2
41. Elmenhorst H (1967–68) Beiträge zur Tabakforschung 4:21; (1971–72) 6:182
42. Schröder R, Seehofer F (1978) Glossarium Tabak und Tabakrauch (unveröffentlicht)
43. Schröder R, Seehofer F (1978) Tabak und Tabakrauch (Privatdruck, unveröffentlicht)
44. Seehofer F (1983) Lebensmittelchem Gerichtl Chem 37:84
45. Braun C, Osch E, Schertz L (1967–68) Beiträge zur Tabakforschung 4:32
46. CORESTA, Arbeitsgruppe Zigarrenanalytik
47. Holthöfer, Nüse, Franck R, Deutsches Lebensmittelrecht, Carl Heymann, Köln Bonn Berlin München
48. Zipfel W, Lebensmittelrecht (Kommentar), C. H. Beck
49. Klein-Kiesgen, Gesetz zur Gesamtreform des Lebensmittelrechts, Behr, Hamburg
50. Amtliche Sammlung von Untersuchungsverfahren nach § 35 LMBG (AS 35, siehe Kap. 8.1)

8 Anhang: Abkürzungen und Kurzzeichen

(Der Anhang des Taschenbuchs für Lebensmittelchemiker und -technologen
Band 1 wurde für diesen Band 3 überarbeitet und ergänzt, Abkürzungen auf
dem Gebiet der Kunststoffe finden sich in den Tabellen 1–3 zu Kapitel 4.3.5).

8.1 Allgemeine und gebräuchliche Abkürzungen und Kurzzeichen

ABl.	Amtsblatt der Europäischen Gemeinschaft (bestehend aus den Teilen L (Rechtsvorschriften) und C (Mitteilungen und Bekanntmachungen)). Verlag: Amt für amtliche Veröffentlichungen der EG, L-2985 Luxemburg. Vertrieb Deutschland: Bundesanzeiger Postfach 10 05 34, 50445 Köln
AfLMÜ	Ausschuß für Lebensmittelüberwachung der Arbeitsgemeinschaft der leitenden Veterinärbeamten der Länder
AGLMB	Arbeitsgemeinschaft der Leitenden Medizinalbeamten der Länder
ALS	Arbeitskreis lebensmittelchemischer Sachverständiger der Länder und des Bundesgesundheitsamtes
ALTS	Arbeitskreis lebensmittelhygienischer tierärztlicher Sachverständiger
ALÜ	Ausschuß Lebensmittelhygiene und Lebensmittelüberwachung der Arbeitsgemeinschaft der leitenden Medizinalbeamten der Länder
AOAC	Association of Official Analytical Chemists, Inc.: Official Methods of Analysis. Arlington, Virginia/USA
ArgeVet	Arbeitsgemeinschaft der Leitenden Veterinärbeamten der Länder
AS 35	Bundesgesundheitsamt (Hrsg.): Amtliche Sammlung von Untersuchungsverfahren nach § 35 LMBG, Beuth, Berlin, Köln. Beuth Verlag GmbH, Burggrafenstr. 6, 10787 Berlin
AStV	Ausschuß der Ständigen Vertreter der Mitgliedstaaten
ASTM	American Society for Testing and Materials
ASU	siehe AS 35
ATB	Analytiker Taschenbuch (Bd. 1–11, 1980–1993), Springer, Berlin Heidelberg New York Tokyo
Baltes	Baltes W (1992) Lebensmittelchemie, Springer, Berlin Heidelberg New York Tokyo
BCR	Community Bureau of Reference
BEUC	Bureau Europèen des Unions de Consommateurs, Europäisches Büro der Verbraucherverbände, Brüssel
BG	Belitz HD, Grosch W (1992) Lehrbuch der Lebensmittelchemie. Springer, Berlin Heidelberg New York Tokyo
BGA	Bundesgesundheitsamt, Thielallee 88, 15195 Berlin

BGBl. I   Bundesgesetzblatt, Teil I, Herausgeber: der Bundesminister der Justiz, Bundesanzeiger Verlagsges., Bonn

BLL   Bund für Lebensmittelrecht und Lebensmittelkunde e. V., Godesberger Allee 157, 53175 Bonn

BMJFFG   Bundesminister für Jugend, Familie, Frauen und Gesundheit (ab 1/91 siehe BMG)

BMG   Bundesminister für Gesundheit (nach Organisations-Erlaß des Bundeskanzlers v. 18. und 23. 1. 1991)

CE   EG-Zeichen für die Übereinstimmung mit den Gemeinschaftsvorschriften

CEN   Europäisches Komitee für Normung, Comitè Europèen de Normalisation, CEN-rue Brèderode, 2 (Bte 5), B-1000 Bruxelles – Belgium

CENELEC   Europäisches Komitee für elektrotechnische Normung

CLUA   Chemische(s) und Lebensmitteluntersuchungs-anstalt(-amt)

CTFA   Cosmetic, Toiletry and Fragance Association

DAR   Deutscher Akkreditierungsrat

DGE   Deutsche Gesellschaft für Ernährung, Feldbergstr. 28, 60323 Frankfurt

DGF   Deutsche Gesellschaft für Fettwissenschaft, Münster (1989): Deutsche Einheitsmethoden zur Untersuchung von Fetten, Fettprodukten, Tensiden und verwandten Stoffen. Wissenschaftliche Verlagsgesellschaft, Stuttgart

DGHM   Deutsche Gesellschaft für Hygiene und Mikrobiologie

DIN   Deutsches Institut für Normung, 10772 Berlin; Vertrieb der Normen durch Beuth, Postfach 1145, 10772 Berlin

DLB   Deutsches Lebensmittelbuch, Leitsätze 1992. Bundesanzeiger, Köln

DLG   Deutsche Landwirtschafts-Gesellschaft, Frankfurt, Eschborner Landstraße 122, 60489 Frankfurt a. M.

DQS   Deutsche Gesellschaft zur Zertifizierung von Qualitätssicherungs-Systemen (Geschäftsstellen: August-Schanz-Str. 21a, 60433 Frankfurt; Burggrafenstr. 6, 10787 Berlin

EB 88/92   Ernährungsbericht 1988/1992. (DGE) Deutsche Gesellschaft für Ernährung, Frankfurt

EEA   Einheitliche Europäische Akte

EG   Europäische Gemeinschaft

EN/ENV   Europäische Norm/Europäische Vornorm

EOTC   European Organization for Testing and Certification

EP   Europäisches Parlament

EPA   Environmental Protection Agency (Amerikanische Umweltbehörde)

EuGH   Europäischer Gerichtshof

EWGV   Vertrag zur Gründung der Europäischen Wirtschaftsgemeinschaft vom 27. 3. 57 (EWG-Vertrag)

FAO   Food and Agriculture Organization (UNO)

FDA	Food and Drug Administration (USA)
Gassner	Gassner G, Hohmann B, Deutschmann F (1989) Mikroskopische Untersuchung pflanzlicher Lebensmittel. Gustav Fischer, Stuttgart
GD	Generaldirektion. GD III: Binnenmarkt und gewerbliche Wirtschaft; GD VI: Landwirtschaft
GDCh	Gesellschaft Deutscher Chemiker, Postfach 900440, 60444 Frankfurt a. M. (*Für Lebensmittelchemiker zuständig ist eine Fachgruppe in der GDCh, die „Lebensmittelchemische Gesellschaft"*)
GG	Grundgesetz
GLP	Good Laboratory Practice
GMBl.	Gemeinsames Ministerialblatt, Herausgeber: Der Bundesminister des Innern, Carl Heymanns, Berlin Bonn
GMP	Good Manufacturing Practice
HACCP	Hazard Analysis and Critical Control Point
HLMC	Schormüller J (Hrsg) (1965–1970) Handbuch der Lebensmittelchemie. (Bände I–IX) Springer, Berlin Heidelberg New York Tokyo
IOCCC	International Office of Cocoa, Chocolate and Sugar Confectionary: Analytical Methods. Ed. by Technical/Analytical Committee IOCCC, Brussels/Belgium
ISO	Internationale Organisation für Normung; International Organization for Standardization; Bezug des „ISO Cataloque" durch Beuth, Berlin
LMR	Lebensmittelrecht (Textsammlung), C. H. Beck, München
LRE	Sammlung lebensmittelrechtlicher Entscheidungen. Benz H (Hrsg) Carl Heymanns, Berlin
MSS	Matissek R, Schnepel F-M, Steiner G (1989) Lebensmittelanalytik. Springer, Berlin Heidelberg New Yyork Tokyo
OECD	Organisation for Economic Cooperation and Development/ Organisation für wirtschaftliche Zusammenarbeit und Entwicklung
QS	Qualitätssicherung
REF	Rauscher K, Engst R, Freimuth U (1986) Untersuchung von Lebensmitteln (2. Auflage) VEB Fachbuchverlag, Leipzig
SCF	Standing Committee for Food (Wissenschaftlicher Lebensmittel-Ausschuß bei der EG-Kommission)
SFK	Souci S, Fachmann W, Kraut H (1989) Die Zusammensetzung der Lebensmittel (4. Aufl.) Wissenschaftliche Verlagsgesellschaft, Stuttgart
SLMB	Schweizerisches Lebensmittelbuch, 5. Auflage. Methoden für die Untersuchung und Beurteilung von Lebensmitteln und Gebrauchsgegenständen. Erster Band (1964) Allgemeiner Teil. Zweiter Band (Losetextsammlung) Spezieller Teil. Eidg. Drucksachen- und Materialzentrale Bern

TAPPI   Technical Association of the Pulp and Paper Industry

Tb. Bd. 1   Taschenbuch für Lebensmittelchemiker und -technologen Band 1 (1991) Springer, Berlin Heidelberg

TC   Technical Committee

TQM   Total Quality Management

V/VO   Verordnung

WHO   World Health Organisation

WSA   Wirtschafts- und Sozialausschuß

ZEBS   Zentrale Erfassungs- und Bewertungsstelle für Umweltchemikalien des BGA

Zipfel   Zipfel, Rathke, Lebensmittelrecht, Loseblattkommentar der gesamten lebensmittel- und weinrechtlichen Vorschriften. C. H. Beck, München

ZLR   Zeitschrift für das gesamte Lebensmittelrecht, Herausgeber: Benz u. a., Deutscher Fachverlag, Frankfurt am Main

8.2 Abkürzungen und Kurzzeichen rechtlicher Bestimmungen

AMG   Arzneimittelgesetz (Gesetz über den Verkehr mit Arzneimitteln vom 24. 8. 1976 (BGBl. I S 2445) in der Fassung vom 31. 8. 1990 (BGBl. II S 885, 1084))

LHmV   Lösungsmittel-Höchstmengenverordnung (Verordnung über Höchstmengen an bestimmten Lösungsmitteln in Lebensmitteln) vom 25. 7. 1989, BGBl. I S 1568

LMBG   Lebensmittel- und Bedarfsgegenständegesetz (Gesetz über den Verkehr mit Lebensmitteln, Tabakerzeugnissen, kosmetischen Mitteln und sonstigen Bedarfsgegenständen vom 15. 8. 1974 (BGBl. I S 1964), in der Fassung vom 18. 12. 1992 (BGBl. I S 2038))

LMKV   Lebensmittel-Kennzeichnungsverordnung (Verordnung über die Kennzeichnung von Lebensmitteln) in der Fassung der Bekanntmachung der Neufassung vom 6. 9. 1984 (BGBl. I S 1221), in der Fassung vom 18. 12. 1992 (BGBl. I S 2423)

MargMFV   Margarine- und Mischfettverordnung (Verordnung über Margarine- und Mischfetterzeugnisse vom 31. 8. 1990 (BGBl. I S 1989, 2259), in der Fassung vom 18. 12. 1992 (BGBl. I S 2425))

NWKV   Nährwert-Kennzeichnungsverordnung (Verordnung über die Nährwertangaben bei Lebensmitteln in der Fassung der Neufassung vom 25. 8. 1988 (BGBl. I S 1709) in der Fassung vom 21. 11. 1991 (BGBl. I S 2129))

PHmV   Pflanzenschutzmittel-Höchstmengenverordnung (Verordnung über Höchstmengen an Pflanzenschutz- und sonstigen Mitteln sowie anderen Schädlingsbekämpfungsmitteln in oder auf Lebensmitteln und Tabakerzeugnissen) in der Neufassung vom 16. 10. 1989 (BGBl. I S 1862) mit Berichtigung vom 6. 8. 1990 (BGBl. I S 1514) in der Fassung vom 1. 9. 1992 (BGBl. I S 1605) [durch Änderungs-V vom 1. 9. 1992 Überschriftenänderung, siehe RHmV]

RHmV   Rückstands-Höchstmengenverordnung (Verordnung über Höchstmengen an Pflanzenschutz- und Schädlingsbekämpfungsmitteln, Düngemitteln und sonstigen Mitteln in oder auf Lebensmitteln und Tabakerzeugnissen [siehe PHmV bis 1. 9. 1992])

SHmV   Schadstoff-Höchstmengenverordnung (Verordnung über Höchstmengen an Schadstoffen in Lebensmitteln vom 23. 3. 1988 (BGBl. I S 422))

StrVG   Strahlenschutzvorsorgegesetz (Gesetz zum vorsorgenden Schutz der Bevölkerung gegen Strahlenbelastung vom 19. 12. 1986 (BGBl. I S 2610) in der Fassung vom 31. 8. 1990 (BGBl. II S 889, 1116))

TabKTHmV   Verordnung über die Kennzeichnung von Tabakerzeugnissen und über Höchstmengen von Teer im Zigarettenrauch vom 29. 10. 1991 (BGBl. I S 2053)

ZVerkV   Zusatzstoff-Verkehrsverordnung (Verordnung über das Inverkehrbringen von Zusatzstoffen und einzelnen wie Zusatzstoffe verwendeten Stoffen vom 10. 7. 1984 (BGBl. I S 897) in der Fassung von 21. 11. 1991 (BGBl. I S 2129))

ZZulV   Zusatzstoff-Zulassungsverordnung (Verordnung über die Zulassung von Zusatzstoffen in Lebensmitteln, vom 22. 12. 1981 (BGBl. I S 1633) in der Fassung vom 9. 7. 1992 (BGBl. I S 1239))

Sachverzeichnis

Springer-Verlag und Umwelt

Als internationaler wissenschaftlicher Verlag sind wir uns unserer besonderen Verpflichtung der Umwelt gegenüber bewußt und beziehen umweltorientierte Grundsätze in Unternehmensentscheidungen mit ein.

Von unseren Geschäftspartnern (Druckereien, Papierfabriken, Verpackungsherstellern usw.) verlangen wir, daß sie sowohl beim Herstellungsprozeß selbst als auch beim Einsatz der zur Verwendung kommenden Materialien ökologische Gesichtspunkte berücksichtigen.

Das für dieses Buch verwendete Papier ist aus chlorfrei bzw. chlorarm hergestelltem Zellstoff gefertigt und im ph-Wert neutral.

W. Baltes

Lebensmittelchemie

3. Aufl. 1992. XVIII, 474 S. 156 Abb. 78 Tab. (Springer-Lehrbuch) Brosch. DM 49,80 ISBN 3-540-55645-1

Das Buch entstand aus Vorlesungen für Studenten der Lebensmitteltechnologie an der TU Berlin. Es wendet sich an Studenten, die Lebensmittelchemie im Nebenfach studieren, wie z.B. Lebensmitteltechnologen, Ernährungswissenschaftler, Chemiker und Mediziner.
Für Studenten im Hauptfach Lebensmittelchemie gibt das Buch eine gekürzte und ausgewogene Übersicht über das gesamte und manchmal nicht leicht zu überschauende Gebiet.
Lebensmittelchemie ist mehr als nur die Lehre von den Lebensmittel-Inhaltsstoffen. Vielmehr schließt sie auch das Wissen über die Bildung und Biochemie dieser Stoffe, ihre Reaktionen untereinander, die technologischen Eigenschaften und ihren Stoffwechsel mit ein. Deswegen sind auch die Gewinnung und Verarbeitung der Lebensmittel, die Lebensmittelzusatzstoffe, Fremdstoffe, toxikologische Aspekte und nicht zuletzt auch die rechtlichen Regelungen mitbehandelt worden. Die 3. Auflage wurde gründlich überarbeitet.

B3 04 047